提供电子课件下载

高等院校"十二五"规划教材

数控原理与编程

主　编　郑淑芝

副主编　李虹霖　任立军　韩彦勇

上海科学技术出版社

内容提要

全书共分为两篇,上篇数控编程与操作,共 6 章,主要讲述数控机床的基本概念和数控编程的基础知识,并以 FANUC 0i 系统为代表,讲述了数控车床、数控铣床及加工中心编程。以 FANUC 0i 系统标准面板为例介绍数控车床、数控铣床及加工中心的基本操作。下篇为数控原理与系统,共 4 章,主要讲述了计算机数控装置、伺服系统与检测装置、主轴驱动与进给运动位置控制、辅助功能与可编程控制器等内容。

本书可用做机制、机电相关专业应用型本科教材、高职数控及机电类相关专业教材,也可作为职工培训等教材或参考资料。

本书按其主要内容编制了各章课件,在上海科学技术出版社网站"课件/配套资源"栏目公布,欢迎读者登录 www.sstp.cn 浏览、下载。

图书在版编目(C I P)数据

数控原理与编程 / 郑淑芝主编. —上海:上海科学
技术出版社,2012.8(2023.6 重印)
高等院校"十二五"规划教材
ISBN 978 – 7 – 5478 – 1259 – 4

Ⅰ.①数…　Ⅱ.①郑…　Ⅲ.①数控机床 – 程序设计 –
高等学校 – 教材　Ⅳ.①TG659

中国版本图书馆 CIP 数据核字(2012)第 178300 号

数控原理与编程
主编/郑淑芝

上海世纪出版(集团)有限公司
上海科学技术出版社 出版、发行
(上海市闵行区号景路 159 弄 A 座 9F – 10F)
邮政编码 201101　　www.sstp.cn
常熟市兴达印刷有限公司印刷
开本 787 × 1092　1/16　印张 16　字数 370 千字
2012 年 8 月第 1 版　2023 年 6 月第 9 次印刷
ISBN 978 – 7 – 5478 – 1259 – 4/TG·58
定价:34.80 元

前　言

　　数控技术在机床上的应用,使得机械制造这个传统的行业再铸辉煌。20 世纪 90 年代数控机床在中国开始普及,也涌现了大批的数控技术人才。而数控技术应用人才依然十分紧缺,如何更好地培养数控应用型人才是历史赋予我们教育工作者的重任。应用型人才培养目标应该是具有扎实的基础理论知识,较强的创新能力、动手能力、专业修养和职业服务意识的基层工程师和工艺师。基于以上考虑,我们编写了《数控原理与编程》这本教材。

　　全书共分为两篇,上篇数控编程与操作,共 6 章,主要讲述数控机床的基本概念和数控编程的基础知识,并以 FANUC 0i 系统为代表,讲述了数控车床、数控铣床及加工中心编程。以 FANUC 0i 系统标准面板为例介绍数控车床、数控铣床及加工中心的基本操作。下篇为数控原理与系统,共 4 章,主要讲述了计算机数控装置、伺服系统与检测装置、主轴驱动与进给运动位置控制、辅助功能与可编程控制器等内容。

　　本书根据应用型人才培养目标的需要,加大了数控编程所占比例,适当削减了数控原理偏重理论的部分。其主要特点是数控编程指令采用了按使用普及度以及对加工质量的影响程度、对编程工作量的影响程度来分级。整合了不同系统相同的编程指令,突出了不同数控机床编程特点,可降低学习难度,提高学习兴趣。另外本书采用了较多的案例和适当增加了机床操作部分内容,注重为学生打好基础、拓宽知识面、加强与工程实际的联系。在"数控原理与系统"部分的主要编写特点是注重理清数控系统对机床控制的整体过程,使这部分内容整体布局更科学、更系统,知识点联系更紧密。

　　本书可用做机制、机电相关专业应用型本科教材、高职数控及机电类相关专业教材,也可作为职工培训等教材或参考资料。

　　本书由河北师范大学郑淑芝担任主编,负责统稿、定稿。由成都电子机械高等专科学校李虹霖、河北机电职业技术学院任利军、哈尔滨石油学院韩彦勇担任副主编。具体编写分工如下:河北建筑工程学院刘春东编写第 1 章 1.1～1.5 节;郑淑芝编写第 2 章、第 9 章;李虹霖编写第 3 章、第 5 章,其中第 3 章 3.7 节综合加工实例由石家庄理工职业学院李俊霞、李超娜编写;河北机电职业技术学院任立军、张涛分别编写第 4 章、第 6 章;四川建筑职业技术学院李丹编写第 7 章、第 10 章;韩彦勇编写第 8 章及第 1 章 1.6 节。

　　由于编者水平所限,书中难免有错误和不足,敬请各位读者批评指正,不吝赐教。

编　者

目　　录

上篇　数控编程与操作

下篇 数控原理与系统

第1章　数控机床概述

■ **学习目标**

　　掌握数控机床基本概念、组成、加工特点及分类；了解数控机床的发展现状以及未来发展趋势；了解国内外常见数控系统；重点掌握 FANUC 系统的分类和应用场合。

1.1　数控机床基本概念与特点

1.1.1　基本概念

　　数字控制(numerical control, NC)，简称数控。数控技术是指利用数字、文字和符号组成的数字指令对控制对象进行动作控制的技术。数控一般是采用通用或专用计算机实现动作控制，因此数控也称为计算机数控(computerized numerical control, CNC)。

　　数控系统是指实现数控技术的机电控制设备。

　　数控机床是一种装有程序控制系统的自动化机床。该控制系统能够逻辑地处理具有控制编码或其他符号指令规定的程序，并将其译码，从而使机床动作并加工零件。

1.1.2　数控加工的特点

　　数控机床对零件的加工过程，是严格按照加工程序所规定的参数及动作执行的。它是一种高效能自动或半自动机床，与普通机床相比，具有以下明显特点：

　　1) 自动化程度高　数控机床集中了机、电、气、液以及数控等多领域相关技术，零件加工过程按照输入的程序自动完成。目前，柔性制造系统、远程控制系统等相继出现在数控加工过程中，又进一步提高了数控机床的自动化程度。

　　2) 灵活性好，适应性强　随着工业的发展，产品需求逐渐趋向多样化。对数控机床来说，不必改变机床的机械部分和控制部分的硬件，只需改变输入程序就能短时间内加工出新产品。因而采用数控机床加工，准备周期短、灵活性好、适应性强，为多品种小批量生产和新产品研制提供了便利条件。

　　3) 加工精度高，质量稳定可靠　数控加工过程自动完成，不需要人为干预，消除了人为产生的误差。不但能保证单件产品达到较高的加工精度，而且能保证加工精度的一致性，从而能保证成批产品的质量稳定、可靠。

　　4) 生产效率高，经济效益好　数控机床的切削参数所选范围较大，每道工序都能以最佳的切削参数完成加工，生产效率高。另外，还可以大幅减少生产准备、工件装夹、换刀等辅助时间，使生产效率提高更加明显。数控机床相比普通机床，生产效率可提高 2～3 倍，复杂零件可提高十几倍甚至几十倍。

　　5) 降低操作者的劳动强度，改善劳动条件　数控机床由程序控制自动加工，操作者只需输入并调试程序，装卸工件及更换刀具并监督机床的运行，降低了操作者的劳动强度和紧张程度，劳动条件也得到了相应的改善。

6) 具有故障自动监控和诊断能力　CNC 系统一般具有软件查找故障功能,通过诊断程序自动查找并显示出来,极大地提高了检修效率。

7) 有利于生产管理现代化　采用数控机床加工能方便、精确地计算零件的加工时间,能准确计算生产和加工费用。所使用的刀具、夹具可进行规范化、现代化管理。目前,数控机床逐渐与 CAD/CAM、柔性制造系统(flexible manufacture system, FMS)、网络等有机地结合起来,构成由计算机控制和管理的生产系统,实现制造和生产管理的现代化。

当然,数控机床除了具有上述优势外,也存在一些不足,主要表现在:

(1) 机床设备费用昂贵,很多中小企业难以承受;

(2) 控制系统复杂、故障率高、调试及维修困难,并且对维修人员水平要求较高;

(3) 操作人员综合素质要求高,要具有设计、工艺、加工等方面的基础知识。

随着数控机床应用的普及,数控系统及机床的售后服务、技术支持、操作人员的培训等环节越来越得到人们的重视。要想真正地降低企业成本、提高经济效益和企业竞争力,就必须充分发挥数控机床的优势,并努力解决数控机床存在的不足。

1.2　数控机床的工作原理

1.2.1　数控机床的组成

数控机床是机电一体化的典型产品,其基本组成部分包括控制介质、数控装置、伺服系统、检测反馈装置及机床本体,如图 1.1 所示。

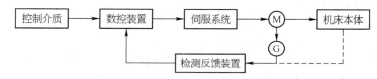

图 1.1　数控机床的基本组成

1) 控制介质　控制介质用于记载机床零件加工的全部信息,如加工程序、工艺参数、切削参数等,是机床的信息输入通道。早期的控制介质有穿孔纸带、磁带等,目前大多采用磁盘。也有一些数控机床利用操作面板上的键盘手动数据输入(MDI)或通过串行接口将计算机上编写的加工程序输入到数控装置中。

2) 数控装置　数控装置由 CPU、存储器、总线、I/O 接口及相应软件构成,是数控机床的核心。其基本任务是将控制介质输入的各种加工信息进行译码、运算和逻辑处理后,发出伺服系统能够接收的指令信号,控制伺服系统完成预定的加工动作。数控装置具备的主要功能有:

(1) 多轴联动控制;

(2) 实现直线、圆弧、抛物线等多种函数的插补;

(3) 输入、存储、编辑和修改加工程序;

(4) 数控加工信息的转换,包括 ISO/EIA 代码转换、米/英制转换、坐标转换、绝对值/增量值转换等;

(5) 补偿功能,包括刀具半径补偿、刀具长度补偿、传动间隙补偿、螺距误差补偿等;

(6) 实现固定循环、重复加工、镜像加工、凹凸模加工等多种加工方式选择;

（7）故障显示及诊断功能。

3）伺服系统　伺服系统由伺服驱动电机和伺服驱动装置组成，是数控系统的执行部件。将数控装置发来的信号经过调节、转换、放大后，驱动伺服电机，控制机床执行部件，完成零件的自动加工。伺服驱动装置分为主轴驱动单元（主要是速度控制）、进给驱动单元（包括速度控制和位置控制）、主轴电机和进给电机等。数控机床的伺服系统分为步进电机伺服系统、直流伺服系统和交流伺服系统，交流伺服系统正在逐步取代直流伺服系统。

通常数控系统由数控装置和伺服系统组成。

4）检测反馈装置　检测反馈装置是闭环（半闭环）数控机床的重要组成部分，由检测元件和相应的硬件电路组成，其功能是检测执行部件的实际移动位移和速度，并将信息直接反馈给数控装置。

5）机床本体　也称主机，包括机床的主运动部件、进给运动部件、执行部件和基础部件，如底座、立柱、滑鞍、工作台（刀架）、导轨等，另外还包括冷却、自动排屑、润滑、防护、对刀仪等配套设施。随着数控技术的发展，对机床结构的技术性能要求越来越高，和普通机床相比，在总体布局、外观造型、传动系统结构、刀具系统及操作性能等方面都有了显著的不同。为了保证数控机床的高精度、高效以及高自动化加工，机床的机械结构应具有较高的动态特性、动态刚度、阻尼精度、耐磨性以及抗热变形性能。

1.2.2　数控机床的工作过程

数控机床的工作过程就是将加工零件的几何信息和工艺信息进行数字化处理的过程。首先由编程人员按照零件的几何形状和加工工艺要求将加工过程编成加工程序，并将加工程序输入到数控装置中，数控装置对输入的加工程序进行数据处理、运算，输出各种信息和指令，控制机床的启停、主轴变速、进给方向、速度和位移量，以及其他如刀具选择和变换、零件的装卸、冷却润滑的开关等动作，使刀具与零件及其他辅助装置严格地按照加工程序规定的顺序、轨迹和参数进行工作。数控机床的运行处于不断的计算、输出、反馈等控制过程中，以保证刀具和零件之间相对位置的精确性，从而加工出符合要求的零件。其工作过程如图 1.2 所示。

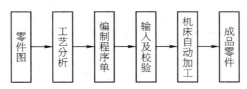

图 1.2　数控机床加工零件的一般工作过程

1.3　数控系统与数控机床的分类

1.3.1　数控系统分类

1）NC　数控（NC）是指用数字、文字和符号组成的数字指令来实现一台或多台机械设备动作控制的技术。它所控制的通常是位置、角度、速度等机械量和与机械能量流向有关的开关量。数控的产生依赖于数据载体和二进制形式数据运算的出现。NC 是数控技术发展最初阶段，现在已经很少再用 NC 这个概念了。

2）CNC　计算机数控（CNC）技术，是采用计算机实现数字程序控制的技术。这种技术用计算机按事先存储的控制程序来执行对设备的控制功能。由于采用计算机替代原先用硬件逻辑电路组成的数控装置,使输入数据的存储、处理、运算、逻辑判断等各种控制机能的实现,均可通过计算机软件来完成。

3) DNC　分布式数控(distributed numerical control, DNC)意为直接数字控制或分布数字控制。DNC是实现CAD/CAM和计算机辅助生产管理系统集成的纽带,是机械加工自动化的又一种形式。DNC最早的含义是直接数字控制,其研究开始于20世纪60年代。它是指将若干台数控设备直接连接在一台中央计算机上,由中央计算机负责NC程序的管理和传送。当时研究的目的主要是解决早期数控设备因使用纸带输入数控加工程序而引起的一系列问题和早期数控设备的高计算成本等问题。

按DNC系统的内涵不同,可分为直接DNC、分布式DNC、柔性DNC、网络DNC、集成DNC和智能DNC等。

(1) 直接DNC系统,也就是直接数字控制(direct numerical control)DNC,是早期的DNC概念,其主要功能是将计算机与数控机床直接连接,只是实现NC程序的下传到数控机床以完成零件的加工。

(2) 分布式DNC系统是随着网络和计算机技术的发展而赋予了DNC新的内涵。不但能够实现NC程序的双向传输,而且具有系统信息采集、状态监视和系统控制等功能。

(3) 柔性DNC系统。随着DNC的发展,DNC和FMS的界限越来越模糊,此时的DNC已成为FMS中必不可少的一部分。

(4) 网络DNC系统是为了适应敏捷制造、全球制造、分布式制造和远程制造而发展起来的一种DNC系统。这种DNC系统的特点是更强调网络与分布式数据库方面的功能与虚拟集成。

(5) 集成DNC系统是以数控技术、计算机技术、控制技术、通信技术和网络技术等先进技术为基础,把与制造过程有关的设备与上层控制计算机集成起来,从而实现制造车间制造设备的集成控制管理以及制造设备之间、制造设备与上层计算机之间的信息交换。

(6) 智能DNC系统是随着人工智能技术的发展及其在制造领域的应用而出现的,目的是克服基于知识的人工智能的缺点。计算智能主要包括模糊技术、人工神经网络、遗传算法等。这些智能技术的运用,必将促进智能制造技术的发展以及新的智能DNC的出现。

1.3.2　数控机床分类

随着数控机床的发展,数控机床的种类和规格很多,可以按照不同的方式进行分类。

1) 按机床运动控制轨迹分类

(1) 点位控制数控机床。这类数控机床只能控制刀具进给的起点和终点位置,对于两点间的运动轨迹不作要求,通常由系统设定,在刀具移动过程中,不进行任何加工,如图1.3a所示。为了减少运动部件的运动、定位时间和定位精度,要求刀具高速运行,接近目标点时,采用分级或连续降速,低速趋近目标点,从而减小由于刀具惯性而引起的定位误差。这类数控机床主要有数控钻床、数控镗床、数控冲床、数控电焊机、三坐标测量机和印制电路板钻床等。

(2) 直线控制数控机床。这类数控机床在控制刀具运动起点和终点位置的同时,还要保证刀具在两点之间沿着直线运动规律运行,而且刀具在移动过程中往往要进行切削加工,如图1.3b所示。这类数控机床有数控车床、数控铣床、数控磨床、数控镗床等。

现代组合机床采用数控技术,驱动各种动力头、多轴箱轴向进给钻、镗、铣等加工,也算是一种直线控制数控机床。

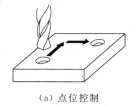 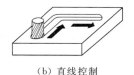 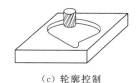

（a）点位控制　　　　　　　（b）直线控制　　　　　　　（c）轮廓控制

图 1.3　机床控制运动轨迹

（3）轮廓控制数控机床。这类数控机床在控制刀具进给运动的起点和终点位置的同时，还能够控制刀具在两点之间按指定的曲线规律进行切削加工。常用曲线规律包括直线、圆弧、二次曲线或样条曲线等，如图 1.3c 所示。这类数控机床包括数控铣床、可加工复杂回转面的数控车床、加工中心等。现代数控机床绝大部分都能够控制一种以上的曲线运动规律。

2）按伺服系统的类型分类

（1）开环伺服系统数控机床。这类数控机床没有位置检测反馈装置，其精度主要取决于伺服单元和伺服电机的精度。通常用步进电机作为执行机构。输入的程序经过数控装置运算处理后，发出脉冲指令信号，驱动步进电机转过一个步距角，再通过机械传动机构转换为工作台的直线移动，移动部件的移动速度和位移量由输入脉冲的频率和脉冲个数决定。

这类数控机床的优点是结构简单、性能稳定、调试方便、易于维护和维修，但是精度低，适用于精度要求不高的经济型、中小型数控机床。

（2）闭环伺服系统数控机床。这类数控机床上装有位置检测反馈装置，安装在最终运动部件（如工作台）上，对运动部件的位移量进行测量，将测量到的位移反馈到数控装置的比较器中，与输入指令位移量进行比较，用差值控制运动部件运动，进行误差修正，直到差值为零为止，使运动部件严格按照实际需要的位移量运动。

这类数控机床的主要优点是将机械传动链的全部环节都包括在闭环环路之内，因而从理论上说，可以消除由于传动部件制造误差给工件加工带来的影响，从而获得很高的加工精度。但是，由于很多机械传动环节都包括在闭环环路之内，各部件的摩擦特性、刚性以及间隙等都是非线性量，直接影响伺服系统的调节参数，系统的设计和调整都比较困难，容易造成系统的不稳定。另外，这类数控机床结构比较复杂，成本较高。

鉴于这类数控机床具有的特点，主要用于精度要求很高的数控机床，如镗铣床、超精密车床、精密磨床、加工中心等。

（3）半闭环伺服系统数控机床。这类数控机床的位置检测反馈装置安装在电动机主轴或丝杠的端部，通过测量电动机主轴或丝杠的旋转角度间接地检测出运动部件的实际位移，反馈给数控装置进行比较。

由于这种闭环环路内包括丝杠、螺母副及工作台等机械传动环节，因此，可获得比较稳定的控制特性。同时，由于采用了高分辨率的测量元件，又可以获得比较满意的精度和速度。目前，大多数数控机床均采用半闭环伺服系统，如数控车床、数控铣床等。

3）按系统功能水平分类　按功能水平又可以将数控机床分为高级型、普及型和经济型三种。这种分类方法没有明确的定义和确切的界限。通常采用下列指标作为评价数控系统档次的参考条件：中央处理单元（CPU）、分辨率和进给速度、联动轴数、显示功能等，见表 1.1。

表 1.1 数控系统的性能指标分类

类 别	性能指标				
	CPU	分辨率(μm)	进给速度(m/min)	联动轴数	显示
高级型	32 或 64	$\leqslant 0.1$	$\geqslant 24$	$\geqslant 5$	三维动态
普及型	16	$0.1 \sim 10$	$10 \sim 24$	3	字符/图形
经济型	8	$\geqslant 10$	$\leqslant 10$	< 3	字符

(1) 中央处理单元。经济型数控机床一般采用 8 位 CPU;普及型、高级型数控机床已由 16 位发展到 32 位或 64 位 CPU,并用具有精简指令集(RISC)的 CPU。

(2) 分辨率和进给速度。经济型数控机床的分辨率为 10 μm,进给速度小于 10 m/min;普及型数控机床的分辨率为 1 μm,进给速度为 10~24 m/min;高级型数控机床的分辨率为 0.1 μm 或更小,进给速度为 24~100 m/min 或更高。

(3) 联动轴数。经济型数控机床一般为 2~3 轴联动;普及型、高级型数控机床则为 3~5 轴联动,或更多。

(4) 显示功能。经济型数控机床一般只有简单的数码显示或简单的阴极射线管(CRT)字符显示功能;普及型数控机床具有较齐全的 CRT 显示功能,如字符、图形、人机对话、自诊断等功能显示;高级型数控机床还有三维动态图形显示功能。

4) 按加工方式分类

(1) 金属切削类数控机床。该类机床通过切削多余的金属材料而完成加工。如数控车床、数控铣床、数控刨床、数控磨床、数控钻床、加工中心等都属于此类。

(2) 金属成型类数控机床。该类机床通过改变材料的形状、状态等完成零件的加工。如数控弯管机、数控折弯机、数控冲床、数控回转头压力机等。

(3) 特种加工类数控机床。主要包括数控线切割机床、数控电火花成型机、数控激光切割机、数控火焰切割机等。

5) 按控制的坐标轴数分类 按控制的坐标轴数分为两坐标轴联动、两轴半联动、三轴及以上联动。

1.4 数控机床的发展史

随着科学技术的发展,机械产品结构越来越合理,其性能、精度和效率日趋提高,更新换代频繁,生产类型由大批量生产向多品种小批量生产转化。因此,对机械产品的加工相应地提出了高精度、高柔性与高度自动化的要求。

1.4.1 国外数控机床的发展史

1948 年,美国帕森斯公司受美国空军委托,研制飞机螺旋桨叶片轮廓样板的加工设备。由于样板形状复杂多样、精度要求高,一般加工设备难以适应,于是提出了计算机控制机床的设想。1949 年,该公司在美国麻省理工学院的协助下,开始了数控机床的研究,并于 1952 年研制成功了世界上第一台三坐标联动、利用脉冲乘法器原理的试验数字控制系统,并把它装在一台立式仿形铣床上。其控制装置由大约 2 000 个电子管组成,体积约为一间普通教室那么大。尽管现在看来这个控制系统体积庞大,功能简单,但它在制造技术的发展史上却有着划时代的意义,标志着机床数控时代的开始。

数控机床的产生,使机械制造业从刚性自动化时代进入了柔性自动化时代,因而很快受到人们的关注。世界各国竞相投入大量的人力、物力和财力进行研究。继数控铣床、数控车床、数控钻床等单工序加工类机床之后,1959 年,耐克-杜列克公司开发出了装有自动换刀装置,能够一次装夹、多工序加工的加工中心。1967 年英国首先把几台数控机床连接成具有一定柔性的加工系统,即柔性制造系统(FMS)。20 世纪 80 年代,国际上又出现了以数台加工中心为主体,配以工件自动装卸和监控检验装置而构成的柔性制造单元(flexible manufacture cell, FMC)。20 世纪 80 年代末 90 年代初,计算机集成制造系统(computer integrated manufacture system, CIMS)已经逐渐投入使用,并呈现出迅猛的发展态势。几十年来,数控机床无论在品种、数量还是功能上都取得了长足的进展,为机械制造业注入了新的生机和活力。

数控机床在发展过程中形成了六个阶段,也称六代史,表 1.2 给出了国内外数控机床发展的六个阶段年代对比。

表 1.2　国内外数控机床发展六代史的年代对比

发　展　阶　段	六　代　史	国外产生年代	国内产生年代
第一阶段,硬件连接的 NC 系统	电子管数控系统	1955	1958
	晶体管数控系统	1959	1964
	集成电路数控系统	1965	1972
第二阶段,计算机软件的 CNC 系统	小型计算机数控系统	1970	1978
	微处理器数控系统	1974	1981
	基于 PC 机的数控系统	20 世纪 80 年代	1992

电子管数控系统体积庞大,功耗高。此时,数控机床仅在一些军事部门中用于加工普通机床难以加工的形状复杂的零件。晶体管元件的出现使电子设备的体积大大减小,数控系统中广泛采用晶体管和印制电路板,数控技术的发展进入第二代。1965 年,数控装置开始采用小规模集成电路,使数控装置的体积进一步减小,功耗降低,而可靠性提高,但它仍然是硬件逻辑数控系统。以上三代数控系统中,所有功能都是靠硬件实现,灵活性差,可靠性难以进一步提高,称为 NC 系统。

1970 年,在美国芝加哥国际机床展览会上,首次展出了一台以通用小型计算机作为数控装置的数控系统。这是世界上第一台计算机数字控制(CNC)的数控机床。该类型数控系统的许多数控功能可以由软件实现,系统灵活性、通用性好,被称为第四代数控系统。20 世纪 70 年代初,美、日、德等国家相继推出了以微处理器为核心的数控系统,即 MNC 系统。在近 20 年内,MNC 数控系统得到了迅猛发展,实现了计算机核心部件的高度集成,不但性能和可靠性得到了根本性的提高,而且功能强、速度快、价格便宜,满足了数控系统的特殊要求,获得了广泛的应用。20 世纪 80 年代,微处理器完成了由 16 位向 32 位的过渡,通用化的个人计算机(PC)发展迅速,开始在全世界范围内普及应用。美国首先推出了基于个人计算机的数控体系,即 PCNC 系统,被称为第六代数控系统。它和第五代数控系统的最大不同在于,PCNC 系统的硬件及软件平台完全是通用的,可以毫无障碍地借鉴 PC 机的全部资源和最新发展成果,使计算机数控技术的发展走上更加坚实、宽广、快速的道路。

如今,数控机床早已成为一个国家综合竞争实力的重要标志,工业发达国家对数控机床的发展高度重视,竞相发展高精、高效、高自动化的高档数控机床。表 1.3 给出了 2010 年几个主要机床生产国的产值。

表 1.3　2010 年主要机床生产国家/地区产值　　　　　　　　(百万美元)

名　次	国家/地区	产　值	名　次	国家/地区	产　值
1	中国	20 910	6	中国台湾	3 803.3
2	日本	11 841.7	7	瑞士	2 185.4
3	德国	9 749.9	8	美国	2 026.2
4	意大利	5 166.4	9	奥地利	908.9
5	韩国	4 498	10	西班牙	812

从技术发展水平来看,目前世界高档数控机床制造业以美国、日本、德国等工业强国为主要生产国,这些国家掌握着该制造领域的主要核心技术。

1.4.2　国内数控机床发展史及现状

中国数控机床的发展史可以简单概括为:1958 年起步;"六五"、"七五"引进技术、消化吸收;"八五"国产化;"九五"产业化;"十五"高精尖、重大数控装备关键技术、数控系统和关键零部件开发;"十一五"高档数控系统国产化。

中国从 1958 年开始研制数控机床,并试制成功第一台电子管数控机床。1966 年开始研制晶体管数控系统,并生产出了数控线切割机、数控铣床等产品,由于受当时条件的限制,国产数控系统的稳定性及可靠性较差,数控机床种类不全,数量较少,数控机床的发展处于初级阶段。1973～1979 年,中国共生产数控机床 4 108 台,而其中数控线切割机床就占了 86% 左右。

20 世纪 80 年代初期,随着改革开放政策的实施,中国在消化、吸收国外先进技术的基础上,进行了大量的开发工作,并陆续投入了批量生产,从而结束了数控机床发展徘徊不前的局面,推动了数控机床的发展。此时,中国研制的数控机床性能逐步提高,品种和数量不断增加。到 1985 年,中国已经拥有了加工中心、数控铣床、数控磨床等 80 多个品种的数控机床,数控机床的发展进入了实用阶段。

20 世纪 90 年代以后,中国逐渐由计划经济转向市场经济,国民经济进入高速发展阶段,研究开发数控系统、应用数控机床已经成了各企业的自发行为,数控机床的发展速度逐年加快,多轴、全功能中高档数控系统及交、直流伺服系统相继研制成功,FMS 和 CIMS 也先后投入使用,数控机床的发展进入了快速阶段。

随着"九五"数控车床和加工中心的产业化生产基地的形成,中国生产的中档普及型数控机床的功能、性能和可靠性方面具有较强的市场竞争力。但在中、高档数控机床方面,与国外一些先进产品相比,仍存在较大差距。表 1.4 为国内外先进的 40 号刀柄中型加工中心主要技术指标对比。

表 1.4　国内外中型加工中心主要技术指标对比

技术指标	国内	国外	技术指标	国内	国外
主轴最高转速(r/min)	6 000～12 000	10 000～40 000	定位精度(mm)	0.010～0.016	0.004～0.006
进给速度(m/min)	24～30	60～90	重复定位精度(mm)	0.005～0.008	0.002～0.003
金属切除率(cm^3/min)	200～300	400～600	平均无故障运行时间(h)	500～600	＞1 000

从表中可以看到,中国国内的产品在效率、精度和可靠性等方面和国外相比差距非常明显。相比之下,中国大部分数控机床产品在技术上还处于跟踪阶段。

"十五"以来,国家高度重视包括数控机床在内的装备制造业发展,相继出台的一系列政策措施,进一步确立了数控机床产业的战略地位,为行业发展创造了有利条件。中国机床行业发展迅速,在质和量上都取得了飞跃。"十一五"期间,随着一系列关键技术的突破和自主生产能力的形成,中国开始突出"外国制造"的"重围",进入世界高速数控机床和高精度数控机床生产国的行列。

从产量来看,2010 年中国机床工具行业实现工业总产值 5 536.8 亿元,同比增长 40.6%;数控机床产量达到 23.6 万台,同比增长 62.2%;2010 年中国机床产值和数控机床产量均列世界第一位。整个"十一五"期间,在需求的拉动下,中国数控机床量保持高速增长,年均复合增长率达到 37.4%。2010 年的增长数据意味着数控机床的发展已经步入新阶段。

从技术发展水平来看,随着"高档数控机床与基础制造装备重大专项"重点任务陆续完成,中国国产机床数控化率由"十五"末的 35.5% 提高到"十一五"末的 51.9%。中国在数控系统方面已经开发出多轴多通道、总线式高档数控装置产品。国产五轴联动数控机床品种日趋增多,五轴联动加工中心、五轴数控铣床、五轴龙门铣床、五轴落地铣镗床等均在国内研制成功,改变了国际强手对数控机床产业的垄断局面,加速了中国从机床生产大国走向机床制造强国的进程。

从市场需求情况来看,目前中国是世界上最大的数控机床进口国和消费国,2010 年,中国机床消费同比增长 43%,达到 284.8 亿美元,进口约为 94 亿美元,中国成为世界第一大机床消费国。虽然"十一五"期间机床行业实现了较快发展,但高档数控机床产值仅占金属加工机床行业产值的 10%~15%,面对巨大的消费市场,国内机床生产企业的生产能力无法满足迅速膨胀的市场需求,多数高档数控机床产品仍需大量从国外进口。

展望"十二五",中国数控机床的发展将努力解决主机大而不强、数控系统和功能部件发展滞后、高档数控机床关键技术差距大、产品质量稳定性不高、行业整体经济效益差等问题,将培育核心竞争力、自主创新、量化融合以及品牌建设等方面提升到战略高度,实现工业总产值 8 000 亿元的目标。并力争通过 10~15 年的时间,实现由机床工具生产大国向机床工具强国转变,实现国产中高档数控机床在国内市场占有主导地位等一系列中长期目标。

1.5　数控技术的发展方向

随着计算机、微电子、信息、自动控制、精密检测及机械制造技术的高速发展,机床数控技术有了长足的进步。数控技术的发展趋势可具体归纳为下列六个方面:

1) 高速、高精度　速度和精度是数控机床的两个重要指标,它直接关系到加工效率和产品质量。目前,数控系统采用位数、频率更高的处理器,以提高系统的基本运算速度。同时,采用超大规模的集成电路和多微处理器结构,以提高系统的数据处理能力,即提高插补运算的速度和精度。并采用直线电动机直接驱动机床工作台的直线伺服进给方式,其高速度和动态响应特性相当优越。采用前馈控制技术,使追踪滞后误差大大减小,从而改善拐角切削的加工精度。

2) 智能化　智能化是数控技术发展的重要方向之一,有助于减轻操作者的劳动强度,而且能够提高数控加工的质量和效率。

（1）适应控制智能化。具备自适应控制功能的数控系统可以在加工过程中随时测量主轴转矩、功率、切削力、切削温度、刀具磨损等参数，并根据测量结果，实时调整主轴转速和进给量的大小，确保加工过程始终处于最佳状态。

（2）编程智能化。编程智能化一般是指在数控系统软件和编程软件中，嵌入专家系统，建立专家知识库和工艺数据库，从而实现自动选择刀具、合理计算切削用量、确定最佳走刀路线、优化加工程序，提高加工质量和效率。

另外，为弥补手工编程和 NC 语言编程的不足，开发出了多种自动编程系统，如图形交互式编程系统、会话式自动编程系统和语音自动编程系统等，使编程效率、准确度大大提高。

（3）监控及故障诊断智能化。将人工智能技术和现代传感器技术与数控技术相结合，开发了具有人工智能的在线监控和故障诊断系统。对加工过程的一些关键环节和因素进行智能化监控，对数控系统或数控机床的故障进行自动诊断，并自动或指导维修人员快速排除故障。

3）工艺复合化和多轴化　工艺复合化是指工件在一台机床上装夹后，通过自动换刀、旋转主轴头或工作台等措施，完成多工序、多表面的复合加工。复合机床根据其结构特点，可以分为工艺复合型和工序复合型两种。

工艺复合型机床为跨加工类别的复合机床，包括不同加工方法和工艺的复合，如车削中心、镗铣中心、激光铣削机床、冲压与激光切割复合机床、金属烧结与镜面切削复合机床等。

工序复合型机床应用刀具自动交换装置，主轴立卧转换头、双摆铣头、多主轴头、多回转刀架等配置，增加工件在一次安装下的加工工序数。

4）集成化、网络化　数控系统采用高度集成化芯片，可提高数控系统的集成度和软、硬件运行速度。通过提高集成电路密度，减小互联长度和数量来降低产品价格、改进性能、减小组件尺寸、提高系统的可靠性。

网络化数控装备是近两年国际著名机床博览会的一个新亮点。数控装备的网络化将极大地满足生产线、制造系统、制造企业对信息集成的需求，也是实现新的制造模式如敏捷制造、虚拟企业、全球制造的基础单元。

5）数控系统开放化　所谓开放式数控系统就是数控系统的开发可以在统一的运行平台上，面向机床厂家和最终用户，通过改变、增加或剪裁结构对象，形成系列化，并可方便地将用户的特殊应用和技术诀窍集成到控制系统中，快速实现不同品种、不同档次的开放式数控系统。开放式数控系统的体系结构规范、通信规范、配置规范、运行平台、数控系统功能库以及数控系统功能软件开发工具等是当前研究的核心。

6）配套装置和功能部件的品种质量日臻完善　不仅数控系统（含数控装置和伺服驱动装置）有专业化生产厂，凡关键的通用性功能部件如电动机主轴、刀具自动交换系统、滚动导轨副、直线滚动丝杠驱动副、双摆主轴头、双摆回转台和自动转位刀塔等在国外均有一些著名的专业化生产厂，这对保证产品质量，提高整机的可靠性和降低成本起着重要的作用。

1.6　常用数控系统简介

1.6.1　FANUC 数控系统

1.6.1.1　FANUC 数控系统的发展

FANUC 公司创建于 1956 年，1959 年首先推出了电液步进电机，在后来的若干年中逐步发展并完善了以硬件为主的开环数控系统。进入 20 世纪 70 年代，微电子技术、功率电子技术尤其是计算技术得到了飞速发展，FANUC 公司毅然舍弃了使其发家的电液步进电机数控产品，一方面从 GETTES 公司引进直流伺服电动机制造技术。1976 年 FANUC 公司研制成功数控系统 5；另一方面又与 SIEMENS 公司联合研制了具有先进水平的数控系统 7，从这时起，FANUC 公司逐步发展成为世界上最大的专业数控系统生产厂家。1979 年研制出数控系统 6，它是具备一般功能和部分高级功能的中档 CNC 系统，6M 适合于铣床和加工中心；6T 适合于车床。与过去机型比较，使用了大容量磁泡存储器，专用于大规模集成电路，元件总数减少了 30%。它还备有用户自己制作的特有变量型子程序的用户宏程序。

1980 年在系统 6 的基础上同时向低档和高档两个方向发展，研制了系统 3 和系统 9。系统 3 是在系统 6 的基础上简化而形成的，体积小，成本低，容易组成机电一体化系统，适用于小型、廉价的机床。系统 9 是在系统 6 的基础上强化而形成的具备高级性能的可变软件型 CNC 系统。通过变换软件可适应任何不同用途，尤其适合于加工复杂而昂贵的航空部件、要求高度可靠的多轴联动重型数控机床。

1984 年 FANUC 公司又推出新型系列产品数控系统 10、11 和 12。该系列产品在硬件方面做了较大改进，凡是能够集成的都做成大规模集成电路，其中包含了 8 000 个门电路的专用大规模集成电路芯片有 3 种，其引出脚竟多达 179 个，另外的专用大规模集成电路芯片有 4 种，厚膜电路芯片 22 种；还有 32 位的高速处理器、4 Mbit 的磁泡存储器等，元件数比前期同类产品又减少 30%。由于该系列采用了光导纤维技术，使过去在数控装置与机床以及控制面板之间的几百根电缆大幅度减少，提高了抗干扰性和可靠性。该系统在 DNC 方面能够实现主计算机与机床、工作台、机械手、搬运车等之间的各类数据的双向传送。它的 PLC 装置使用了独特的无触点、无极性输出和大电流、高电压输出电路，能促使强电柜的半导体化。此外 PLC 的编程不仅可以使用梯形图语言，还可以使用 PASCAL 语言，便于用户自己开发软件。数控系统 10、11、12 还充实了专用宏功能、自动计划功能、自动刀具补偿功能、刀具寿命管理、彩色图形显示 CRT 等。

1985 年 FANUC 公司又推出了数控系统 0，它的目标是体积小、价格低，适用于机电一体化的小型机床，因此它与适用于中、大型的系统 10、11、12 一起组成了这一时期的全新系列产品。在硬件组成以最少的元件数量发挥最高的效能为宗旨，采用了最新型高速高集成度处理器，共有专用大规模集成电路芯片 6 种，其中 4 种为低功耗 CMOS 专用大规模集成电路，专用的厚膜电路 3 种。三轴控制系统的主控制电路包括输入、输出接口，PMC（programmable machine control）和 CRT 电路等，都是在一块大型印制电路板上，与操作面板 CRT 组成一体。系统 0 的主要特点有彩色图形显示、会话菜单式编程、专用宏功能、多种语言（汉、德、法）显示、目录返回功能等。FANUC 公司推出数控系统 0 以来，得到了各国用户的高度评价，成为世界范围内用户最多的数控系统之一。

1987 年 FANUC 公司又成功研制出数控系统 15，被称之为划时代的人工智能型数控系统，它应用了 MMC（man machine control）、CNC、PMC 的新概念。系统 15 采用了高速度、高精度、高效率加工的数字伺服单元，数字主轴单元和纯电子式绝对位置检出器，还增加了 MAP（manufacturing automatic protocol）、窗口功能等。

FANUC 公司是生产数控系统和工业机器人的著名厂家，该公司自 20 世纪 60 年代生产数控系统以来，已经开发出 40 多种系列产品。目前生产的数控装置有 F0、F10/F11/F12、F15、F16、F18 系列。F00/F100/F110/F120/F150 系列是在 F0/F10/F12/F15 的基础上加了

MMC 功能,即 CNC、PMC、MMC 三位一体的 CNC。

1.6.1.2   FANUC 系统的 0 系列型号划分

0D 系列:0—TD		用于车床
	0—MD	用于铣床及小型加工中心
	0—GCD	用于圆柱磨床
	0—GSD	用于平面磨床
	0—PD	用于冲床
0C 系列:0—TC		用于普通车床、自动车床
	0—MC	用于铣床、钻床、加工中心
	0—GCC	用于内、外磨床
	0—GSC	用于平面磨床
	0—TTC	用于双刀架、4 轴车床
POWER MATE 0:		用于 2 轴小型车床
0i 系列:0i—MA		用于加工中心、铣床
	0i—TA	用于车床,可控制 4 轴
	16i	用于最大 8 轴、6 轴联动
	18i	用于最大 6 轴、4 轴联动
	160/18MC	用于加工中心、铣床、平面磨床
	160/18TC	用于车床、磨床
	160/18DMC	用于加工中心、铣床、平面磨床的开放式 CNC 系统
	160/180TC	用于车床、圆柱磨床的开放式 CNC 系统

1.6.2   西门子数控系统

西门子数控系统是一个集成所有数控系统元件(数字控制器、可编程控制器、人机操作界面)于一体的操作面板安装形式的控制系统。所配套的驱动系统接口采用西门子公司全新设计的可分布式安装以简化系统结构的驱动技术,这种新的驱动技术所提供的 DRIVE - CLiQ 接口可以连接多达 6 轴数字驱动。

外部设备通过现场控制总线 PROFIBUS DP 连接。这种新的驱动接口连接技术只需要最少数量的几根连线就可以进行非常简单而容易的安装。SINUMERIK 802D sl 为标准的数控车床和数控铣床提供了完备的功能,其配套的模块化结构的驱动系统为各种应用提供了极大的灵活性。性能方面经过大大改进的工程设计软件(Sizer、Starter)可以帮助用户完成从项目开始阶段的设计选型、订货直到安装调试全部过程中的各项任务。售后服务中,西门子维修和保养对于系统的稳定运转起到非常重要的作用。

1.6.2.1   西门子数控系统功能特点

西门子数控系统是目前国际上功能最为先进的数控系统之一,其功能的不断改进,为广大的客户在希望扩大应用领域和范围方面提供了更多的可能和受益,例如:可以方便地使用 DIN 编程技术和 ISO 代码进行编程,卓越的产品可靠性,数字控制器,可编程控制器,人机操作界面,输入/输出单元一体化设计的系统结构,由各种循环和轮廓编程提供的扩展编程帮助技术,通过 DRIVE - CLiQ 接口实现的最新数字式驱动技术提供了统一的数字式接口标准,各种驱动功能按照模块化设计,可以根据性能要求和智能化要求灵活安排,各种模块不需要电池及风扇,因而无需任何维护。

各种功能体现了西门子公司最新的产品创新技术,例如 5 个数字驱动轴,其中任意 4 个都可以作为联动轴进行插补运算,另一个作为定位轴使用,同时,还提供一个相应的数字式主轴(模拟主轴即将推出)作为一个变型使用,在带 C 轴功能时,可以采用 3 个数字轴,一个数字主轴、一个数字辅助主轴和一个数字定位轴的配置。新一代的西门子驱动技术平台 SINAMICS S120 伺服系统通过已经集成在元件级的 DRIVE - CLiQ 来对错误进行识别和诊断,从操作面板就可以进行操作,使用的标准闪存卡(CF)可以非常方便地备份全部调试数据文件和子程序,通过闪存卡可以对加工程序进行快速处理,通过连接端子使用 2 个电子手轮、216 个数字输入和 144 个数字输出(0.25A),RCS802 - 远程诊断和远程控制(NC 和 PLC),RCS@Event(通过电子邮件进行远程诊断),USB 口(即将推出)。

1.6.2.2　西门子数控系统元件

系统集成和连接以下元件:最大可以连接 2 个电子手轮,小型手持单元,通过 I/O 模块 PP 72/48 或通过 MCPA 模块控制的机床操作面板,MCPA 模块被插入安装在 PCU 210 的后背板。MCPA 模块可以连接机床控制面板,同时具有用于模拟主轴的模拟接口。最大可以连接 3 个 I/O 模块 PP 72/48。

1.6.2.3　西门子数控系统发展历史

1960～1964 年,西门子的工业数控系统在市场上出现。这一代的西门子数控系统以继电器控制为基础,主要以模拟量控制和绝对编码器为基础。

1964 年,西门子为其数控系统注册品牌 SINUMERIK。

1965～1972 年,西门子以上一代的数控系统为基础,推出用于车床、铣床和磨床的基于晶体管技术的硬件。

1973～1981 年,西门子推出 SINUMERIK 550 系统。这一代系统开始应用微型计算机和微处理器。在此系统中,PLC(可编程逻辑控制器)集成到控制器。

1982～1983 年,西门子推出 SINUMERIK 3 系统。

1984～1994 年,西门子推出 SINUMERIK 840C 系统。西门子从此时起开始开放 NC 数控自定义功能,公布 PC 和 HMI 开放式软件包。此时的西门子敏锐地掌握了数控机床业界的显著趋势:开放性。基于系统的开放性,西门子显著地扩大了其 OEM 机床制造商定制他们的设备的可能性。

1996～2000 年,西门子推出 SINUMERIK 840D 系统、SINUMERIK 810D 系统和 SINUMERIK 802D 系统。人与机器相关的安全集成功能已经集成到软件之中。面向图形界面编程的 ShopMill 和 ShopTurn 能够帮助操作工以最少的培训快速上手,易于操作和编程。

1.6.2.4　常用西门子数控系统

西门子数控系统是西门子集团旗下自动化与驱动集团的产品,西门子数控系统 SINUMERIK 发展了很多代。目前广泛在用的主要有 802、810、840 等几种类型。

西门子各系统的性价比较如下。

1) SINUMERIK 802D　具有免维护性能的 SINUMERIK 802D,其核心部件——PCU(面板控制单元)将 CNC、PLC、人机界面和通信等功能集成于一体,可靠性高、易于安装。

SINUMERIK 802D 可控制四个进给轴和一个数字或模拟主轴。通过生产现场总线 PROFIBUS 将驱动器、输入输出模块连接起来。

模块化的驱动装置 SIMODRIVE611Ue 配套 1FK6 系列伺服电动机,为机床提供了全数字化的动力。

通过视窗化的调试工具软件,可以便捷地设置驱动参数,并对驱动器的控制参数进行动态优化。

SINUMERIK 802D 集成了内置 PLC 系统,对机床进行逻辑控制。采用标准的 PLC 编程语言 Micro / WIN 进行控制逻辑设计。并且随机提供标准的 PLC 子程序库和实例程序,简化了制造厂设计过程,缩短了设计周期。

2) SINUMERIK 810D　在数字化控制领域,SINUMERIK 810D 第一次将 CNC 和驱动控制集成在一块板子上。快速的循环处理能力,使其在模块加工中独显威力。

SINUMERIK 810D NC 软件具有一系列突出优势:

提前预测功能,可以在集成控制系统上实现快速控制。

坐标变换功能,固定点停止可以用来卡紧工件或定义简单参考点,模拟量控制模拟信号输出。

样条插补功能(A,B,C 样条)用来产生平滑过渡;压缩功能用来压缩 NC 记录;多项式插补功能可以提高 810D / 810DE 运行速度。

温度补偿功能保证数控系统在高技术、高速度运行状态下保持正常温度。此外,系统还提供钻、铣、车等加工循环。

3) SINUMERIK 840D　SINUMERIK 840D 数字 NC 系统用于各种复杂加工,它在复杂的系统平台上,通过系统设定而适于各种控制技术。840D 与 SINUMERIK_611 数字驱动系统和 SIMATIC7 可编程控制器一起,构成全数字控制系统,它适于各种复杂加工任务的控制,具有优于其他系统的动态品质和控制精度。

1.6.3　三菱数控系统

常用的三菱数控系统有 M700V 系列、M70V 系列、M70 系列、M60S 系列、E68 系列、E60 系列、C6 系列、C64 系列和 C70 系列。

1) 三菱数控系统 M700V 系列　控制单元配备最新 RISC 64 位 CPU 和高速图形芯片,通过一体化设计实现完全纳米级控制、超一流的加工能力和高品质的画面显示。

系统所搭配的 MDS – D / DH – V1/V2/V3/SP、MDS – D – SVJ3/SPJ3 系列驱动可通过高速光纤网络连接,达到最高功效的通信响应。采用超高速 PLC 引擎,缩短循环时间。

配备前置式 IC 卡接口;配备 USB 通信接口;配备 10/100M 以太网接口;真正个性化界面设计(通过 NC Designer 或 C 语言实现),支持多层菜单显示;智能化向导功能,支持机床厂家自创的 HTML、JPG 等格式文件;产品加工时间估算;多语言支持(8 种语言支持、可扩展至 15 种语言);完全纳米控制系统,高精度高品位加工;支持 5 轴联动,可加工复杂表面形状的工件,多样的键盘规格(横向、纵向)支持;支持触摸屏,提高操作便捷性和用户体验;支持向导界面(报警向导、参数向导、操作向导、G 代码向导等),改进用户使用体验;标准提供在线简易编程支援功能(NaviMill、NaviLathe),简化加工程序编写;NC Designer 自定义画面开发对应,个性化界面操作,提高机床厂商知名度;标准搭载以太网接口(10BASE – T/100BASE – T),提升数据传输速率和可靠性;PC 平台伺服自动调整软件 MS Configurator,简化伺服优化手段;支持高速同期攻牙 OMR – DD 功能,缩短攻牙循环时间,最小化同期攻牙误差;全面采用高速光纤通信,提升数据传输速度和可靠性。

2) 三菱数控系统 M70V 系列　针对客户不同的应用需求和功能细分,可选配 M70V Type A:11 轴和 Type B:9 轴;M70VA 铣床标准支持双系统;M70V 系列最小指令单位 0.1 μm,内部控制单位提升至 1 nm;最大程序容量提升到 2 560 m(选配),增大自定义画面存储容量(需要外接板卡);M70V 系列拥有与 M700V 系列相当的 PLC 处理性能;画面色彩由

8 bit 提升至 16 bit,效果更加鲜艳,支持向导界面(报警向导、参数向导、操作向导、G 代码向导等),改进用户使用体验;标准提供在线简易编程支援功能(NaviMill、NaviLathe),简化加工程序编写;NC Designer 自定义画面开发对应,个性化界面操作,提高机床厂商知名度;标准搭载以太网接口(10BASE – T/100BASE – T),提升数据传输速率和可靠性;PC 平台伺服自动调整软件 MS Configurator,简化伺服优化手段,支持高速同期攻牙 OMR – DD 功能,缩短攻牙循环时间,最小化同期攻牙误差;全面采用高速光纤通信,提升数据传输速度和可靠性。

3) 三菱数控系统 M60S 系列　所有 M60S 系列控制器都标准配备了 RISC 64 位 CPU,具备目前世界上最高水准的硬件性能;高速高精度机能对应,尤为适合模具加工;(M64SM – G05P3:16.8 m/min 以上,G05.1Q1:计划中)标准内藏对应全世界主要通用的 12 种多国语言操作界面(包括繁体/简体中文);可对应内含以太网络和 IC 卡界面(M64SM –高速程序伺服器:计划中);坐标显示值转换可自由切换(程序值显示或手动插入量显示切换);标准内藏波形显示功能,工件位置坐标及中心点测量功能;缓冲区修正机能扩展:可对应 IC 卡/计算机链接B/DNC/记忆/MDI 等模式;编辑画面中的编辑模式,可自行切换成整页编辑或整句编辑;图形显示机能改进:可含有道具路径资料,以充分显示工件坐标及道具补偿的实际位置;简易式对话程序软件(使用 APLC 所开发之 Magicpro – NAVIMILL 对话程序);可对应 Windows 95/98/2000/NT4.0/Me 的 PLC 开发软件;特殊 G 代码和固定循环程序,如 G12/13、G34/35/36、G37.1 等。

1.6.4　国产数控系统

1.6.4.1　广州数控(GSK)系统

GSK 拥有国内最大的数控系统研发生产基地、中国一流的生产设备和工艺流程,科学规范的质量控制体系保证每套产品合格出厂。GSK 产品批量配套全国 50 多家知名机床生产企业,是中国主要机床厂家数控系统首选供应商。

1) GSK980T 车床数控系统(CNC)　于 1998 年推出的普及型数控系统。作为经济型数控系统的升级换代产品,GSK980T 具有以下技术特点:采用高级处理器(CPU)和可编程门阵列(PLD)进行硬件插补,实现高速微米级控制;采用四层线路板,集成度高,整机工艺结构合理,可靠性高;液晶(LCD)中文显示、界面友好、操作方便;加减速可调,可配套步进驱动器或伺服驱动器;可变电子齿轮比,应用方便。

2) GSK928TC 车床数控系统　为经济型微米级车床数控系统,采用大规模门阵列(CPLD)进行硬件插补,真正实现了高速微米级控制;使用图形液晶显示器,中文菜单及刀具轨迹图形显示,界面友好;加减速时间可调,可适配反应式步进系统、混合式步进系统或交流伺服系统构成不同档次的车床数控系统。

3) GSK980i 车床数控系统　为新近推出的中高档数控系统,是率先采用以 DSP 运动控制芯片为核心、以嵌入式结构 PC 为平台(PC – BASED)的新一代数控系统。该系统采用 DSP 和主 CPU 并行处理机制,具有较高的动态跟踪精度和良好的加工性能,可作为经济型数控系统的升级换代产品。GSK980i 系统具有以下特点:四个独立的伺服电动机连接口可实现两轴联动和四轴的全闭环控制;独立主轴通道可连接模拟量主轴(0～10 V)或伺服主轴;具有一个可带 512 点的串行 I/O 接口;完全的速度环控制系统,高速、高精度、高效率;中、英文界面可选;图形、坐标、代码实时跟踪;全功能代码编辑器,编辑大小不受限制;直观的 MDI 输入控制;方便直接的系统参数配置;PLC 梯形图输入(选配);在线代码帮助体系故障诊断。

1.6.4.2　华中数控系统

2008 年以前,与重型机床配套的国产数控系统很少,究其原因,一方面,数控系统厂家的技术不成熟,如需要解决信号长线传输、双轴同步驱动技术,以及与重型机床配套所需的大功率伺服驱动和电机产品较少,实际应用经验不足,功能还不够全面;另一方面,数控系统在重型机床整机价值中所占的比例较低,而且用户对国产数控系统的可靠性还存有疑虑,重型机床的数控系统配套几乎是外国系统一统天下。这一令国人颇为尴尬的局面从 2008 年开始被华中数控系统打破。下面简要介绍各类型华中数控系统的特点。

1) 华中Ⅰ型(HNC-1)高性能数控系统

(1) 以通用工控机为核心的开放式体系结构。系统采用基于通用 32 位工业控制机和DOS 平台的开放式体系结构,可充分利用 PC 的软硬件资源,二次开发容易,易于系统维护和更新换代,可靠性好。

(2) 独创的曲面直接插补算法和先进的数控软件技术。处于国际领先水平的曲面直接插补技术将目前 CNC 上的简单直线、圆弧差补功能提高到曲面轮廓的直接控制,可实现高速、高效和高精度的复杂曲面加工。采用汉字用户界面,提供完善的在线帮助功能,具有三维仿真校验和加工过程图形动态跟踪功能,图形显示形象直观。

(3) 系统配套能力强。公司具备了全套数控系统配套能力。系统可选配本公司生产的HSV-11D 交流永磁同步伺服驱动与伺服电动机、HC5801/5802 系列步进电机驱动单元与电机、HG.BQ3-5B 三相正弦波混合式驱动器与步进电机和国内外各类模拟式、数字式伺服驱动单元。

2) 华中-2000 型高性能数控系统　作为面向 21 世纪的新一代数控系统,华中-2000 型数控系统(HNC-2000)是在国家八·五科技攻关重大科技成果——华中Ⅰ型(HNC-1)高性能数控系统的基础上开发的高档数控系统。该系统采用通用工业 PC 机、TFT 真彩色液晶显示器,具有多轴多通道控制能力和内装式 PLC,可与多种伺服驱动单元配套使用。具有开放性好、结构紧凑、集成度高、可靠性好、性价比高、操作维护方便等优点,是适合中国国情的新一代高性能、高档数控系统。

3) HNC-1M 铣床、加工中心数控系统　采用以工业 PC 机为硬件平台,DOS 及其丰富的支持软件为软件平台的技术路线,使得系统具有可靠性好,性价比高,更新换代和维护方便,便于用户二次开发等优点。系统可与各种 3~9 轴联动的铣床、加工中心配套使用。系统除具有标准数控功能外,还内设二级电子齿轮、内装式可编程控制器、双向式螺距补偿、加工断点保护与恢复、故障诊断与显示功能。独创的三维曲面直接插补功能,极大简化零件程序信息和加工辅助工作。此外,系统使用汉字菜单和在线帮助,操作方便,具有三维仿真校验及加工过程动态跟踪能力,图形显示形象直观。

4) HNC-1T 车床数控系统　可与各种数控车床、车削加工中心配套使用。该系统以32 位工业 PC 机为控制机,其处理能力、运算速度、控制精度、人机界面及图形功能等方面均较目前流行的车床数控系统有较大的提高。系统具有类似高级语言的宏程序功能,可以进行平面任意曲线的加工。系统操作方便,性能可靠,配置灵活,功能完善,具有良好的性能价格比。

其他数控系统还有西班牙 FAGOR、美国 HAAS、北京凯恩帝、成都广泰、深圳众为兴、南京华兴、大连的大森等。读者可以查阅相关资料,这里不再一一介绍。

知识拓展

数控技术的产生带动了传统产业的升级,带动了精密测量技术和精密机械结构设计制造技术的发展。它产生了一批新型产业,给人类提供了更多的就业机会。它的应用领域主要有:

(1) 制造行业。机械制造行业是最早应用数控技术的行业,它担负着为国民经济各行业提供先进装备的重任。应该重点研制开发与现代化生产相适用的高性能三轴和五轴高速立式加工中心,五坐标加工中心,大型五坐标龙门铣等;汽车行业发动机、变速箱、曲轴柔性加工生产线上用的数控机床和高速加工中心,以及焊接、装配、喷漆机器人,板件激光焊接机和激光切割机等;航空、船舶、发电行业加工螺旋桨、发动机、发电机和水轮机叶片零件用的高速五坐标加工中心、重型车铣复合加工中心等。

(2) 信息行业。在信息产业中,从计算机到网络、移动通信、遥测、遥控等设备,都需要采用基于超精技术、纳米技术的制造装备,如芯片制造的引线键合机、晶片键合机和光刻机等,这些装备的控制都需要采用数控技术。

(3) 医疗设备行业。在医疗行业中,许多现代化的医疗诊断、治疗设备都采用了数控技术,如 CT 诊断仪、全身刀治疗机以及基于视觉引导的微创手术机器人等。

(4) 军事装备。现代的许多军事装备,都大量采用伺服运动控制技术,如火炮的自动瞄准控制、雷达的跟踪控制和导弹的自动跟踪控制等。

(5) 其他行业。在轻工行业,采用多轴伺服控制(最多可达 50 个运动轴)的印刷机械、纺织机械、包装机械以及木工机械等;在建材行业,用于石材加工的数控水刀切割机;用于玻璃加工的数控玻璃雕花机;用于席梦思加工的数控绗缝机和用于服装加工的数控绣花机等。

【思考与练习】

1. 简述数控(NC)和计算机数控(CNC)的联系与区别。

2. 和普通机床相比,数控机床具有哪些特点?

3. 数控机床由哪几部分组成,各组成部分的功能分别是什么?

4. 数控机床可以有哪几种分类方式,每种分类方式具体如何分?

5. 数控技术的发展趋势主要表现在哪几个方面?

6. 中国机床上常用国产数控系统有哪些?

7. 简述 FANUC 数控系统的型号和适用场合。

第 2 章　数控编程基础知识

■ **学习目标**

　　熟悉数控机床坐标系的有关规定,掌握数控机床的坐标系名称及方向判别,以及工件坐标系与机床坐标系的区别与联系;了解数控编程的步骤,掌握数控程序的结构与格式,熟悉数控编程中的规则,熟练应用数控机床的绝对坐标与增量坐标的表达与换算,初步认识数控机床的常用编程指令含义及功能;掌握基点和节点的概念并能熟练合理地应用数据处理方法;初步掌握数控加工工艺基本设计步骤和方法。

2.1　数控编程概述

　　在普通机床上加工零件时,一般是由工艺人员按照设计图样事先制定好零件的加工工艺规程。机床操作人员按照工艺规程的各个步骤操作机床,加工出图样给定的零件,即加工过程是由操作者来完成的,操作者的技术水平在一定程度上会影响零件的加工质量。与普通机床不同,数控机床运动和动作是由程序来控制而不是由操作者来控制的。在数控机床上加工零件时,首先要编写零件的加工程序,然后把编写好的加工程序输入到数控系统,数控系统按照程序规定的动作、顺序、速度等要求来严格控制机床自动完成零件加工。可见,加工程序的编写质量很大程度上影响零件的加工质量。所以数控编程是数控加工中一项基础而又十分重要的工作。

　　为了方便读者阅读相关数控资料和国外数控产品的相关手册,数控编程中常用的指令或术语都已标准化。常用的数控标准有:①数控的名词术语;②数控机床的坐标轴和运动方向;③数控机床的字符编码(ISO 标准、EIA 标准);④数控编程的程序段格式;⑤准备功能(G 指令)和辅助功能(M 指令);⑥进给功能、主轴功能和刀具功能。

　　我国许多数控标准与 ISO 标准一致。

2.1.1　数控编程的基本概念

　　加工程序(machine program)是在自动加工中,为了使自动操作有效,按某种语言或某种格式书写的顺序指令集。数控加工程序是使用指令为 G 指令(M/S/T 指令),按照特定的书写格式编写的数控系统专用的程序,是零件加工的工作指令。不同的系统使用指令不完全相同。

　　数控编程是指把零件的加工工艺路线、工艺参数、刀具的运动轨迹、位移量、切削参数(v, f, a_f)以及辅助功能等,用 G 指令按照规定的格式编写加工程序的过程。用程序规定机床的动作是数控加工方法与普通加工方法的本质区别。

2.1.2　程序编制的内容

　　数控编程是指从零件图样到获得数控加工程序的全部工作过程。编程工作主要包括:

　　1) 分析零件图样和制定工艺方案　这项工作的内容包括:对零件图样进行分析,明确加工的内容和要求;确定加工方案;选择适合的数控机床;选择或设计刀具和夹具;确定合理的走刀路线及选择合理的切削用量等。这一工作要求编程人员能够对零件图样的技术特性、几何形状、尺寸及工艺要求进行分析,并结合数控机床使用的基础知识,如数控机床的规格、性能、数控系统的功能等,确定加工方法和加工路线。

2) 数学处理 在确定了工艺方案后,就需要根据零件的几何尺寸、加工路线等,计算刀具中心运动轨迹,以获得刀位数据。数控系统一般均具有直线插补与圆弧插补功能,对于加工由圆弧和直线组成的较简单的平面零件,只需要计算出零件轮廓上相邻几何元素交点或切点的坐标值,得出各几何元素的起点、终点、圆弧的圆心坐标值等,就能满足编程要求。当零件的几何形状与控制系统的插补功能不一致时,就需要进行较复杂的数值计算,一般需要使用计算机辅助计算,否则难以完成。

3) 编写零件加工程序 在完成上述工艺处理及数值计算工作后,即可编写零件加工程序。程序编制人员使用数控系统的程序指令,按照规定的程序格式,逐段编写加工程序。程序编制人员应对数控机床的功能、程序指令及指令十分熟悉,才能编写出正确的加工程序。

4) 程序检验和首件试切 将编写好的加工程序输入数控系统,就可控制数控机床的加工工作。一般在正式加工之前,要对程序进行检验。通常可采用机床空运转的方式,来检查机床动作和运动轨迹的正确性,以检验程序。在具有图形模拟显示功能的数控机床上,可通过显示走刀轨迹或模拟刀具对工件的切削过程进行检查。对于形状复杂和要求高的零件,也可采用铝件、塑料或石蜡等易切材料进行试切来检验程序。通过检查试件,不仅可确认程序是否正确,而且可知道加工精度是否符合要求。若能采用与被加工零件材料相同的材料进行试切,则更能反映实际加工效果,当发现加工的零件不符合加工技术要求时,可修改程序或采取尺寸补偿等措施。

2.1.3 数控编程方法简介

2.1.3.1 手工编程

手工编程是指利用一般的计算工具,通过各种数学方法,人工进行刀具轨迹的运算,并进行指令编制。这种方式比较简单,很容易掌握,适用于中等复杂程度程序、计算量不大的零件编程,对机床操作人员来说必须掌握。手工编程框图如图 2.1 所示。

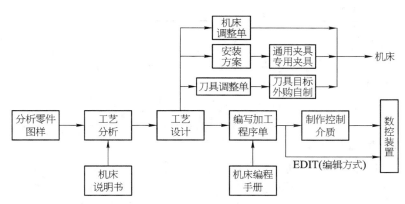

图 2.1 手工编程框图

手工编程的特点:耗费时间较长,容易出现错误,无法胜任复杂形状零件的编程。据国外资料统计,当采用手工编程时,一段程序的编写时间与其在机床上运行加工的实际时间之比,平均约为 30∶1,而数控机床不能开动的原因中有 20%～30% 是加工程序编制困难,或者编程时间较长。虽然这种编程方法越来越多地被 CAD/CAM 软件编程方式所取代,但是手工编程仍然是数控编程人员必须掌握的基本功,是 CAD/CAM 软件编程的基础,本书数控编程部分主要讲解的是手工编程。

2.1.3.2　CAD/CAM

CAD/CAM 即计算机辅助编程,是指利用 CAD/CAM 系统进行零件的设计、分析及加工编程。该种方法适用于制造业中的 CAD/CAM 集成系统,目前正被广泛应用,该方式适应面广、效率高、程序质量好,适用于各类柔性制造系统(FMS)和集成制造系统(CIMS),但投资大,掌握起来需要一定时间。

随着现代加工业的发展,实际生产过程中,比较复杂的二维零件、具有曲线轮廓和三维复杂零件越来越多,手工编程已满足不了实际生产的要求。如何在较短的时间内编制出高效、快速、合格的加工程序,在这种需求推动下,数控自动编程得到了很大的发展。

目前,商品化的 CAD/CAM 软件比较多,应用情况也各有不同,表 2.1 列出了国内应用比较广泛的 CAM 软件的基本情况。

表 2.1　常用 CAM 软件基本情况

软件名称	基本情况
unigraphics(UG)	美国 EDS 公司出品的 CAD/CAM/CAE 一体化的大型软件,功能强大,在大型软件中,加工能力最强,支持三轴到五轴的加工,由于相关模块比较多,需要较多的时间来学习掌握
Pro/Engineer	美国 PTC 公司出品的 CAD/CAM/CAE 一体化的大型软件,功能强大,支持三轴到五轴的加工,同样由于相关模块比较多,学习掌握需要较多的时间
CATIA	IBM 下属的 Dassault 公司出品的 CAD/CAM/CAE 一体化的大型软件,功能强大,支持三轴到五轴的加工,支持高速加工,由于相关模块比较多,学习掌握的时间也较长
Ideas	美国 EDS 公司出品的 CAD/CAM/CAE 一体化的大型软件,由于目前与 UG 软件在功能方面有较多重复,EDS 公司准备将 Ideas 的优点融合到 UG 中,让两个软件合并成为一个功能更强的软件
Cimatron	以色列 CIMATRON 公司出品的 CAD/CAM 集成软件,相对于前面的大型软件来说,是一个中端的专业加工软件,支持三轴到五轴的加工,支持高速加工,在模具行业应用广泛
PowerMILL	英国 Delcam Plc 出品的专业 CAM 软件,是目前唯一一个与 CAD 系统相分离的 CAM 软件,其功能强大,是加工策略非常丰富的数控加工编程软件,目前,支持三轴到五轴的铣削加工,支持高速加工

为适应复杂形状零件的加工、多轴加工、高速加工,一般计算机辅助编程的步骤为:

1) 零件的几何建模　对于基于图样以及型面特征点测量数据的复杂形状零件数控编程,其首要环节是建立被加工零件的几何模型。

2) 加工方案与加工参数的合理选择　数控加工的效率与质量有赖于加工方案与加工参数的合理选择,其中刀具、刀轴控制方式、走刀路线和进给速度的优化选择是满足加工要求、机床正常运行和刀具寿命的前提。

3) 刀具轨迹生成　刀具轨迹生成是复杂形状零件数控加工中最重要的内容,能否生成有效的刀具轨迹直接决定了加工的可能性、质量与效率。刀具轨迹生成的首要目标是使所生成的刀具轨迹能满足无干涉、无碰撞、轨迹光滑、切削负荷光滑、指令质量高。同时,刀具轨迹生成还应满足通用性好、稳定性好、编程效率高、指令量小等条件。

4) 数控加工仿真　由于零件形状的复杂多变以及加工环境的复杂性,要确保所生成的加工程序不存在任何问题十分困难,其中最主要的是加工过程中的过切与欠切、机床各部件之间的干涉碰撞等。对于高速加工,这些问题常常是致命的。因此,实际加工前采取一定的措施对加工程序进行检验并修正是十分必要的。数控加工仿真通过软件模拟加工环境、刀具路径与材料切除过程来检验并优化加工程序,具有柔性好、成本低、效率高且安全可靠等特点,是提高编程效率与质量的重要措施。

5) 后置处理　后置处理是数控加工编程技术的一个重要内容,它将通用前置处理生成的刀位数据转换成适合于具体机床数据的数控加工程序。其技术内容包括机床运动学建模与求解、机床结构误差补偿、机床运动非线性误差校核修正、机床运动的平稳性校核修正、进给速度校核修正及指令转换等。因此后置处理对于保证加工质量、效率与机床可靠运行具有重要作用。

计算机辅助自动编程适用于以下零件:

(1) 形状复杂的零件,特别是具有非圆曲线表面的零件;

(2) 零件几何元素虽不复杂,但编程工作量很大的零件或计算工作量很大的零件;

(3) 在不具备刀具半径补偿功能的机床上进行轮廓铣削时,编程要按刀具中心轨迹进行,如果用手工编程,计算相当繁杂,程序量大,效率低,容易出错,甚至有时无法完成,此时可采用自动编程方法实现;

(4) 联动轴数超过两轴的加工程序的编制。

这种编程方法应用也已比较普遍,一般学校都开设了相应的课程,本书中不涉及此部分内容。

2.1.3.3　数控语言编程

数控语言编程要有数控语言和编译程序。编程人员需要根据零件图样要求用一种直观易懂的编程语言(数控语言)编写零件的源程序(源程序描述零件形状、尺寸、几何元素之间相互关系及进给路线、工艺参数等),相应的编译程序对源程序自动地进行编译、计算、处理,最后得出加工程序。数控语言编程中使用最多的是 APT 数控语言编程系统。

会话型自动编程系统是在数控语言自动编程的基础上,增加了"会话"功能。编程员通过与计算机对话的方式,输入必要的数据和指令,完成对零件源程序的编辑、修改。它可随时停止或开始处理过程;随时打印零件加工程序单或某一中间结果;随时给出数控机床的脉冲当量等后置处理参数;用菜单方式输入零件源程序及操作过程等。日本的 FAPT、荷兰的 MITURN、美国的 NCPTS、中国的 SAPT 等均是会话型自动编程系统。

利用通用的微机及专用的自动编程软件,以人机对话方式确定加工对象和加工条件,自动进行运算和生成指令。对形状简单(轮廓由直线和圆弧组成)的零件,手工编程是可以满足要求的,但对于曲线轮廓、三维曲面等复杂型面,一般采用计算机自动编程。目前中小企业普遍采用这种方法,编制较复杂的零件加工程序效率高,可靠性好。专用软件多为开放式操作系统环境下在微机上开发的,成本低,通用性强。

这种编程方法应用比较少。读者在工作中需要数控语言编程时,可查阅相关资料。

2.2　数控编程几何基础

2.2.1　数控机床的坐标系及运动方向

在数控编程时,为了描述机床的运动、简化程序编制的方法及保证记录数据的互换性,数控机床的坐标系和运动方向均已标准化。目前,国际标准化组织已经统一了标准的坐标系。中国已制定了 JB/T 3051—1999《数控机床坐标和运动方向的命名》数控标准,它与 ISO 841 等效。

掌握机床坐标系、编程坐标系、工件坐标系等概念,是具备人工设置机床加工坐标系的基础。

2.2.1.1　数控机床标准坐标系规定

标准的坐标系采用右手笛卡儿直角坐标系,如图 2.2 所示。这个坐标系的各个坐标轴与机床的主要导轨相平行。直角坐标系 X、Y、Z 三者的关系及其方向用右手定则判定;右手的拇指、示指、中指互相垂直,并分别代表 $+X$、$+Y$、$+Z$ 轴。围绕 $+X$、$+Y$、$+Z$ 轴的回转运动分别用 $+A$、$+B$、$+C$ 表示,其正向用右手螺旋定则确定。与 $+X$、$+Y$、$+Z$、$+A$、$+B$、$+C$ 相反的方向用带"′"的 $+X'$、$+Y'$、$+Z'$、$+A'$、$+B'$、$+C'$ 表示。图 2.3 给出了各种数控机床的坐标系。

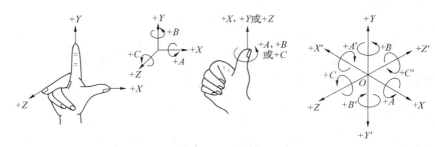

图 2.2　坐标轴方向确定方法

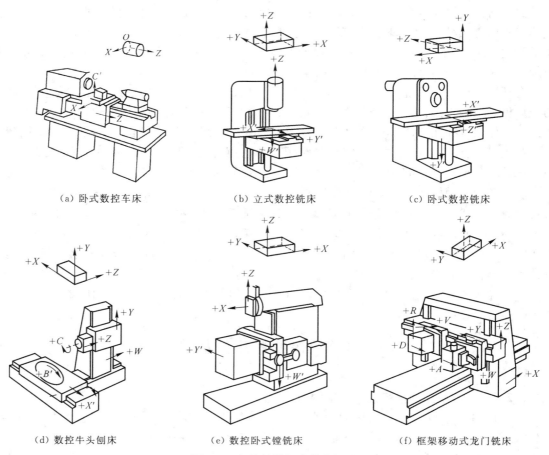

（a）卧式数控车床　　　　　（b）立式数控铣床　　　　　（c）卧式数控铣床

（d）数控牛头刨床　　　　　（e）数控卧式镗铣床　　　　（f）框架移动式龙门铣床

图 2.3　各种数控机床的坐标系

　　通常在坐标轴命名或编程时,不论机床在加工中是刀具移动,还是被加工工件移动,都一律假定被加工工件相对静止而刀具在移动,即刀具相对运动的原则。并同时规定刀具远离工件的方向为坐标的正方向。

2.2.1.2　机床坐标轴的规定

　　确定机床坐标轴时,一般是先确定 Z 轴,然后再确定 X 轴和 Y 轴。在数控机床上规定:直线运动坐标轴为 X、Y、Z;旋转运动坐标轴为 A、B、C,对应旋转轴线平行于 X、Y、Z 轴。平行于 X、Y、Z 轴的坐标,可分别指定为 P、Q 和 R,称为附加轴。X、Y、Z、A、B、C 为工件固定刀具运动的坐标;X'、Y'、Z'、A'、B'、C' 为刀具固定工件运动的坐标。

　　1) Z 轴的确定　标准规定:与主轴轴线平行的坐标轴为 Z 轴,刀具远离工件的方向为 Z 轴的正方向,如图 2.3a、b、c、e、f 所示。对于没有主轴的机床如牛头刨床等(图 2.3d),则以与装夹工件的工作台面相垂直的直线作为 Z 轴方向。如果机床有多个主轴,则选择其中一个与工作台面相垂直的主轴来确定 Z 轴方向。

　　2) X 轴的确定　平行于导轨面,且垂直于 Z 轴的坐标轴为 X 轴。X 轴是在刀具或工件定位平面内运动的主要坐标。对于工件旋转的机床(如车床、磨床等),X 坐标的方向是在工件的径向上,且平行于横滑座导轨面。刀具远离工件旋转中心的方向为 X 轴正方向,如图 2.3a所示。

　　对于刀具旋转的机床(如铣床、镗床、钻床等),如果 Z 轴是垂直的,则面对主轴看立柱时,右手所指的水平方向为 X 轴的正方向,如图 2.3b 所示。如果 Z 轴是水平的,则面对主轴看立柱时,左手所指的水平方向为 X 轴的正方向,如图 2.3c 所示。

　　实际工作中也可以这样判断:

　　Z 轴垂直:站在操作者位置,右手边为 X 正向。

　　Z 轴水平:站在操作者位置,左手边为 X 正向。

　　3) Y 轴的确定　Y 坐标轴垂直于 X、Z 坐标轴。Y 运动的正方向根据 X 坐标和 Z 坐标的正方向,按照右手笛卡儿直角坐标系来判断。

　　4) 旋转运动的确定　围绕坐标轴 X、Y、Z 旋转的运动,分别用 A、B、C 表示。它们的正方向用右手螺旋法则判定,如图 2.3d 所示。

　　5) 附加轴　如果在 X、Y、Z 主要坐标以外,还有平行于它们的坐标,可分别指定为 P、Q 和 R。

　　6) 工件运动时的相反方向　对于工件运动而不是刀具运动的机床,如铣床、镗床、钻床等,必须将前述刀具运动所作的规定,做相反的安排。用带"'"的字母,如 $+Y'$,表示工件相对于刀具正向运动指令。而不带"'"的字母,如 $+Y$,则表示刀具相对于工件负向运动指令。两者表示的运动方向正好相反。对于编程人员只考虑不带"'"的运动方向。

2.2.1.3　数控机床的坐标系统

　　数控机床的坐标系统是建立机床与待加工工件之间的位置关系,方便确定数控机床各坐标轴位移大小和方向,正确加工出合格零件的前提。在数控机床坐标系中有两个坐标系,即机床坐标系和工件坐标系。前面讲述了如何确定机床各坐标轴及方向,这种原则是机床坐标系和工件坐标系都共同遵循的原则,现在只需要确定坐标原点的位置,坐标系就建立起来了。机床坐标系和工件坐标系坐标原点的位置不同,作用不同,对编程人员的意义也不同。

　　1) 机床坐标系　机床坐标系的作用是标定机床的测量系统起点位置。数控机床坐标系是机床的基础坐标系,机床坐标系的原点也称机械原点,它是机床固有的点,其位置一般在各坐标轴的正向最大极限处。机械原点是机床各个坐标轴测量的起点,所有又称为机床零点。它由生产厂家事先确定,不能随意改变,是其他坐标系和机床内部参考点的出发点。

机床开机时回参考点的目的就是为了建立机床坐标系。

2)工件坐标系　工件坐标系是编程人员在编程和加工时使用的坐标系。工件坐标系是为了建立机床坐标系和编程坐标系关系而建立的。前文提到机床坐标系是机床固有的坐标系,但往往编程人员不知道坐标系具体位置。为了编程方便,编程人员总是在图样上选定一个坐标原点称之为编程原点而建立一个编程坐标系。这样,编程时就可以不必考虑机床坐标系的问题,而直接按照图样给定的尺寸编程。

加工时,需要将工件安装在机床上。零件在机床上安装好后,为了让机床识别零件在机床中的位置,把编程原点作为加工原点建立一个新的坐标系,称为工件坐标系。很显然,工件坐标系和编程坐标系是重合的,但其意义却有所不同,编程坐标系是为了编程方便,是编程人员按照一定的原则自己设定的。而工件坐标系是使机床能够识别工件在机床上的位置,工件坐标系的建立是用对刀方式测量加工原点在机床坐标系的坐标值,然后利用坐标平移指令将机床坐标系偏移至工件坐标系,这样就可以直接利用机床的坐标系统来测量工件和刀具之间的相互位置。在数控系统上这种坐标平移是用相应坐标系设定指令来实现的。

在一个机床中可以设定多个工件坐标系。工件坐标系的原点应尽量选择在零件的设计基准或工艺基准上。

2.2.2　数控编程的特征点

2.2.2.1　刀位点

刀位点是刀具上的一个基准点,刀位点相对运动的轨迹即加工路线,也称编程轨迹。常用刀具的刀位点规定:立铣刀、端铣刀的刀位点是刀具轴线与刀具底面的交点;球头铣刀刀位点为球心;镗刀、车刀刀位点为刀尖或刀尖圆弧中心;钻头是钻尖或钻头底面中心;线切割的刀位点则是线电极的轴心与零件面的交点。图2.4给出了各种车刀刀位点。

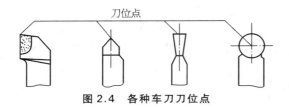

图2.4　各种车刀刀位点

2.2.2.2　对刀点

对刀点是指在数控机床上加工零件,刀具相对零件运动的起始点。对刀点也称为程序起始点或起刀点。

对刀点选定的原则如下:

(1)选定的对刀点位置应使程序编制简单;

(2)对刀点在机床上找正容易;

(3)加工过程中检查方便;

(4)引起的加工误差小。

对刀点可以设在被加工零件上,也可以设在夹具上,对刀点可与程序原点重合,也可在任何便于对刀之处,但该点与程序原点之间必须有确定的坐标联系。而且必须与零件的定位基准有一定的坐标尺寸联系,这样才能确定机床坐标系与零件坐标系的相互关系,如图2.5所示。

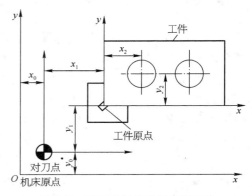

图2.5　对刀点与编程原点不重合

对刀点不仅是程序的起点而且往往又是程序的终点。因此在批量生产中就要考虑对刀的重复精度,通常,在绝对坐标系统的数控机床上,对刀的重复精度可由对刀点距机床原点的坐标值来校核;在相对坐标系统的数控机床上,则经常要人工检查对刀精度。

2.2.2.3　换刀点

换刀点是指刀架转位或机械手换刀时的位置。对数控车床、镗铣床、加工中心等多刀加工数控机床,在加工过程中需要进行换刀,编程时应考虑不同工序之间的换刀位置,设置换刀点。

根据具体机床换刀点的位置有所不同。换刀点的位置,要保证在换刀的时候,所有刀具与工件之间、刀具与夹具之间都保持绝对的安全距离,也就是说,换刀的时候避免与夹具、工件、辅助工装等之间的干涉。

2.2.2.4　参考点

参考点是机床上一个特殊的点,是机床坐标系原点或机床的初始位置,是由机床制造商设置在机床上的一个固定基准位置点,通过限位开关或传感器来建立。

参考点的作用是使机床与控制系统同步,建立测量机床运动的起始点。当机床启动后,机床必须执行返回到机床零点的固定循环程序即初始化程序,然后将机床参考点和机床原点之间的偏置值自动存储在机床控制单元(machine control unit, MCU)中。

机床参考点与机床原点的距离由系统参数设定,该点通常位于机床正向极限点处。如果其值为零表示机床参考点和机床原点重合,如果其值不为零,则机床开机回零后显示的机床坐标系的值即为系统参数中设定的距离值。

2.3　数控加工程序的结构与格式

早期的 NC 加工程序,是以纸带为介质存储的。为了保持与以前系统的兼容性,现代数控机床一个完整的程序还应包括由纸带输入输出程序所必需的一些信息。

2.3.1　零件加工程序的组成

一个完整的程序包括纸带程序起始符、前导、程序起始符、程序正文、注释、程序结束符、纸带程序结束符七个组成部分。

1) 纸带程序起始符(tape start)　该部分在纸带上用来标志一个程序的开始,符号是"％"。在机床操作面板上直接输入程序时,该符号由 NC 自动产生。

2) 前导(leader section)　第一个换行(LF)(ISO 指令的情况下)或回车(CR)(EIA 指令的情况下)前的内容被称为前导部分。该部分与程序执行无关。

3) 程序起始符(program start)　该符号标志程序正文部分的开始,ISO 指令为 LF,EIA 指令为 CR。在机床操作面板上直接输入程序时,该符号由 NC 自动产生。

4) 程序正文(program section)　位于程序起始符和程序结束符之间的部分为程序正文部分,在机床操作面板上直接输入程序时,输入和编辑的就是这一部分。程序正文的结构请参考下一节的内容。

5) 注释(comment section)　在任何地方,一对圆括号之间的内容为注释部分,NC 对这部分内容只显示,在执行时不予理会。

6) 程序结束符(program end)　用来标志程序正文的结束,所用符号见表 2.2。

ISO 指令的 LF 和 EIA 指令的 CR,在操作面板的屏幕上均显示为";"。

表 2.2　程序结束符

ISO 指令	EIA 指令	含　义
M02LF	M02CR	程序结束
M30LF	M30CR	程序结束,返回程序头
M99LF	M99CR	子程序结束

7) 纸带程序结束符(tape end)　用来标志纸带程序的结束,符号为"%"。在机床操作面板上直接输入程序时,该符号由 NC 自动产生。

从前文叙述可以看出,这些组成符有些是数控系统自动产生的,平时书写加工程序时,不需要把每一个组成符号都写出来。但这些符号也不是和操作或编程毫无关系,比如说直接在数控面板上输入加工程序时,有些组成符号要在编程时输入控制面板上的 EOB 键。尤其在利用接口从计算机往数控系统传输程序时,必要的符号必须由编程员在程序里直接写入,否则不能正常传输。

2.3.2　程序正文结构

2.3.2.1　地址和词

在加工程序正文中,一个英文字母被称为一个地址,一个地址后面跟着一个数字就组成了一个词。每个地址有不同的意义,它们后面所跟的数字也因此具有不同的格式和取值范围,参见表 2.3。

表 2.3　地址和词的含义

功　能	地　址	取值范围	含　义
程序号	O	1～9 999	程序号
顺序号	N	1～9 999	顺序号
准备功能	G	00～99	指定数控功能
尺寸定义	X, Y, Z	±99 999.999 mm	坐标位置值
	R		圆弧半径,圆角半径
	I, J, K	±9 999.999 9 mm	圆心坐标位置值
进给速率	F	1～100 000 mm/min	进给速率
主轴转速	S	1～4 000 r/min	主轴转速值
选刀	T	0～99	刀具号
辅助功能	M	0～99	辅助功能 M 指令号
刀具偏置号	H, D	1～200	指定刀具偏置号
暂停时间	P, X	0～99 999.999 s	暂停时间(ms)
指定子程序号	P	1～9 999	调用子程序用
重复次数	P, L	1～999	调用子程序用
参数	P, Q	P 为 0～99 999.999 Q 为 ±99 999.999 mm	固定循环参数

2.3.2.2　程序段结构

一个加工程序由许多程序段构成,程序段是构成加工程序的基本单位。程序段由一个或更多的指令字构成并以程序段结束符(EOB、ISO 指令为 LF,EIA 指令为 CR,屏幕显示为 ";")作为结尾,表示该程序段结束转入下一程序段。

一个程序段的开头可以有一个可选的程序段顺序号 N××××用来标志该程序段,一般来说,顺序号有两个作用:一是运行程序时便于监控程序的运行情况,因为在任何时候,程序号和顺序号总是显示在 CRT 的右上角;二是在分段跳转时,必须使用顺序号来标志调用或跳转位置。必须注意,程序段执行的顺序只和它们在程序存储器中所处的位置有关,而与它们的顺序号无关,也就是说,如果顺序号为 N20 的程序段出现在顺序号为 N10 的程序段前面,也一样先执行顺序号为 N20 的程序段。如果某一程序段的第一个字符为"/",则表示该程序段为条件程序段,即可选跳段开关在上位时,不执行该程序段,而可选跳段开关在下位时,该程序段才能被执行。

以上提到的指令字是由地址符和数字组成的,如 G00、M30 等,它代表机床的一个位置或一个动作。而地址符是由字母组成的,它是构成程序的最基本单位。

2.3.3　程序段格式

程序段的格式是指指令字在程序段中的排列顺序。不同的数控系统有不同的程序段格式,格式不符合规定,数控装置就会报警。常见程序段格式见表 2.4。

表 2.4　常见程序段格式

1	2	3	4	5	6	7	8	9	10	11
N_	G_	X_ U_ Q_	Y_ V_ P_	Z_ W_ R_	I_J_K_ R_	F_	S_	T_	M_	LF
顺序号	准备功能	坐标字				进给功能	主轴功能	刀具功能	辅助功能	结束符号

2.4　数控编程基本指令

数控机床在加工过程中,用来驱动数控机床的启停、正反转、刀具走刀路线及方向,粗精切削次数的划分,必要的端点停留,换刀确定主轴转速进给速度等,都要用确定的指令在程序中体现出来,这种指令被称为工艺指令。常用的功能指令有准备性工艺指令——G 指令或 G 代码。另一类是辅助性工艺指令——M 指令或 M 代码,还有 F、S、T 功能指令,分别是进给功能、主轴功能和刀具功能指令。

2.4.1　准备功能指令(G 指令)

准备功能指令的作用是在数控机床进行加工之前预先规定其工作内容,为某种插补运算或某种加工方式做好准备。准备功能由地址 G 及其后的两位数字组成。从 G00 到 G99 共有 100 种,国际标准和国内标准对大部分指令做了规定。因为当时数控系统指令还没有那么丰富,还有一部分指令未做统一规定,不同的系统可以根据需要自己规定,由于数控系统功能的发展,对有些高档次系统来说这 100 个指令已经不能满足要求,故出现了如 FANUC 系统中使用 G50.1G51.1 这种扩充指令来表示镜像功能的情况。

G 指令分为模态指令和非模态指令。模态指令是指该指令在一个程序段中一经指定,便保持有效到被以后的程序段中出现同组其他代码(即功能相似,不能同时执行的代码)所替代;

非模态指令是指该指令只在当前程序段有效,如果下一程序段还需要使用此功能则还需要重新书写。绝大多数 G 代码是模态指令,讲到非模态指令时将作特殊说明。同一组的 G 代码,在一个程序段中,只能有一个被指定,如果同组的几个 G 代码同时出现在一个程序段中,那么最后输入的那个 G 代码有效。

为了避免编程人员出现疏漏,数控系统中对于每一组指令,都选其中常用的一个作为开机默认指令,即使编程人员没有书写该指令,也会在开机或系统复位时自动生效。

在本书中把数控编程 G 指令分成一、二、三级。各种不同系统都统一使用的、能完成数控系统最基本编程功能的 G 指令统称为一级指令。把以提高加工质量或减少计算工作量为目的的编程指令称为二级指令。把以减少编程工作量为目的的简化编程指令称为三级指令。为了避免内容重复,把各种数控系统通用的指令在本章讲解,对于与系统有关的特殊指令放到后续章节讲解。

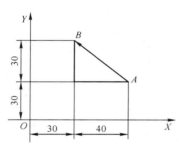

图 2.6　绝对坐标与增量坐标

2.4.1.1　一级指令

1)绝对坐标和相对坐标编程指令(G90、G91)

指令格式:G90 (91) X_Y_Z_;

该组指令表示运动轴的移动方式。使用绝对坐标指令(G90),程序中的位移量用刀具的终点坐标表示。相对坐标指令(G91)用刀具运动的增量表示。如图 2.6 所示,从 A 点移动到 B 点分别用绝对和增量坐标编程如下:

G90　X30.0 Y60.0;

G91　X－40.0 Y30.0;

注意:

(1)在缺省情况下,机床默认 G90 指令,即绝对坐标编程。

(2)G90 和 G91 是同组模态代码,可在程序段中互相取代,交替使用。可根据具体需要灵活选用。

(3)数控车床在增量编程时,一般不用 G91 指令,而是用坐标字 U、W 直接表示。数控铣床等增量编程时,用 G91 指令,坐标字仍用 X、Y、Z 表示。

2)工件坐标系的设定指令(G92、G50)

指令格式:G92 (或 G50) X_Y_Z_;

一般情况下,G50 用于车床,G92 用于铣床。但有些系统 G92 也用于车床坐标系设定。

坐标系设定指令程序段只是设置坐标原点,虽然指令格式还有坐标字,但执行该指令后机床并不产生运动,刀具仍在原位置。具体设定方法见第 3 章和第 4 章内容。

3)工件坐标系的偏置指令(G54~G59)

指令格式:G54;

一般系统工件坐标系的偏置指令有 G54~G59 共 6 个指令,如图 2.7 所示,早期的数控系统有 4 个,有些高级数控系统有 9 个。

该组指令的格式是可以单独作为一个程

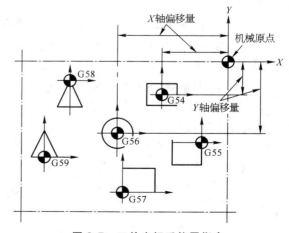

图 2.7　工件坐标系偏置指令

序段,也可以跟坐标移动指令。6 个工件坐标系皆以机床原点为参考点,分别以各自与机床原点的偏移量表示,需要提前输入机床内部。

如果 G54 指令后边有坐标移动指令,执行 G54 指令后,机床按照指令中的坐标尺寸移动坐标轴到指定位置。如果后边没有坐标移动指令,执行 G54 指令后,机床不运动。

例 2.1　在图 2.8 中,用 LCD / MDI 在参数设置方式下设置了两个工件坐标系:

G54:X－150.0　Z－100.0

G55:X－200.0　Z－50.0

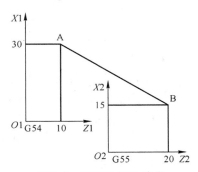

图 2.8　工件坐标系选定

其中 G54、G55 后面的坐标值为相应工件原点在机床坐标系中的坐标值。该坐标值用 LCD / MDI 在参数设置直接输入到数控系统中,就建立了原点在 O1 的 G54 工件坐标系和原点在 O2 的 G55 工件坐标系。若执行程序段 G54　G00　X60.0　Z10.0,则刀具快速运动到 A 点;若执行 G55　G01　X30.0　Z20.0　F100,则刀具工进速度运动到 B 点。

说明:

(1) G54～G59 是系统预置的 6 个坐标系,可根据需要选用。

(2) G54～G59 建立的工件坐标原点是相对于机床原点而言的,在程序运行前已设定好,在程序运行中是无法重置的。

(3) G54～G59 预置建立的工件坐标原点在机床坐标系中的坐标值可用 MDI 方式输入,系统自动记忆。

(4) 使用该组指令前,必须先回参考点。

(5) G54～G59 为模态指令,可相互注销。

以上为车床坐标系偏置实例,如果是铣床,方法完全相同,只是需要设置三个坐标轴 X、Y、Z。

用 G92(G50)以及 G54～G59 设定工件坐标系的区别:

(1) G92 指令需后续坐标值指定当前工件坐标值,因此须单使一个独立程序段指定,该程序段中尽管有位置指令值,但并不产生运动。另外,在使用 G92 指令前,必须保证刀具处于加工起始点,该点称为对刀点。

(2) 使用 G54～G59 设定工件坐标系时,可单独指定,也可以与其他程序段一起指定,如果该程序中有位置指令就会产生运动。使用该指令前,先用 MDI 方式输入该坐标原点,在程序中使用对应的 G54～G59 之一,就可建立该坐标系。

(3) 机床断电后 G92 设定工件坐标系的值将不存在,而 G54～G59 设定工件坐标系的值是存在的。

4) 快速定位指令(G00)

刀具从当前位置快速移动到切削开始前的位置,在切削完了之后,快速离开工件。一般在刀具非加工状态的快速移动时使用,该指令只是快速到位,其运动轨迹因具体的控制系统不同而异,进给速度 F 对 G00 指令无效。

指令格式:G00 X_Y_Z_;

说明:X、Y、Z 为快速移动终点坐标。

5) 直线插补指令(G01)

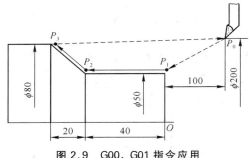

图 2.9　G00、G01 指令应用

该指令使刀具以 F 指定的进给速度插补加工出任意斜率的直线。

指令格式：G01 X_Y_Z_F_;

说明，X、Y、Z 为直线的终点坐标，可以是绝对坐标，也可以是增量坐标，不移动的坐标轴可以省略；F 为刀具移动的速度，单位为 mm/min。

编程示例如图 2.9 所示，选右端面轴心 O 为编程原点，其绝对值方式编程如下：

N10 G00 X50.0 Z2.0 S800 T01 M03;（$P_0 \to P_1$ 点）

N20 G01 Z40.0 F80;（刀尖从 P_1 点按 F 速度进给到 P_2 点）

N30 X80.0 Z60.0;（$P_2 \to P_3$）以 F 速度进给 N40 G00 X200.0 Z100.0;（$P_3 \to P_0$）快速返回

关于坐标轴移动指令的有关说明：

(1) G00 指令的速度取决于机床数控系统预先设定的参数，G01 指令的速度取决于编程时给定的 F 值大小，如果不指定 F 值，G01 指令无效，机床报警。G00、G01 的速度均可以用机床操作面板上倍率按钮调整其运动速度。

(2) 不运动的坐标在编程时可以省略。

(3) G00 指令移动时，刀具轨迹是折线还是直线，由数控系统定。在采用 G00 方式进行退刀时，要避免与工件夹具等干涉。建议先 X、Y、Z 单坐标轴移动退至安全位置后，再让三个坐标轴联动退刀。

6) 圆弧插补指令（G02，G03）

指令格式：

(1) 用 I K 指定圆心位置

G02 (G03) X_Y_Z_I_K_F_;

(2) 用 R 指定圆心位置

G02 (G03) X_Y_Z_R_F_;

使用圆弧差补指令时，数控铣削类和数控车削类机床略有不同，本书第 3、4 章再作详细讲解。

7) 参考点控制指令（G27～G30）

(1) G27 返回参考点校验指令

指令格式：G27 X_Y_Z_T0000;

说明：X、Y、Z 后面的坐标值为参考点在工件坐标系的坐标值，用于检测刀具是否正确回到参考点。执行该指令时，刀具以快速进给的方式定位在机床坐标系的指定位置上，如果机床按照程序中给定的数值正确回到参考点位置，则指示灯亮，机床执行下一段程序。如果不是，则机床报警，这说明指令中给定的参考点坐标值错误或机床误差太大。

值得注意的是，该指令必须和取消刀补指令同时使用。使用该指令的前提是机床必须手动回过参考点。该指令的使用主要检查工件原点是否正确。

(2) G28 自动返回参考点指令

指令格式：G28 X_Y_Z_T0000;

说明：X、Y、Z 是中间点的坐标值。执行该指令时刀具快速移动到中间点位置，然后返回参考点。返回到参考点后指示灯亮。其作用和手动回参考点功能相同。可以使刀具从任何位置以快速点定位方式经过中间点返回参考点,如图 2.10 所示。

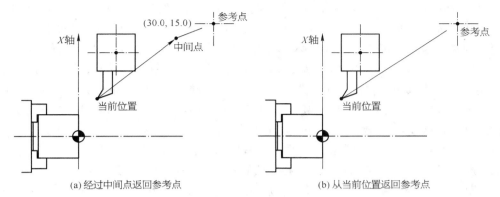

图 2.10　自动返回参考点指令

（3）自动从参考点返回指令 G29

指令格式:G29 X_Y_Z_T0000;

说明:X、Y、Z 后边的坐标值是经中间点返回到的切削点的位置。G29 的中间点是 G28 曾经指定过的中间点,G28、G29 配套使用。

（4）第二参考点返回 G30 指令

指令格式:G30 X_Y_Z_T0000;

说明:G30 为第二参考点返回,该功能与 G28 指令相似。不同之处是刀具自动返回第二参考点,而第二参考点的位置是由参数来设定的,G30 指令必须在执行返回第一参考点后才有效,如 G30 指令后面直接跟 G29 指令,则刀具将经由 G30 指定的(坐标值为 X、Y、Z)中间点移到 G29 指令的返回点定位,类似于 G28 后跟 G29 指令。通常 G30 指令用于自动换刀位置与参考点不同的场合,而且在使用 G30 前,同 G28 一样应先取消刀具补偿。

2.4.1.2　二级指令

1）暂停功能指令（G04）　G04 暂停指令可使刀具作短时间无进给加工、光整加工,降低表面粗糙度。G04 为非续效指令。

指令格式:G04 P_;

　　　　　G04 X_;

说明:P、X 后边的数字代表暂停时间。P 后面的数字为正数,单位为毫秒（ms）。X 后边的数为小数点,单位为秒（s）。还有些系统 P、X 后边的数代表工件或刀具的转速,使用时应该注意查阅有关机床说明书。

在加工中遇到如下情况,应该使用暂停指令:

（1）镗孔完毕后要退刀时,为了避免在已加工面上留下退刀螺旋状刀痕提高内表面粗糙度,一般使主轴停止转动并暂停 1～3 s,待主轴完全停止后再退回镗刀。

（2）对锪盲孔或台阶孔做深度控制,在刀具进给到指定位置时,用暂停指令停止进刀 1～2 s,以使孔低平整。

（3）车床上横向切槽、倒角或打顶尖孔时,使用暂停指令保证槽底质量、倒角表面以及顶尖锥孔平整。

（4）在棱角加工时,为保证棱角尖锐,使用暂停指令。

（5）丝锥攻螺纹时,如果刀具夹头本身带有自动正反转机构,则用暂停指令,以暂停时间代替指定的进给距离,待攻螺纹完毕丝锥退出工件后,再恢复机床的动作指令。

2)刀具补偿指令　在编写零件加工程序时,一般按照零件轮廓要求决定零件程序中的坐标尺寸。在数控机床实际加工时,CNC 系统控制的是刀具中心(或基准点)的轨迹,却靠刀具的刀尖或刀刃外缘来实现切削。因此必须根据刀具形状、尺寸等对刀具中心位置进行偏置,将编程零件轨迹变换为刀具中心轨迹,从而保证刀具按照其中心轨迹移动时,就可以加工出合格的零件轮廓。这种变换过程称为刀具偏置,也称刀具补偿。刀具补偿分为刀具长度补偿(G43、G44)、刀具半径补偿(G41、G42)和刀具磨损量补偿。对于不同类型的机床与刀具,需要考虑的补偿形式也不一样。但刀补的执行过程都需要三个步骤:

(1)建立刀补。刀具由起点接近工件的过程中,执行刀补指令建立刀补。

(2)进行刀补。刀补建立后,刀具中心自动偏移一个刀补距离,沿工件轮廓走刀加工工件。

(3)撤销刀补。零件加工完毕,撤离工件后,用 G40 或者 G49 指令取消刀具长度或半径补偿。

早期的数控系统是没有刀具补偿功能的,现代数控系统大部分都具有刀具补偿功能,开发这组功能指令的主要目的是可以减少编程计算工作量。因为车削类和铣削类机床补偿原理和补偿方式有所不同。这组指令具体使用方法在第 3、4 章中根据具体机床再作详细讲解。

2.4.1.3　三级指令

子(宏)程序调用指令、固定循环指令、坐标变换指令统称为三级指令,这些指令的共同点就是可以大大简少编程工作量,在实际编程中要注意灵活使用。这部分指令在不同系统或不同类型机床中,用法都各不相同,在第 3、4 章将针对特定的系统进行讲解。

2.4.2　辅助功能指令(M 指令)

辅助功能又称 M 功能,主要用来表示机床操作时的各种辅助动作及其状态。它由地址 M 及其后的两位数字组成,从 M00 到 M99 共有 100 种。一般情况一个程序段仅能指定一个 M 代码,有两个以上 M 代码时,最后一个 M 代码有效。常用 M 指令在不同系统上功能基本相同,但也有部分指令因生产厂家及机床结构和型号不同与标准规定有差异。读者可以在应用中参考机床说明书。这里只对常用的 M 指令加以介绍。

1)程序停止指令(M00、M01)　执行含有 M00 或 M01 指令的语句后,机床自动停止。如编程者想要在加工中使机床暂停(检验工件、调整、排屑、手动换刀等),使用 M00 指令,重新启动后,才能继续执行后续程序。M01 必须"选择停止"键处在"ON"状态时此功能才有效。

2)程序结束指令(M02、M30)　M02 指令表明主程序结束,机床的数控单元复位,如主轴、进给、冷却停止,但该指令并不返回程序起始位置。M30 表示加工结束,指令返回初始位置。

3)主轴控制指令(M03~M05)　主轴控制指令与后边的主轴速度指令 S 配套使用。M03 主轴正转,该指令使主轴顺时针转动。M04 主轴反转,该指令使主轴逆时针转动。M05 主轴停转,该指令使主轴停止转动。

4)切削液控制指令(M08、M09)　M08 切削液开,M09 切削液关。

5)自动换刀指令(M06)　常用于加工中心类机床刀库换刀前的准备动作,该指令与 T 指令配合使用,完成机械手的自动换刀动作。

2.4.3　其他功能指令

1)进给速度功能指令(F 指令)　用于指定进给速度。与除了 G00 外的所有带有坐标移动性质的指令配合使用。F 后面的数字代表进给速度。每转进给(G99)在含有 G99 的程序段中,遇到 F 指令时,后边所带数字的单位是 mm/r。每分钟进给(G98)在含有 G98 的程序段中,遇到 F 指令时,后边所带数字的单位是 mm/min。

2）主轴速度功能指令（S 指令）　用于指定主轴转速。与 M03、M04 配合使用。S 后面的数字代表主轴速度。恒线速度切削（G96）：系统执行 G96 后，S 后面的数值表示切削速度；主轴转速切削（G97）：系统执行 G96 后，S 后面的数值表示切削速度。

主轴最高转速设定（G50）：如 G50S2000 表示主轴转速最高为 2 000 r/min。

3）刀具功能指令（T 指令）　用来指定刀具号，后边数字的含义与机床类型和系统类型有关。

2.4.4　基本指令编程实例

编制如图 2.11 所示的孔加工程序。设工件上表面为 Z 轴零点，Z 轴开始点距工作表面 50 mm 处，孔深度为 10 mm。

编写程序如下：

G90G92 X0.0 Y0.0 Z50.0;

M03 S1000 M08;

G00 X40.0 Y40.0 Z5.0;

G01 Z−13.0 F70.0;

G00 Z5.0;

X80.0;

G01 Z−13.0 F70.0;

G00 Z5.0;

X120.0;

G01 Z−13.0 F70.0;

G00 Z5.0;

X160.0;

G01 Z−13.0 F70.0;

G00 Z5.0;

X40.0 Y90.0;

G01 Z−13.0 F70.0;

G00 Z5.0;

X80.0;

G01 Z−13.0 F70.0;

G00 Z5.0;

X120.0;

G01 Z−13.0 F70.0;

G00 Z5.0;

X160.0;

G01 Z−13.0;

G00 Z50.0 M09;

M05;

M30;

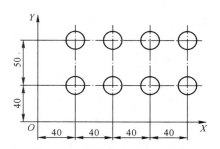

图 2.11　基本指令孔加工实例

由上例可以看出，用基本指令编程，编程工作量是很大的，所以现代数控机床上有很多简化编程的指令，使编程人员的工作变得越来越轻松，初学者要好好学习简化编程指令，积累编程技巧。

2.5   数控编程中的数值处理

数控机床的控制系统主要进行的是位置控制,即控制刀具的切削位置。数控编程的主要工作就是把加工过程中刀具移动的位置按一定的顺序和方式编写成程序单,输入机床的控制系统,操纵加工过程。刀具移动位置是根据零件图样,按照已经确定的加工路线和允许的加工误差计算出来的。这一工作称为数控加工编程中的数值计算,数值计算主要用于手工编程时的轮廓加工。

数控编程中数值处理包括以下内容:零件轮廓中几何元素的基点;插补线段的节点;刀具中心位置;辅助计算等。一般称基点和节点为切削点,即刀具切削部位必须切到的点。这也是数值处理中最重要的两种坐标计算。

2.5.1   基点坐标的计算

一个零件的轮廓曲线可能由许多不同的几何要素所组成,如直线、圆弧、二次曲线等。构成零件轮廓的不同几何素线的交点或切点称为基点,如两条直线的交点、直线与圆弧的交点或切点、圆弧与二次曲线的交点或切点等。基点可以直接作为其运动轨迹的起点或终点。所以基点坐标的计算是有效编程的前提。大部分基点坐标可以直接通过零件图标注尺寸很容易地直接读出,但还有一部分尺寸不能直接读出,必须通过图中相关图素,通过数学方法进行基点坐标计算。

基点坐标的计算方法有很多,以前学到的数学知识在这里都可以灵活运用。常用的有几何法、解析法和三角函数法等。

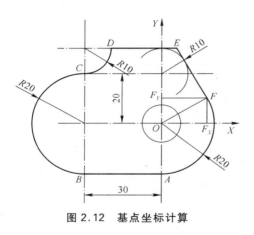

图 2.12   基点坐标计算

如图 2.12 所示,A、B、C、D 坐标值可直接得出。E 点是直线 DE 与 EF 的交点,F 是直线 EF 与圆弧 AF 的切点。OF 与 X 轴的夹角为 $30°$,EF 与 X 轴夹角为 $120°$。E、F 坐标不能直接读出,需要计算 E、F 点坐标。由图可知:

$$F_X = 20\cos 30° = 17.321$$

$$F_Y = 20\sin 30° = 10$$

$$E_Y = 30$$

$$E_X = F_X - (E_Y - F_Y)/\tan 60° = 5.774$$

手工编程时基点坐标的计算虽然都是可以通过普通数学计算方法求出,但有时难度很大,计算工作量也是很大的,随着计算机辅助绘图方法的普及,可采用 CAD 绘图找点法计算基点的坐标。这种计算法避免了大量复杂的人工计算,操作方便,且基点分析精度高,出错概率低。所以建议尽可能采用这种方法计算基点坐标。

使用 CAD 找点法计算基点坐标时应注意以下几个问题:

(1) 绘图要认真仔细不能出错;

(2) 图形绘制要严格按照 1:1 的比例进行;

(3) 尺寸标注的精度单位要设置正确,通常为小数点后三位;

（4）标注尺寸时找点要精确，不能捕捉到无关的点上。

2.5.2　节点坐标的计算

数控加工中，经常遇到一些非圆曲线。当采用不具备非圆曲线插补功能的数控机床加工非圆曲线轮廓的零件时，在加工程序的编制工作中，常用多个直线段或圆弧去近似代替非圆曲线，这称为拟合处理，拟合线段的交点或切点称为节点。节点的计算比较复杂，方法也很多，是手工编程的难点。有条件时，应尽可能借助于计算机来完成，以减小计算误差并减轻编程人员的工作量。

2.5.2.1　非圆曲线的节点计算

1）直线段逼近非圆曲线的节点计算

（1）等间距直线逼近法。这种方法是使每个程序段的某一坐标增量相等，然后根据曲线的表达式求出另一坐标值，即可得到节点坐标，如图 2.13a 所示。

（2）等弦长直线逼近法。这种方法是使所有逼近线段的弦长相等，计算时必须使最大逼近误差小于 $\delta_允$，以满足加工精度的要求，如图 2.13b 所示。

（3）等误差直线逼近法。该方法是使零件轮廓曲线上各直线段的逼近误差相等，并小于或等于 $\delta_允$，如图 2.13c 所示。

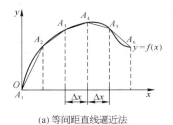 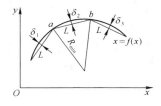 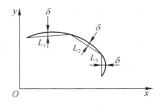

(a) 等间距直线逼近法　　　　(b) 等弦长直线逼近法　　　　(c) 等误差直线逼近法

图 2.13　非圆曲线节点坐标计算

2）圆弧逼近非圆曲线的节点计算　用圆弧逼近法去逼近零件的轮廓曲线时，计算的依据依然是要使圆弧段与零件轮廓曲线间的误差小于或等于 $\delta_允$。常用的方法有三点圆法、相切圆法和曲率圆法。

2.5.2.2　列表曲线的数学处理

在实际应用中，有些零件的轮廓形状是通过实验或测量方法得到的，如飞机的机翼、叶片、某些检验样板等。这时常以列表坐标点的形式描绘轮廓形状。这种由列表点给出的轮廓曲线称为列表曲线。常用数学处理方法有牛顿插值法、双圆弧法、样条函数法，样条函数法又包括三次样条函数拟合、圆弧样条拟合。

数控编程中的节点坐标计算难度非常大，不仅需要较高的数学基础，而且通常手工无法完成计算。现在对于比较复杂的数控编程，一般都采用计算机辅助编程来实现，对于节点坐标计算也就迎刃而解了，所以在这里不再对这部分内容详述，如有读者需要了解具体内容请参考相关材料。

2.5.3　其他计算

2.5.3.1　刀具中心位置计算

刀具中心位置是刀具相对于每个切削点刀具中心所处的位置。因为刀具都有一定的半径，要使刀具的切削部位切过轮廓的基点和节点，必须对刀具进行一定的偏置。对于没有刀具偏置功能的数控系统，应计算出相对于基点和节点的刀具中心位置轨迹。这种计算有时也是相当困难的。为了减少编程工作量，现代大多数数控系统都具有刀具偏置功能，编程人员只需要按照图样所给轮廓进行编程即可。

2.5.3.2   辅助计算

1）增量计算   对于增量坐标的数控系统,应计算出后一节点相对前一节点的增量值。

2）脉冲数计算   通常数值计算是以毫米为单位进行的,而数控系统若要求输入脉冲数,可将计算数值换算为脉冲数。

3）辅助程序段的数值计算   对刀点到切入点的程序段,以及切削完毕后返回到对刀点的程序均属辅助程序段。在填写程序单之前,辅助程序段的数据也应预先确定。

4）切削用量的辅助计算   包括切削用量计算,加工余量分配等。

辅助计算要求的数学基础不高,计算数据比较简单,但是对于切削用量计算要求编程人员要有相应的工艺基础知识和一定的工作经验。

2.6   数控加工工艺基础知识

合理确定数控加工工艺对实现优质、高效和经济的数控加工具有极为重要的作用。其内容主要包括选择合适的机床、刀具、夹具、走刀路线及切削用量等。只有选择合适的工艺参数及切削策略才能获得较理想的加工效果。

从加工的角度看,数控加工技术主要是围绕加工方法和加工参数的合理确定及其实现的理论与技术。数控加工通过计算机控制刀具做精确的切削加工运动,是完全建立在复杂的数值运算之上的,它能实现传统机加工无法实现的合理的、完整的工艺规划。数控机床具有一般机床所不具备的许多优点,其应用范围正在不断扩大。

图 2.14 表述了数控加工流程。数控加工工艺内容基本包括了普通加工工艺所涉及的全部内容,本书仅对数控加工走刀路线等作比较全面的介绍,与普通工艺相同的内容不讲或简单介绍。

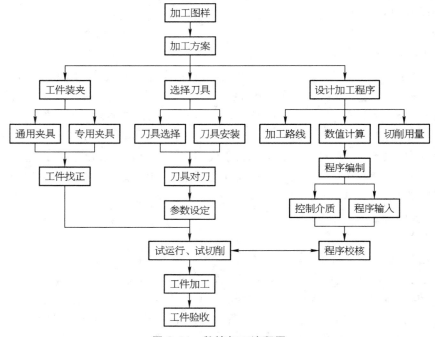

图 2.14   数控加工流程图

2.6.1　数控加工工艺分析的特点及内容

2.6.1.1　数控加工工艺的基本特点

（1）数控工艺详细具体。数控加工工艺内容与普通机加工大致相同但非常完整,因为数控是高度自动化的过程。如普通机加工只需指明工步即可,但数控加工必须指明所用刀具、切削速度、进给速度、开动润滑否等。原来靠机床操作工凭经验的加工参数现在必须由数控编程人员用数控指令表示出来。

（2）工序集中。现代数控机床刚度大、刀库容量大及多坐标、多工位的特点可以实现一次装夹完成多种加工甚至多个零件的加工,这样就造成了工序集中。

（3）加工方法的特点。在曲面加工中,传统的方法是钳工用砂轮磨,用样板检验修正(如舰艇的螺旋桨);而数控加工靠多坐标轴联动,可以准确加工出理想的曲面。

（4）加工精度不仅取决于加工过程,还取决于编程阶段的理论误差,如圆整化误差、插补误差、逼近误差等。

2.6.1.2　数控加工工艺的主要内容

（1）选择适合在数控机床上加工的零件,确定工序内容。尽管数控机床相对于普通机床加工在产品质量、生产效率及综合经济效益等方面都有优越性,但不是所有内容都适于用数控机床加工。应当优选普通机床无法加工的,或难加工、质量难以保证的内容进行数控加工,而对于需较长时间占机调整的内容如粗加工,或不能在一次装夹中完成加工的零星部位的加工则不适宜安排数控加工。

（2）对零件图样进行数控加工工艺分析,明确加工内容及技术要求。对于选定的数控加工零件,应首先审查、分析零件图样,主要从数控加工的可能性与方便性两个方面进行分析。比如,审查零件图样中的尺寸标注是否适合数控加工的特点;审查零件图样中给定的几何要素是否充分;审查定位基准的可靠性;审查零件要求的加工精度能否得到保证。

（3）确定零件的加工方案,制定数控加工工艺路线。如划分工序、安排加工顺序以及处理与非数控加工工序的衔接等。

（4）加工工序的设计。如选取零件的定位基准、夹具方案的确定、划分工步、选取刀辅具和确定切削用量等。

（5）选取对刀点和换刀点,确定刀具补偿,确定加工路线。

（6）分配数控加工中的容差,规定编程误差,处理数控机床上的部分工艺指令。

（7）编制加工工艺文件。

2.6.2　数控加工工艺分析与设计

数控加工工艺的实质就是在分析零件精度和表面粗糙度的基础上,对数控加工的方法、装夹方式、切削加工进给路线、刀具使用以及切削用量(机床运行的速度、切削工件的深度和加工刀具与工件的转速)等工艺内容进行正确合理的选择。

2.6.2.1　机床的合理选择

1）数控车削的主要加工对象

（1）轮廓形状特别复杂或难于控制尺寸的回转体零件。

（2）精度要求高的回转体零件。

（3）带特殊螺纹的回转体零件。

2）数控铣削加工的主要对象

（1）平面轮廓加工。平面轮廓多由直线和圆弧或各种曲线构成,通常采用三坐标数控铣床进行两轴半坐标加工。图 2.15 所示为由直线和圆弧构成的零件平面轮廓 $ABCDEA$。

采用半径为 R 的立铣刀沿周向加工，虚线 $A'B'C'D'E'A'$ 为刀具中心的运动轨迹。为保证加工面光滑，刀具沿 PA' 切入，沿 $A'K$ 切出。

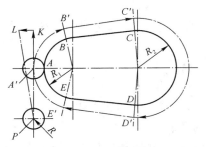

图 2.15　平面轮廓加工

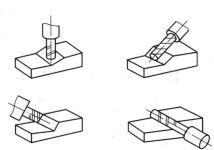

图 2.16　固定斜角平面加工

（2）固定斜角平面加工。固定斜角平面是与水平面成一固定夹角的斜面，常用如下加工方法：当零件尺寸不大时，可用斜垫板垫平后加工；如果机床主轴可以摆角，则可以摆成适当的定角，用不同的刀具来加工，如图 2.16 所示；当零件尺寸很大，斜面斜度留下残留面积，需要用钳修方法加以清除。

加工斜面的最佳方法是采用五坐标数控铣床，主轴摆角后加工，可以不留残留面积。

（3）变斜角平面加工。加工面与水平面的夹角呈连续变化的零件称为变斜角类零件。这类零件的特点是加工面不能展开为平面，但在加工中，铣刀圆周与加工面接触的瞬间为一条直线。图 2.17 所示是飞机上的一种变斜角梁椽条，该零件在第 2 肋至第 5 肋的斜角从 3°10′ 均

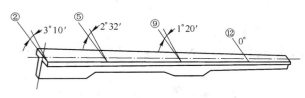

图 2.17　变斜角平面加工

匀变化为 2°32′，从第 5 肋至第 9 肋再均匀变化为 1°20′，从第 9 肋至第 12 肋又均匀变化至 0°。变斜角类零件一般采用四轴或五轴联动的数控铣床加工，也可以在第三轴数控铣床上通过两轴联动用鼓形铣刀分层近似加工，但精度稍差。

（4）曲面类零件加工。曲面通常由数学模型设计出，因此往往要借助于计算机来编程。其加工面不能展开为平面。加工时，铣刀与加工面始终为点接触，一般用球头铣刀采用两轴半或三轴联动的三坐标数控铣床加工。当曲面较复杂、通道较狭窄、会伤及毗邻表面及需刀具摆动时，要采用四坐标或五坐标数控铣床加工，如模具类零件、叶片类零件、螺旋桨类零件等。

曲面轮廓加工、立体曲面的加工应根据曲面形状、刀具形状以及精度要求采用不同的铣削加工方法，如两轴半、三轴、四轴及五轴等联动加工(图 2.18)。

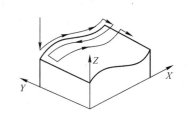

(a) 两轴半加工

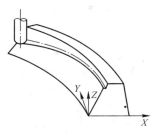

(b) 三轴加工

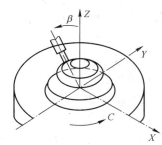

(c) 五轴联动加工

图 2.18　曲面类零件加工

（5）孔及孔系加工。

（6）螺纹加工。

3）加工中心主要的加工对象

（1）既有平面又有孔系的零件。

① 箱体类零件。有孔系、轮廓、平面多工位加工。

② 盘、套、板类零件。指带有键槽或径向孔，或端面有分布孔系以及有曲面的盘套或轴类零件。

（2）复杂曲面类零件加工。包括凸轮类、整体叶轮、模具类、周期性投产零件、加工精度要求较高的中小批零件、新产品试制中的零件。

2.6.2.2　数控加工零件的工艺性分析

1）零件的工艺性分析　包括产品的零件图和装配图分析、零件图的完整性与正确性分析、零件技术要素分析、尺寸标注方法分析、零件材料分析、零件的结构工艺性分析，即零件在满足使用要求的前提下所具有的制造可行性和加工经济性。

根据数控铣削加工的特点，下面列举出一些经常遇到的工艺性问题，作为对零件图样进行工艺性分析的要点来加以分析与考虑。

（1）零件图样尺寸的正确标注。由于加工程序是以准确的坐标点来编制的，因此，各图形几何要素间的相互关系（如相切、相交、垂直和平行等）应明确，各种几何要素的条件要充分，应无引起矛盾的多余尺寸或影响工序安排的封闭尺寸等。

（2）保证获得要求的加工精度。虽然数控机床精度很高，但对一些特殊情况，例如过薄的底板与肋板，因为加工时产生的切削拉力及薄板的弹性退让极易产生切削面的振动，使薄板厚度尺寸公差难以保证，其表面粗糙度值也将提高。根据实践经验，当面积较大的薄板厚度小于 3 mm 时就应充分重视这一问题。

（3）尽量统一零件轮廓内圆弧的有关尺寸。轮廓内圆弧半径 R 常常限制刀具的直径。如图 2.19a 所示，如工件的被加工轮廓高度低，转接圆弧半径也大，可以采用较大直径的铣刀来加工，加工其底板面时，走刀次数也相应减少，表面加工质量也会好一些，因此工艺性较好；反之，数控铣削工艺性较差。一般来说，当 $R<0.2H$（被加工轮廓面的最大高度）时，可以判定为零件该部位的工艺性不好。

铣削面的槽底面圆角或底板与肋板相交处的圆角半径 r（图 2.19b）越大，铣刀端刃铣削平面的能力越差，效率也越低，当 r 大到一定程度时甚至必须用球头铣刀加工，这是应当避免的。

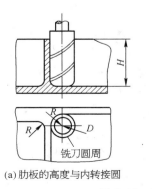

（a）肋板的高度与内转接圆

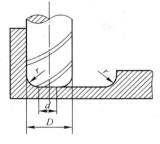

（b）底板与肋板的转接圆

图 2.19　统一零件内圆弧尺寸

因为铣刀与铣削平面接触的最大直径 $d=D-2r$（D 为铣刀直径），当 D 越大而 r 越小时，铣刀端刃铣削平面的面积越大，加工平面的能力越强，铣削工艺性当然也越好。有时候，当铣削的底面面积较大、底部圆弧 r 也较大时，只能用两把 r 不同的铣刀（一把刀的 r 小些，另一把刀的 r 符合零件图样的要求）进行两次切削。

零件上这种凹圆弧半径在数值上的一致性问题对数控铣削的工艺性显得相当重要。一般来说，即使不能寻求完全统一，也要力求将数值相近的圆弧半径分组靠拢，达到局部统一，以尽量减少铣刀规格与换刀次数，并避免因频繁换刀增加了工件加工面上的接刀阶差而降低了表面质量。

（4）保证基准统一的原则。有些工件需要在铣完一面后再重新安装铣削另一面，往往会因为工件的重新安装而接不好刀。这时，最好采用统一基准定位，因此零件上应有合适的孔作为定位基准孔。如果零件上没有基准孔，也可以专门设置工艺孔作为定位基准（如在毛坯上增加工艺凸台或在后继工序要铣去的余量上设置基准孔）。

（5）分析零件的变形情况。数控铣削工件在加工时的变形，不仅影响加工质量，而且当变形较大时，将使加工不能继续进行下去。这时就应当考虑采取一些必要的工艺措施进行预防，如对钢件进行调质处理，对铸铝件进行退火处理，对不能用热处理方法解决的，也可考虑粗、精加工及对称去余量等常规方法。此外，还要分析加工后的变形问题，采取什么工艺措施来解决。

总之，零件加工工艺取决于产品零件的结构形状、尺寸和技术要求。

2）零件毛坯的工艺性分析　毛坯种类有铸件、锻件、型材、焊接件等。数控加工中由于加工过程的自动化，使余量的大小、如何定位装夹等问题在设计毛坯时就要仔细考虑好，否则，如果毛坯不适合数控铣削，加工将很难进行下去。根据经验，下列几方面应作为毛坯工艺性分析的要点：

（1）毛坯应有充分、稳定的加工余量。毛坯主要指锻件、铸件，因模锻时的欠压量与允许的错模量会造成余量不均匀，铸造时也会因砂型误差、收缩量及金属液体的流动性差不能充满型腔等造成余量不均匀。此外，锻、铸后，毛坯的挠曲与扭曲变形量的不同也会造成加工余量不均匀。因此，除板料外，不管是锻件、铸件还是型材，只要准备采用数控铣削加工，其加工面均应有较充分的余量。经验表明，数控铣削中最难保证的是加工面与非加工面之间的尺寸，这一点应该引起特别重视。在这种情况下，如果已确定或准备采用数控铣削，就应事先对毛坯的设计进行必要更改或在设计时就加以充分考虑，即在零件图样注明的非加工面处也增加适当的余量。

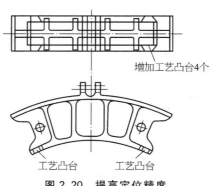

增加工艺凸台4个

工艺凸台　　工艺凸台

图 2.20　提高定位精度

（2）分析毛坯在装夹定位方面的适应性。应考虑毛坯在加工时的装夹定位方面的可靠性与方便性，以便使数控铣床在一次安装中加工出更多的待加工面。主要是考虑要不要另外增加装夹余量或工艺凸台来定位与夹紧，什么地方可以制出工艺孔或要不要另外准备工艺凸耳来特制工艺孔。如图 2.20 所示，该工件缺少定位用的基准孔，用其他方法很难保证工件的定位精度，如果在图示位置增加 4 个工艺凸台，在凸台上制出定位基准孔，这一问题就能得到圆满解决。对于增加的工艺凸耳或凸台，可以在它们完成作用后通过补加工去掉。

（3）分析毛坯的余量大小及均匀性。主要考虑在加工时是否要分层切削，分几层切削，也要分析加工中与加工后的变形程度，考虑是否应采取预防性措施与补救措施。如对于热轧的中、厚铝板，经淬火时效后很容易在加工中与加工后变形，最好采用经预拉伸处理的淬火板坯。

2.6.2.3　加工方法的选择与加工方案的确定

1）加工方法的选择　加工方法的选择要同时保证加工精度和表面粗糙度的要求。获得同一级精度和表面粗糙度的加工方法很多，要结合零件的形状、尺寸的大小和热处理等具体要求来考虑。常用加工方法的经济加工精度与表面粗糙度可查阅有关工艺手册。

2）确定加工方案的原则　要根据质量要求、机床情况和毛坯条件来确定最终加工方案。零件上精度要求较高的表面，常常是经过粗加工、半精加工和精加工逐步达到。

2.6.2.4　工序的划分

在数控机床上加工的零件按工序集中原则划分工序，一般有如下四种方法：

1）按安装次数划分工序　以一次安装能完成的那部分工艺过程为一道工序，这种方法适用于工件表面的加工内容不多的工件，加工完成后一般就能达到待检状态。

2）按粗、精加工划分工序　即粗加工完成的那部分工艺过程为一道工序，精加工完成的那部分工艺过程为一道工序，这种划分方法适用于加工后边变形较大、需粗精加工分开的工件，如毛坯为铸件、焊接件或锻件。

3）按所用刀具划分工序　以同一把刀具完成的那一部分工艺过程为一道工序，这种方法适用于待加工工件加工部位较多、机床连续工作时间较长、加工程序的编制和检查难度较大等情况，加工中心常用这种方法划分工序以减少换刀次数。

4）按加工部位划分工序　即以完成相同型面（如内形、外形、曲面和平面等）的每一部分工艺过程为一道工序。用于加工表面多而复杂的零件。

实际工作中，要根据质量要求、机床情况和毛坯条件来确定最终加工方案。对于零件上精度要求较高的表面，常常是经过粗加工、半精加工和精加工逐步达到。即每一工序可能还要划分成多个工步来完成一个表面的加工。

2.6.2.5　加工顺序的安排

1）切削加工顺序的安排原则

（1）基面先行原则。

（2）先粗后精原则。

（3）先主后次原则。零件上的工作表面及装配面属于主要表面，应先加工，从而能及早发现毛坯中主要表面可能出现的缺陷。自由表面、键槽、紧固用的螺孔和光孔等表面，属于次要表面，可穿插进行，一般安排在主要表面加工达到一定精度后、最终精加工之前进行。

（4）先面后孔原则。对于箱体、支架和机体类零件，平面轮廓尺寸较大，一般先加工平面，后加工孔和其他尺寸。

（5）先内后外原则。即先进行内形内腔加工工序，后进行外形加工工序。

此外，上道工序的加工不能影响下道工序的定位与夹紧。以相同安装方式或用同一刀具加工的工序，最好连续进行，以减少重复定位次数。在同一次安装中进行的多道工序，应先安排对工件刚性破坏较小的工序。

2）热处理工序的安排

（1）预备热处理。以改善材料的切削性能及消除内应力为主要目的。

（2）去除内应力热处理。主要是消除毛坯制造或工件加工过程中产生的残余应力。

（3）最终热处理。以达到图样规定的零件的强度、硬度和耐磨性为主要目的。

另外，对于床身、立柱等铸件，常在粗加工前及粗加工后进行自然时效，以消除内应力。热处理工序的安排如图 2.21 所示。

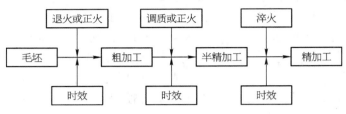

图 2.21　热处理工序的安排

3）辅助工序的安排　辅助工序的种类很多，如检验、去毛刺、倒棱边、去磁、清洗、动平衡、涂防锈漆和包装等。辅助工序也是保证产品质量所必要的工序，若缺少了辅助工序或辅助工序要求不严，将给装配工作带来困难，甚至使机器不能使用。其中检验工序是主要的辅助工序，它是监控产品质量的主要措施。除在每道工序的进行中操作者都必须自行检查外，还需在下列情况下安排单独的检验工序：

（1）粗加工阶段结束之后；

（2）重要工序之后；

（3）零件从一个车间转到另一个车间时；

（4）特种性能（磁力擦伤、密封性等）检验之前；

（5）零件全部加工结束之后。

4）数控加工工序与普通工序的衔接　有些零件的加工是由普通机床和数控机床共同完成的，数控机床加工工序前后一般都穿插有其他普通工序，如衔接不好就容易产生矛盾，因此要解决好数控工序与普通工序之间的衔接问题，较好的解决办法是建立工序间的相互状态要求。例如，要不要为后道工序留加工余量，留多少；定位孔与面的精度与形位公差是否满足要求；对校形工序的技术要求；对毛坯的热处理要求等，都需要前后兼顾，统筹衔接。

2.6.2.6　数控刀具的选用

数控加工对刀具的要求更高，不仅要求精度高、强度大、刚度好、耐用度高，而且要求尺寸稳定、安装调整方便。刀具的选择应考虑工件材质、加工轮廓类型、机床允许的切削用量和刚性以及刀具耐用度等因素。

2.6.2.7　定位与夹紧方案的确定

工件的定位基准与夹紧方案的确定，应遵循定位基准的选择原则与工件夹紧的基本要求。此外，还应该注意下列三点：

（1）力求设计基准、工艺基准与编程原点统一，以减少基准不重合误差和数控编程中的计算工作量；

（2）设法减少装夹次数，尽可能做到一次定位装夹后能加工出工件上全部或大部分待加工表面，以减小装夹误差，提高加工表面之间的相互位置精度，充分发挥数控机床的效率；

（3）避免采用占机人工调整式方案，以免占机时间太多，影响加工效率。

数控加工的特点对夹具提出了两个基本要求：一是保证夹具的坐标方向与机床的坐标方向相对固定；二是要能协调零件与机床坐标系的尺寸。除此之外，重点考虑以下几点：

（1）单件小批量生产时，优先选用组合夹具、可调夹具和其他通用夹具，以缩短生产准备时间和节省生产费用；

（2）在成批生产时，应考虑采用专用夹具，并力求结构简单；

（3）零件的装卸要快速、方便、可靠，以缩短机床的停顿时间；

（4）夹具上各零部件应不妨碍机床对零件各表面的加工，即夹具要敞开，其定位、夹紧机构元件不能影响加工中的走刀（如产生碰撞等）；

（5）为提高数控加工的效率，批量较大的零件加工可以采用多工位、气动或液压夹具。

2.6.2.8 对刀点与换刀点的确定

1）对刀点 对刀点是指数控加工时，刀具相对工件运动的起点，这个起点也是编程时程序的起点。因此，对刀点也称程序起点或起刀点。

在编程时应正确选择对刀点的位置：对刀点可以设置在零件、夹具或机床上，但必须与零件的定位基准有已知的尺寸关系；为提高零件的加工精度，应尽可能设置在零件的设计基准或工艺基准上，或与零件的设计基准有一定的尺寸关系。

2）换刀点 指刀架转为换刀时的位置。必须设置在零件的外部。

2.6.3 走刀路线的设计

在数控加工中的走刀路线是指数控加工过程中刀位点相对于被加工零件的运动轨迹和方向。走刀路线的合理选择对数控加工工艺设计来讲是非常重要的。走刀路线是刀具在整个加工工序中相对于工件的运动轨迹，不但包括了工步的内容，而且反映出工步的顺序。它与加工精度和表面质量都密切相关，也是编写数控程序的必要依据，因此在确定走刀路线时，最好是画一张工序简图，将已拟定好的走刀路线画上去（包括进退刀路线），尤其利用软件自动编程时，走刀路线设计是一个不可或缺的步骤。确定加工走刀路线的总体原则是：保证零件的加工精度和表面粗糙度；方便数值计算，减少编程工作量；缩短加工运行路线，减少空运行行程。

在选择走刀路线时应考虑以下几方面：①切入切出路径的选择；②切削路径选择；③立体轮廓的加工路线；④大余量粗加工路线。

2.6.3.1 刀具的切入与切出路径

1）切入、切出点选择 切入、切出点是用来设置下刀后从外部切入到工件内和加工完毕后将刀具引出到外部的过渡段，通常它也是刀具补偿加载和卸载的阶段。切入点（进刀点）是指在曲面的初始切削位置上，刀具与曲面的接触点。切出点（退刀点）是指曲面切削完毕后，刀具与曲面的接触点。设置切入、切出点是获得合理的 NC 程序，提高加工表面质量不可缺少的内容。

（1）当零件轮廓有交点且交点处许可外延时，则切入点和切出点选在零件轮廓两几何元素的交点处，如图 2.22a 所示。但也有特例，如图 2.22b 所示，A 点可沿图形轮廓切向切入切出，且保证轮廓封闭。B 点虽然是两几何图素的交点，但在这里刀具沿切线方向切出后将影响已加工表面精度。应尽量避免在连续几何图素的中间切入，如图 2.22c 中 C 点。

(a) 零件轮廓有交点　　　　　　　　　(b) 不能选用交点示例

图 2.22 切入、切出点的选择

（2）当轮廓几何元素相切无交点且不许可外延时（图 2.23），则切入、切出点应被选在轮廓线的中段，以圆弧情势切入、切出工件，且刀具切入、切出点应远离拐点，避免建立和撤销刀具半径时在轮廓拐角处留下凹口。

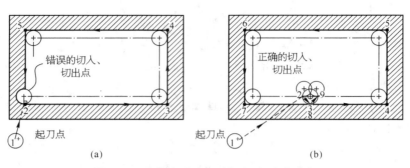

图 2.23　当轮廓无外延时切入、切出点选择

2）切入、切出路径　选择了切入、切出点后，还要考虑切入路径问题，一般情况下，不能直接贴着加工零件轮廓下刀，且要避免法向切入零件轮廓，而应沿工件轮廓的延长线切入；在切出零件时，也不可直接抬刀，以免切削力突然发生变化而造成弹性形变，所以也应沿工件轮廓线的延长线切出。在切入和切出过程中，不能用快速移动指令 G00，要用直线插补指令 G01。

（1）沿直线切入和切出。沿直线切入、切出时，如果切入、切出点是由直线段组成的图形的角点，可以直接在直线段的延长线上 3～5 mm 处直接切入。如果切入、切出点处为曲线，如用圆弧插补方式铣削整圆外侧面时，不要在切点处直接退刀，而应让刀具沿切线方向多运动一段距离，以免取消刀补时，刀具与工件表面相碰，造成工件报废，如图 2.22a 所示。

当铣削二维图形零件时，多采用立铣刀侧刃切削。刀具切入、切出工件时，避免沿零件轮廓的法线方向切入或切出；应沿轮廓切线的方向切入或切出，以保证零件轮廓平滑过渡，如图 2.24a 所示。应该注意的是，如果铣削的是内轮廓，选择沿直线切入铣削内轮廓，切入、切出路径常常选择法线方向，如图 2.24b 所示。

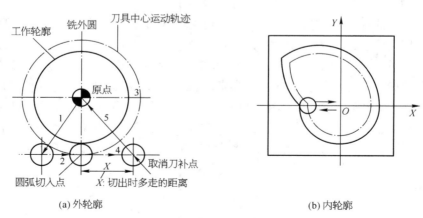

图 2.24　沿直线切入、切出

（2）沿圆弧切入和切出。如果切入、切出点是曲线上的特殊点，切入和切出路线不仅常采用圆弧切入、切出方式，如图 2.25a 所示。此时切入和切出时圆弧半径应大于刀具半径值，且切入和切出圆弧至少应有 1/4 圆弧。

当铣切内表面轮廓形状时,也应该尽量遵循从切向切入的方法,但此时切入无法外延,最好安排从圆弧过渡到圆弧的加工路线。如图 2.25b 所示,当实在无法沿零件曲线的切向切入、切出时,铣刀只有沿法线方向切入和切出,在这种情况下,切入、切出点应选在零件轮廓两几何要素的交点上,而且进给过程中要避免停顿。

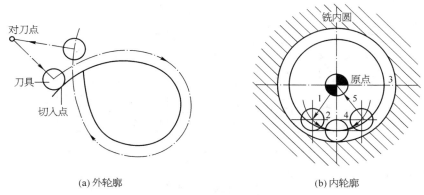

(a) 外轮廓　　　　　　　　　　　　(b) 内轮廓

图 2.25　沿圆弧切入和切出

2.6.3.2　切削走刀路径

(1) 铣削曲面时,常用球头铣刀采用行切法进行加工。

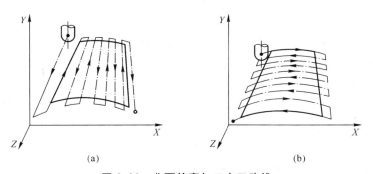

(a)　　　　　　　　　　　　(b)

图 2.26　曲面轮廓加工走刀路线

(2) 用行切法加工和环切法加工凹槽的走刀路线如图 2.27 所示。图 2.27c 所示为先用行切法,最后环切一刀光整轮廓表面。三种方案中,图 a 方案最差,图 c 方案最好。

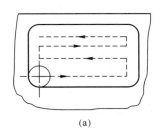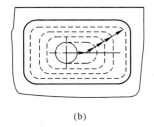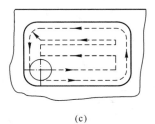

(a)　　　　　　　　　　(b)　　　　　　　　　　(c)

图 2.27　型腔加工走刀路线

（3）避免引入反向误差。对于位置度要求较高的孔加工,精加工时一定要注意各孔的定位方向一致,即采用单向趋近定位点的方法,以避免传动系统反向间隙误差或测量系统的误差对定位精度的影响。如图 2.28a 所示的孔系加工路线,在加工孔 D 时,X 轴的反向间隙会影响 C、D 两孔的孔距精度。如改为图 2.28b 所示的孔系加工路线,可使各孔的定位方向一致,提高孔距精度。

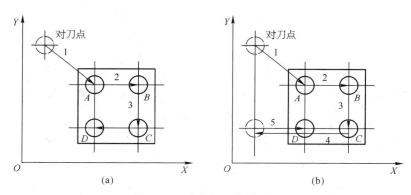

图 2.28　孔系加工走刀路线

（4）大余量粗加工走刀路线。如果毛坯余量太大,一般用阶梯车削法来车削大余量毛坯。图 2.29 所示的两种加工路线中,图 a 是错误的切削路线,图 b 按 1～5 的顺序切削,每次切削所留余量相等,是正确的切削路线。因为在同样背吃刀量的条件下,按图 a 方式加工余量过多。

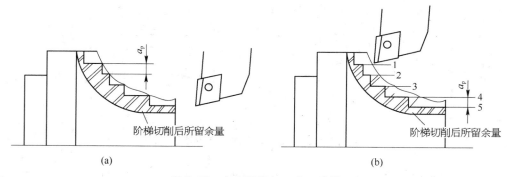

图 2.29　大余量粗加工走刀路线

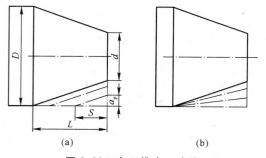

图 2.30　车正锥走刀路线

下面以车床上棒料加工路线为例,分析车锥和车圆走刀路线。

① 车圆锥的走刀路线分析。按图 2.30a 车正锥时,需要计算终刀距 S。假设圆锥大径为 D,小径为 d,锥长为 L,背吃刀量为 a_p,则由相似三角形可得 $(D-d)/(2L)=a_p/S$,则 $S=2La_p/(D-d)$。

按此种加工路线,刀具切削运动的距离较

短。当按图 2.30b 的走刀路线车正锥时,则不需要计算终刀距 S,只要确定了背吃刀量 a_p,即可车出圆锥轮廓,编程方便。但在每次切削中背吃刀量是变形的,且刀切削运动的路线较长。

② 车圆弧的走刀路线分析。应用 G02(或 G03)指令车圆弧,若用一刀就把圆弧加工出来,这样吃刀量太大,容易打刀。所以,实际切削时,需要多刀加工,先将大部分余量切除,最后才车得所需圆弧。图 2.31a 为车圆弧的车圆法切削路线,即用不同半径圆来车削,最后将所需圆弧加工出来。图 2.31b 为车圆弧的车锥法切削路线,即先车一个圆锥,再车圆弧。要注意车锥时的起点和终点的确定。若确定不好,则可能损坏圆弧表面,也可能将余量留得过大。确定方法是连接 OB 交圆弧于 D,过 D 点作圆弧的切线 AC。由几何关系得

$$CD = DB = OB - OD = \sqrt{2}R - R = 0.414R$$

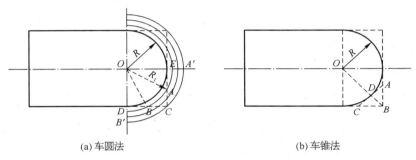

(a) 车圆法   (b) 车锥法

图 2.31 车圆弧走刀路线

此为车锥时的最大切削余量,即车锥时,加工路线不能超过 AB 线。由 R 与 $\triangle ABC$ 的关系,可得

$$AB = BC = 0.586R$$

这样可确定出车锥时的起点和终点。当 R 不太大时,可取 $AB = BC = 0.5R$,此方法数值计算较繁,但其刀具切削路线较短。

虽然这里讲的是车床上大余量及车圆、车锥走刀路线,如果铣床上遇到类似情况也可作为重要参考。

2.6.4 数控加工工艺文件的编制

工艺文件的内容和格式目前尚无统一的国家标准,企业应用的主要工艺文件有数控加工工序卡、数控加工刀具卡、数控加工走刀路线图和数控加工程序单。

1) 数控加工工序卡 数控加工工序卡与普通加工工序卡有许多相似之处,其不同之处是:工序图中应注明编程原点与对刀点,要进行编程简要说明(所用控制机型号、程序编号、镜像加工对称方式、刀具半径补偿界限等)及切削参数(即程序编入的主轴转速、进给速度、最大切削深度或宽度等)的选定。在工序加工内容不十分复杂的情况下,用数控加工工序卡的形式较好,可以把零件工序图、尺寸、技术要求、工序内容及程序要说明的问题集中反映在一张卡片上,令使用者一目了然,见表 2.5。

2) 数控加工刀具卡 数控加工刀具卡详细记录了刀具有关数据,不同类型的机床刀具卡记录信息略有不同,表 2.6 是数控加工刀具卡。

表 2.5　数控加工工序卡

单位名称		产品名称	零件名称	零件图号		
工序简图			车间	使用设备		
			工艺序号	程序编号		
			夹具名称	夹具编号		
工步号	工步作业内容	刀具号	主轴转速（r/min）	进给速度（mm/min）	背吃刀量（mm）	备注
编制	审核	批准	年　月　日	共　页		第　页

表 2.6　数控加工刀具卡

产品名称或代号		零件名称		零件图号			
刀号	刀尖号	刀具名称	刀具规格	刀具位置		刀尖圆弧半径(mm)	刀补地址	加工部位
				X 向	Z 向			
编制	审核		批准		共　页		第　页

　　3）数控加工走刀路线图　在数控加工中,常常要注意并防止刀具在运动中与夹具、工件等意外碰撞,为此必须告诉操作者刀具的运动路线(如从哪里下刀、在哪里抬刀、哪里是斜下刀等),使操作者在加工前就有所了解并计划好夹紧位置及控制夹紧元件的高度,减少事故的发生。另外绘制走刀路线图(表 2.7),也是编程前必要的准备工作之一。

　　为简化走刀路线图,一般可以采用统一约定的符号,不同的机床往往采用不同的图例及格式。

　　4）数控加工程序单　数控加工程序单是编程人员根据工艺设计的结果,经过数值计算,按照机床特定的指令代码编制的。它是记录数控加工工艺的过程、工艺参数、位移数据的清单,也是手动数据输入和制作控制介质、实现数控加工的主要依据。数控加工程序单的格式比较灵活,一般没有统一的格式。这里不再给出图例。

表 2.7   走刀路线图

数控加工走刀路线图		零件图号		工序号		工步号		程序号	
机床型号		程序段号		加工内容				共　页	第　页
								编程	
								校对	
								审批	
符号									
含义	抬刀	下刀	编程原点	起刀点	走刀方向	走刀线相交	爬斜坡	铰孔	行切

知识拓展

数控加工工艺规程的编制是一项非常灵活的工作,需要丰富的工作经验。

如图 2.32 所示,加工 200 个槽,假设手边正好没有合适的键槽铣刀,就可因地取材,采用立铣刀加工。立铣刀主切削刃分布在圆柱面上,而端面上分布的是副切削刃,工作时不能沿轴向进给。所以,用立铣刀加工槽,一般要先打底孔,然后才可铣槽。如果采用常规的方法加工,首先要在一端打出 $\phi2.5$ 的底孔,然后用 $\phi3$ 的立铣刀沿槽的这端铣到另一端,但由于立铣刀加工时吃刀深度是有限的,为完成槽的全部加工工作,要分几次走刀。所以到了另一端以后,又要作轴向进给,故两端均需打孔。这样就必须首先打 400 个孔,才能进行铣槽的加工。这种加工方法显然就费时费力。

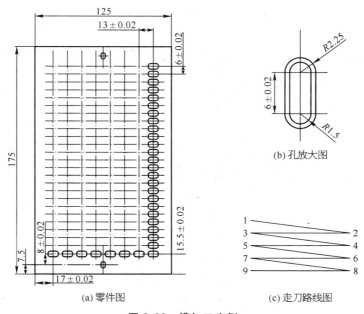

图 2.32   槽加工实例

在加工中心上用立铣刀铣削零件时,有三种下刀方式:垂直切入、螺旋切入和倾斜切入。

如果将第三种进刀方式加以延伸,让铣刀作斜向进给,如图 2.32c 所示,从 1 点走到 2 点,再沿水平方向从 2 点走到 3 点,这样,在机床工作台左右移动进行切削加工的工程中,分别切除上层和下层的金属,往复四次完成槽的加工。这种加工方法与前一种比,省掉了打 400 个孔的工序,减少了机床换刀、走刀次数,也减少了编程工作量,因而提高了效率。加工出的槽的质量也是可以保证的。

【思考与练习】

1. 什么是数控编程? 简述手工数控编程的一般过程。
2. 数控加工程序的编制有哪几种,各适用于什么场合?
3. 如何确定机床的坐标系和运动方向?
4. 数控机床上的坐标系都有哪些,都是如何建立的,其作用又是什么?
5. 数控系统中能够提高加工表面质量的指令是什么? 简化编程数学计算的指令是什么? 简化编程工作量的指令有哪些?
6. 什么是基点? 什么是节点? 求基点和节点坐标的方法有哪些?
7. 加工工序划分的原则有哪些?
8. 与传统加工工艺相比,数控加工工艺有哪些特点?
9. 确定走刀路线应考虑哪些问题? 走刀路线的确定原则是什么?
10. 在数控机床上定位夹紧方案的选择应考虑哪些问题?
11. 数控加工工艺文件主要包括哪些?
12. 轴承套数控车削加工工艺(单件小批量生产)(图 2.33),所用机床为 CJK6140。试对该零件加工工艺进行分析,并编制加工工艺文件。

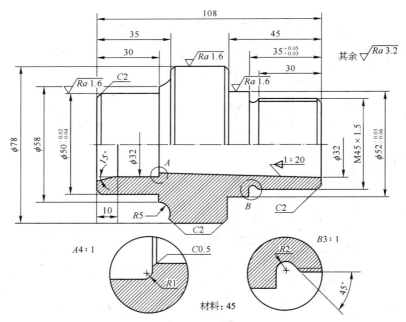

图 2.33　轴承套数控车削加工实例

第3章　数控车床的程序编制

■ 学习目标

　　了解数控车床的编程特点,理解数控车床坐标系,掌握三种工件坐标系设定指令的使用方法;掌握数控车床常用基本编程指令并理解其对数控车床编程的意义,掌握数控车床单一固定循环指令和多种复合循环指令并能灵活运用;了解数控车床螺纹加工 G32、G92 和 G76 指令的使用场合,掌握用 G32 和 G92 指令编程的方法;理解子程序编程的思路,并能熟练使用子程序简化编程。

3.1　数控车床编程概述

3.1.1　数控车床的编程特点

　　第 2 章中讲述了各种机床上通用的基本指令,具体到每一种数控机床,由于其表面成型原理不同,完成加工表面需要的运动数目和运动方式也有所不同,反映到编程方法上也各有其特点。数控车床主要用于回转体零件的加工。加工的表面包括内外圆柱面、圆锥面、母线为圆弧的旋转体、螺纹等工序的切削加工,并能进行切槽、钻、扩、铰孔及攻螺纹等加工。数控车床编程主要有以下特点:

　　(1) 直径方向(X 方向)系统默认为直径编程,即绝对坐标编程时坐标值为直径值,增量坐标编程时,取径向位移的 2 倍。

　　在车削加工的数控程序中,X 轴的坐标值取为零件图样上直径值的编程方式,与设计、标注一致,减少换算。当然,也可以采用半径编程,但必须更改系统设定。

　　(2) 在一个程序段中,根据图样标注特点,可以采用绝对值编程(用 X、Z 表示)、增量值编程(用 U、W 表示)或者两者混合编程。在越来越多的车床中,X、Z 表示绝对编程,U、W 表示增量编程,且允许同一程序段中两者混合使用。

　　对图 3.1 编程加工可按下列几种方式编程:

　　绝对:G01 X100.0 Z50.0F80;

　　增量:G01 U60.0 W − 100.0F80;

　　混用:G01 X100.0 W − 100.0F80;

或　　　G01 U60.0 Z50.0F80;

　　(3) X 向的脉冲当量应取 Z 向的一半。其目的是提高径向尺寸精度。

　　(4) 采用固定循环,简化编程。

　　(5) 编程时,常认为车刀刀尖是一个点,而实际上为圆弧,因此,当编制加工程序时,需要考虑对刀具进行半径补偿。

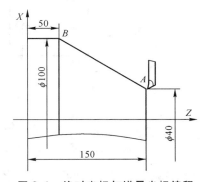

图 3.1　绝对坐标与增量坐标编程

（6）刀具位置补偿分为长度补偿和刀尖方位补偿，且不需要刀具补偿指令调用数据。而是在调用刀具指令中，同时调用刀补。

（7）第三坐标指令 I、K 在圆弧插补和固定循环程序中都有使用，但作用不同。

3.1.2　数控车床的坐标系统

普通数控车床是两坐标机床，按照笛卡儿坐标系的判断原则，这两个坐标轴分别是 X 轴和 Z 轴。Z 轴由传递切削力的主轴确定。因此，卧式数控车床的主轴是水平的；立式数控车床的主轴是垂直的。Z 轴的正方向是刀具离开工件的方向。X 轴的方向在工件的径向上，且平行于横滑板。X 轴的方向是刀具离开工件旋转中心的方向。注意这种规定使得前置刀架和后置刀架的数控车床的 X 正方向正好相反。如果是数控车削中心，还增加了一个主轴的附加转动，也就是主轴的 C 坐标功能。

3.1.2.1　机床坐标系

对于数控车床的机床原点一定在机床主轴轴线与装夹卡盘的法兰盘端面的交点上，如图 3.2 所示。在大多数数控机床都用回参考点的方式来确认机床原点的位置，参考点一般设在各个坐标轴的最大极限位置。

以图 3.2 为例，当机床通电启动后，不论刀架位于什么位置，此时显示器上的 X 与 Z 的坐标显示值是不定的，当执行完返回坐标参考点操作后，刀具快速移动到图示参考点的位置，且每次显示器上显示的数值是一样的。这个数值即为参考点在机床坐标系中的坐标值，这也相当于在数控系统内建立了一个以机床原点为坐标原点的机床坐标系。若此时的 X 与 Z 的坐标值均显示为 0，则可认为机床原点与机床参考点重合。也就是机床原点设在了各坐标轴的最大极限处。否则，X 与 Z 的坐标值显示的是参考点在机床坐标系的位置。

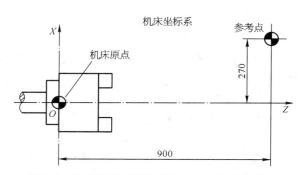

图 3.2　数控车床机床坐标系与参考点之间关系

3.1.2.2　工件坐标系

理论上讲，工件坐标系原点可以选在任何位置，但为了编程方便，数控车床的工件坐标系原点一般选在工件的左端面、右端面和卡盘前端面的主轴中心线交点上，如图 3.3 所示。

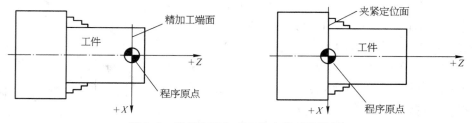

图 3.3　数控车床加工工件坐标系的选择

3.1.2.3　起刀点和换刀点

在数控车削加工时，工件坐标系建立后还需确定起刀点和换刀点。起刀点是数控加工中刀具相对于工件运动的起点，是零件程序加工的起始点，所以起刀点也称为程序起点。在使用 G50 指令建立工件坐标系时，起刀点的确定是很重要的。确定起刀点相对于工件坐标系原点的位置过程称为对刀。

数控车削加工时,因为有方刀架或者回转刀架,经常使用多把刀具进行加工,换刀是不可避免的。换刀点的选择也是应当注意的问题之一,换刀时既要保证刀架旋转时不打坏刀具,也要考虑换刀点离工件不宜太远,以提高加工效率,在批量生产时尤为重要。换刀点可以利用 G00 指令快速定位,自行指定换刀位置,或者用 G28 指令返回参考点换刀,也可以利用 G30 指令通过中间点快速移动到第二参考点处进行换刀。

3.2　车床数控系统的功能

不同的数控系统其编程指令是不同的,同一种系统不同的版本其编程指令也有所差异,即使是相同的系统装在不同的机床上,其编程指令也不尽相同。但如果熟练掌握了一种系统的基本编程方法,再学习其他系统会触类旁通,很容易学会。本书以 FANUC-0iT 为例介绍数控车削系统编程指令的含义和编程的一般方法。对于其他具体的机床和数控系统,应以其说明书为准。

3.2.1　常用功能指令

3.2.1.1　准备功能 G 指令

表 3.1 给出了 FANUC-0iT 指令集 G 代码的含义。

表 3.1　FANUC-0iT G 代码及其功能

G 代码	组	功　能	G 代码	组	功　能
* G00		定位(快速移动)	G57		选择工件坐标系 4
G01	01	直线切削	G58	14	选择工件坐标系 5
G02		圆弧插补(CW,顺时针)	G59		选择工件坐标系 6
G03		圆弧插补(CCW,逆时针)	G70		精加工循环
G04	00	暂停	G71		内外径粗切循环
G09		停于精确的位置	G72		台阶粗切循环
G20	06	英制输入	G73	00	成形重复循环
G21		公制输入	G74		Z 向进给钻削
G22	04	内部行程限位有效	G75		X 向切槽
G23		内部行程限位无效	G76		切螺纹循环
G27		检查参考点返回	* G80		固定循环取消
G28	00	参考点返回	G83		钻孔循环
G29		从参考点返回	G84		攻螺纹循环
G30		回到第二参考点	G85	10	正面镗循环
G32	01	切螺纹	G87		侧钻循环
* G40		取消刀尖半径补偿	G88		侧攻螺纹循环
G41	07	刀尖半径补偿(左侧)	G89		侧镗循环
G42		刀尖半径补偿(右侧)	G90		(内外直径)切削循环
G50		主轴最高转速设置(坐标系设定)	G92	01	切螺纹循环
G52	00	设置局部坐标系	G94		(台阶)切削循环
G53		选择机床坐标系	G96	12	恒线速度控制
* G54		选择工件坐标系 1	* G97		恒线速度控制取消
G55	14	选择工件坐标系 2	G98	05	指定每分钟移动量
G56		选择工件坐标系 3	* G99		指定每转移动量

注:* 表示开机缺省指令。

其他基本指令在第 2 章已详细讲解,下面着重介绍圆弧插补指令(G02/G03)。

指令格式一:G02(G03)X(U)_Z(W)_R_F_;

指令格式二:G02(G03)X(U)_Z(W)I_K_F_;

说明:G02/G03 指定圆弧插补的运动方向,分别表示顺时针/逆时针圆弧插补。

X(U)_Z(W)_指定的是圆弧终点位置坐标,X、Z 为终点位置的绝对坐标值;U、W 为终点位置的增量坐标,可以混合编程。

I_K_指定圆心位置,分别为圆弧起点到圆弧中心在 X、Z 相应坐标轴的增量,它与圆弧终点坐标位置是绝对值指令还是增量值指令无关,始终为增量值坐标,注意,此处 I 值始终为半径值,而不用 2 倍半径值。对于尺寸字 I0、K0 可以省略,指令时没有顺序要求。

R 为带符号的圆弧半径。小于等于 180°时 R 为正值,大于 180°时圆弧 R 为负值。

F 为圆弧插补方向的进给速度。

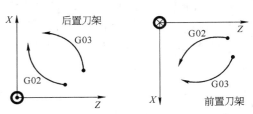

图 3.4　圆弧顺逆判断

数控车床圆弧插补方向的判别原则是:沿 X 轴负方向看过去,从圆弧起点到圆弧终点时顺时针方向为 G02,逆时针方向为 G03。图 3.4 是圆弧方向判断示意图。对于后置刀架,X 轴的方向向上,对于前置刀架 X 轴的方向向下,应引起注意。圆弧顺递判断错误会导致废品产生,一定要慎重。

圆弧插补指令使用时应注意以下几点:

(1)用 R 指定圆弧时,不能加工整圆,需要将整圆至少分为两段;

(2)I、K 编程虽然可以编制出大于 180°的圆弧,甚至编制出 360°的圆弧,但对于车削加工,由于刀具结构方面的原因,一般不超过 180°。

3.2.1.2　辅助功能 M 指令

辅助功能字的地址符是 M,后续数字一般为两位正整数,又称为 M 功能或 M 指令,用于指定数控机床辅助装置的开关动作,FANUC-0iT 常见辅助功能指令见表 3.2。

表 3.2　FANUC-0iT M 功能字含义

代　码	功　　能	代　码	功　　能
M00	程序停止	M13	误差检测取消
M01	选择性程序停止	M30	纸带结束
M02	程序结束	M40	主轴齿轮在中间位置
M03	主轴正转	M41	主轴齿轮在低速位置
M04	主轴反转	M42	主轴齿轮在高速位置
M05	主轴停	M68	液压卡盘夹紧
M07	切削液启动(雾状)	M69	液压卡盘松开
M08	切削液启动(液状)	M78	尾架前进
M09	切削液停止	M79	尾架后退
M10	车螺纹45°退刀	M98	子程序调用
M11	车螺纹直退刀	M99	子程序结束
M12	误差检测		

3.2.2　坐标系设定功能

数控车床坐标系设定有三种方法，用 G50 设定、用 G54～G59 偏置、用刀具功能指令 T 设定等。G54 偏置前文已经讲过，这里讲述其他两种设定方法。

3.2.2.1　用 G50 设定工件坐标系

指令格式：G50 X_Z_；

说明：X、Z 为当前刀具位置相对于将要建立的工件原点的坐标值。式中 X_Z_只能是绝对坐标编程。在数控机床加工之前，必须先将刀具基准点(一般为刀位点，也可以用刀架中心点或刀架棱边交点等)与工件坐标系原点的相对位置调整至 G50 指令后的 X_Z_值，数控机床执行到该指令时，虽然刀具本身并不会作任何移动，但此时数控系统内部会记住该坐标值，建立起工件坐标系，此时可以看到数控系统的显示面板上显示的坐标绝对值即为 G50 指令中的坐标值，后续有关刀具移动的指令执行过程中的尺寸字的绝对值就是以该坐标系为基准的。

例如，刀具与工件的位置已调整至图 3.5 所示位置。刀具基准点选在刀尖上，若执行指令 G50 X25.0 Z350.0 即建立了工件坐标系 $X_1 O_1 Z_1$，若执行指令 G50 X25.0 Z10.0 即建立了工件坐标系 $X_2 O_2 Z_2$。

G50 设置的工件原点是随刀具当前位置(起始位置)的变化而变化的。执行 G50 指令时，是通过刀具当前所在位置(刀具起始点)来设定工件坐标系的。若起刀点位置向左移动 20 mm，则执行上述指令时，结果就会发生变化。所以这种坐标系设定指令，实践中已经应用很少了。用 G50 设定工件坐标系时，X、Z 取值要遵循一定原则：

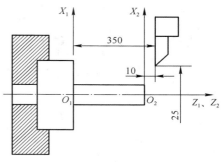

图 3.5　工件坐标系设定

(1) 方便数学计算和简化编程；

(2) 容易找正对刀；

(3) 不要与机床、工件发生碰撞；

(4) 方便拆卸工件；

(5) 空行程不要太长。

3.2.2.2　用刀具几何补偿设定工件坐标系

利用刀具的几何补偿功能，通过刀具功能指令 T××××可以为每把刀具设定工件坐标系，坐标系补偿值可以在相应的刀具补偿存储器中设定。通过给每把刀具单独设定工件坐标系，这样换刀的同时，也就建立起了该刀具的工件坐标系。这种工件坐标系的设定方法操作简单，可靠性好，只要不断电，不改变刀具补偿值，工件坐标系就会存在且不会变。即使断电，重启后执行返回参考点操作后，工件坐标系还在原来位置上，特别适用于单件小批量生产。有关设置方法请参阅第 5 章的相关内容。

刀具几何补偿设定工件坐标系，就是将预建立的工件坐标系原点在机床坐标系中的坐标值输入相应的刀具补偿存储器中，建立起工件坐标系相对于机床坐标系的补偿矢量，其输入在存储器中的坐标值就相当于补偿矢量在 X 和 Z 坐标轴的矢量分量，如图 3.6a 所示。假设准备用 1 号刀加工，刀具指令为 T0101。在程序运行前，通过试切法分别将刀尖切削面 A 的 Z 坐标值 Z'_1 和切削外圆 B 面的 X 坐标值 X'_1(其中 X'_1、Z'_1 为刀架中心相对参考点的坐标值)，经

测量切后的直径为 ϕd，从而可以通过计算得知将刀尖移到 A 面中心(工件原点)时刀架中心相对于参考点的坐标值分别为 $G_x = X'_1 - d$，$G_z = Z'_1$。通过 MDI 面板将工件坐标系原点的坐标值(G_x 和 G_z)输入到 01 号刀具补偿存储器中，即完成了 1 号刀的设置。若将刀架上的每一把刀具均进行以上操作设置刀具补偿值，则通过相应的刀具指令可以建立各自刀具所需的工件坐标系。图 3.6b 为设置两把刀的示意图。当程序执行到 T0101 指令时，即选择 1 号刀为工作刀具，并通过刀具几何补偿(补偿值 $X = X_1$，$Z = Z_1$)设定了以工件右端面中心为原点的工件坐标系。而当程序执行到 T0202 指令时，即选择 2 号刀为工作刀具并调用 2 号刀具几何补偿(补偿值 $X = X_2$，$Z = Z_2$)，建立以工件右端面中心为原点的工件坐标系。

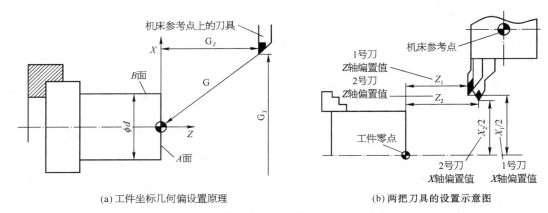

(a) 工件坐标几何偏设置原理　　　　　　　(b) 两把刀具的设置示意图

图 3.6　工件坐标系几何补偿建立工件坐标

从图 3.6 可以看出，对于机床坐标系在右上角的数控车床而言，输入到刀具几何补偿存储器中的补偿矢量均为负值，且 X 轴坐标是用直径编程的。

关于车床工件坐标系的建立方法指令有多种，但用得比较广泛的还是 G54～G59 和基于刀具几何补偿设定工件坐标系的方法。用 G50 设定的工件坐标系在断电重启时设定的工件坐标系不存在，需要重新设定，因此这种方法一般很少用。

3.2.3　刀具功能

T 代码用于选刀，T 代码与刀具的关系是由机床制造厂规定的。数控车床上的 T 指令调用时，同时调入刀补寄存器中的刀补值，T 指令是模态指令，调入的刀补值也一直有效，直到被其他刀具或刀补指令取代。

在刀具补偿号指定的存储器中，操作者可以实现存入希望的刀具补偿值(又称刀补、刀偏即刀具补偿)。当数控系统调用相应的刀具工作时，数控系统会将刀具移动指令指定的移动位置加上相应的刀具半径补偿和位置补偿，最终确定刀具的实际位置。

数控车床程序中刀具指令通常有以下两种格式。

(1) TXX　　XX　　(FANUC 及国产数控系统)；

(2) TXX　　DXX　　(SIEMENS)。

说明：

(1) 前两位代表刀具号，后两位代表刀具补偿号。

(2) 数控车床上换刀指令直接用 T 指令完成。这是因为一般车床上都是用回转或者方刀架自动换刀，而不是机械手换刀，所以只有自动选刀 T 指令而没有机械手换刀指令 M06。

应当注意的是:当刀具号为 00 时,则不选择刀具。当刀具补偿号为 00 时,其补偿值为 0,即相当于取消刀具补偿。同一把刀可以调用不同的补偿号。一般来说,刀具的补偿存储器的数量远大于刀具数。

3.2.4　数控车床的刀具补偿

数控车床刀具补偿包括刀具长度补偿和刀尖圆弧半径补偿。

3.2.4.1　刀具长度补偿

当在方刀架上装多把刀,或者同一把刀重装时,为使加工程序不再重新编制,可使用刀具长度补偿指令。

1) 刀具位置补偿　由于刀具的几何尺寸不同和刀具安装位置的不同而产生的刀具补偿称为刀具位置补偿。确定刀具位置补偿的方法是找出一把刀作为基准刀(图 3.7a),计算其他刀具的位置与基准刀的差值(比基准刀具短取负值)并输入到指定的存储器内,程序执行刀具补偿指令后,刀具的实际位置就代替了原来位置(图 3.7b)。

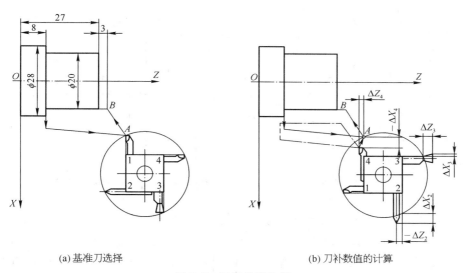

(a) 基准刀选择　　　　　　　(b) 刀补数值的计算

图 3.7　刀具位置补偿

2) 刀具磨损补偿　磨损补偿主要是针对某把车刀而言,当某把车刀批量加工一批零件后,刀具自然磨损后而导致刀尖位置尺寸的改变,此即为该刀具的磨损补偿。当出现了刀具磨损后可以通过测量工件尺寸从而得到磨损补偿的大小。例如,工件直径要求为 20 mm,但经测量发现尺寸变为 20.4 mm,则可以算出其刀尖在 X 方向磨损了 0.2 mm(半径值)。在相应刀具的磨损补偿 X 处输入磨损值为 -0.4 mm,在重新执行指令时,刀具就会向 X 负方向多移动 0.4 mm,使 20.4 mm 重新变为 20.0 mm。

3) 刀具长度总补偿　刀具的总补偿值等于位置补偿值与磨损补偿值的矢量和,其各轴的矢量分量是代数和。如图 3.8 所示,字母 G 和 W 分别代表几何补偿值和磨损补偿值。其关系如下:

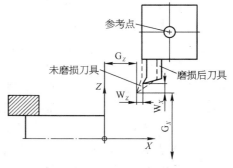

图 3.8　刀具总补偿图

$$L_X = G_X + W_X$$
$$L_Z = G_Z + W_Z$$

式中，L_X、L_Z 是刀具 X、Z 轴的总补偿。

数控车床调用刀具指令可直接调用刀具位置补偿，所以在车床上不使用刀具长度补偿指令 G43、G44。

3.2.4.2　刀尖圆弧半径补偿

编程时，通常都将车刀刀尖作为一点来考虑，但实际上刀尖处存在圆角，如图 3.9 所示，图中理想刀尖点是在对刀时与工件坐标系原点重合的点，也即为车刀的刀位点。当用理想刀尖点根据编出的程序进行端面、外径、内径等与轴线平行或垂直的表面加工时，是不会产生误差的。但在进行倒角、锥面及圆弧切削时，则会产生少切或过切现象，如图 3.10 所示。

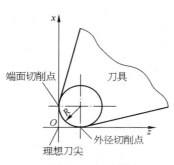

图 3.9　刀尖圆角 R

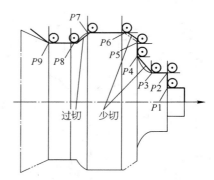

图 3.10　刀尖圆角 R 造成的少切与过切

为解决车削加工过程中的少切与过切问题，数控系统均设置有刀尖圆弧半径补偿功能，自动计算并进行补偿，以补偿这种误差。在进行刀尖半径补偿的过程中，数控系统必须知道切削刀具理想刀尖点相对于圆弧中心的方位，根据理想刀尖点位置和刀尖方位来确定刀尖圆弧中心的位置，有了圆弧中心的位置也就能够根据编程轨迹按照刀具半径补偿的方法进行刀具半径补偿，让刀尖圆弧与零件轮廓相切，从而避免了少切与过切现象。

1) 理想刀尖的方位　理想刀尖的方位是刀尖圆弧的中心相对于理想刀尖的位置，它由切削时刀具的方位决定，系统用 T 表示理想刀尖的方位号，并事先与刀尖半径补偿值一同存储在刀具补偿存储器中。

后置刀架数控车床的理想刀尖方位号的规定如图 3.11a 所示，对于前置刀架的情况按与 Z 轴镜像处理，如图 3.11b 所示。

从图 3.11 可以看出，理想刀尖方位号有 8 种，同相应的 T 代码一起选择。方位号 0 和 9 表示采用理想刀尖的位置作为刀尖圆弧的圆心，这种情况用得不多。刀尖半径补偿在存储器中存储的信息包括刀尖半径值以及理想刀尖方位号 T。刀尖半径值是刀具几何补偿存储器中半径值与刀具磨损补偿存储器中半径值之和。

2) 刀尖半径补偿指令(G40～G42)　数控车床刀具指令不能调用刀尖半径补偿，当需要半径补偿时，用 G41、G42 这一对指令来实现。

指令格式：G00(G01)G41(G42)X(U)_Z(W)_；

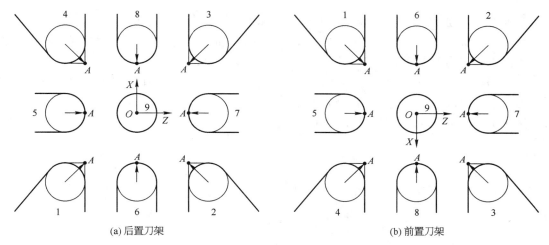

图 3.11　理想刀尖方位号

式中,G41 为刀尖半径左补偿;G42 为刀尖半径右补偿;X(U)_Z(W)为建立刀补或取消刀补的终点坐标。

G40 为取消刀补。G40、G41、G42 都是模态代码。

注意:

(1) G41、G42 不带参数,其补偿号(代表所用刀具对应的刀尖半径补偿值和刀尖方位)由 T 代码指定。

(2) 左补偿和右补偿的判定:若刀架后置,沿着刀具前进方向看去,刀具在工件的左侧为左补偿,在右侧为右补偿,如图 3.12a 所示。若刀架前置,其判定结果为刀架后置判定结果的镜像,如图 3.12b 所示。

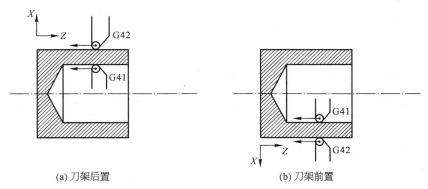

图 3.12　刀具补偿指令 G41 与 G42 的判定

(3) G40、G41、G42 指令不能与 G02、G03、G71、G72、G73、G76 指令出现在同一程序段。G01 程序段有倒角控制功能时也不能进行刀具补偿。

(4) 在刀尖圆弧半径补偿存储器中,定义了车刀刀尖圆弧半径值及刀尖的方位号。加入刀尖半径补偿指令后,刀具在运动过程中,刀尖圆弧始终保持与工件接触。

(5) 当刀具磨损、重新刃磨或更换新刀具后,刀尖半径发生变化,这时只需在刀具补偿输入界面中改变刀具参数的 R 值,而不需修改已编好的加工程序。

(6) 可以用同一把刀尖半径为 R 的刀具按相同的编程轨迹分别进行粗、精加工。设精加

工余量为 Δ,则粗加工的刀具半径值为 $R+\Delta$,精加工的刀具半径值为 R。

由于数控车床刀尖半径存在引起的加工误差,只在加工与坐标轴不平行的斜线、圆弧或曲线时才产生。因为刀尖圆弧半径很小(常用刀具中多为 0.2 mm、0.4 mm、0.6 mm、0.8 mm、1.0 mm 等),所以只有在加工精度要求高时,才调用刀尖圆弧半径补偿指令,而刀具补偿值在刀具指令中已经调用。这里不再涉及补偿号。

例 3.1 应用刀尖圆弧自动补偿功能加工如图 3.13 所示零件。

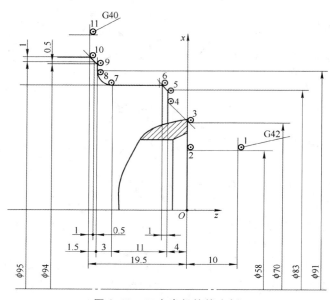

图 3.13 刀尖半径补偿实例

O3015

N10 T0101;

N20 M03 S1500;

N30 G00 G42 X58.0 Z10.0 M08;

N40 G96 S200;

N50 G01 Z0.0 F1.5;

N60 X70.0 F0.2;

N70 X78.0 Z−4.0;

N80 X83.0;

N90 X85.0 Z−5.0;

N100 Z−15.0;

N110 G02 X91.0 Z−18.0 R3.0 F0.15;

N120 G01 X94.0;

N130 X97.0 Z−19.5;

N140 X100.0;

N150 G00 G40 G97 X200.0 Z175.0 S1000;

N160 M05;

N170 M30;

3.2.5　坐标值与尺寸单位设定功能

3.2.5.1　绝对值/增量值指令

数控车床刀具移动量的指令方法有绝对值指令与增量值指令两种,在绝对值指令中,刀具运动的终点位置相对的是编程原点或工件原点;在增量值指令中,刀具运动的终点位置相对的是前一个运动点位置,绝对值和增量值编程的指令地址字分别为 X_Z_和 U_W_。数控车床编程可以用绝对编程或增量编程,也可以用绝对与增量混合编程。

3.2.5.2　英制/公制指令(G20/G21)

程序中 G 代码的单位可以是英制或公制,具体可由指令 G20/G21 指定。

英制单位指令:G20,单位为 in(1 in＝25.4 mm)。

公制单位指令:G21,单位为 mm。

注意:

(1) 英制(G20)转换为公制(G21)以及相反转换时,刀具补偿值必须重新设置。但是当 5006 号参数的 0 位(0IM)是 1 时,刀具补偿值自动变换而不需要重新设置。

(2) 国内机床的默认设置一般是米制单位(由参数 0000 设定)。也可通过 MDI 面板上 OFFSET/SETTING 键进入设定数据 SETTING 画面进行设定。因此很多人编程时往往省略不写 G21 指令。

3.2.5.3　尺寸字数值的小数点编程

尺寸字用于确定机床上刀具运动终点的坐标位置。

其中,第一组 X、Y、Z、U、V、W、P、Q、R 用于确定终点的直线坐标尺寸;第二组 A、B、C、D、E 用于确定终点的角度坐标尺寸;第三组 I、J、K 用于确定圆弧轮廓的圆心坐标尺寸。在一些数控系统中,还可以用 P 指令暂停时间、用 R 指令圆弧的半径等。

多数数控系统可以用准备功能字来选择坐标尺寸的制式,如 FANUC 系统可用 G21/G20 来选择公制单位或英制单位,也有些系统用系统参数来设定尺寸制式。

程序中控制刀具移动的指令中尺寸字的表示方式有两种:用小数点表示法和不用小数点表示法。

(1) 用小数点表示法。即数值的表示用小数点“.”明确地标示出个位的位置。“X12.89”中“2”为个位,故数值大小很明确。

(2) 不用小数点表示法。即数值中没有小数点者,这时数控装置会将此数值乘以最小移动量(公制:0.001 mm,英制:0.000 1 in)作为输入数值。如“X35”,则数控装置会将 $35 \times 0.001＝0.035$ mm 作为输入数值。

一般程序中都采用小数点表示方式来描述坐标尺寸字,故在编制和输入数控程序时应特别小心,尤其是尺寸字是整数时,常常可能会遗漏小数点。如欲输入“Z25.”,但键入“Z25”,其实际数值是 0.025 mm,相差了 1 000 倍,可能会造成重大事故。

对于表示距离、时间和速度单位的指令值可以使用小数点,但要受地址限制,小数点的位置是毫米、英寸和秒。可以用小数点输入的地址为 X、Y、Z、I、J、K、Q、R、F。使用小数点编程时应注意:①指定暂停时,地址 X 可以输入小数点,但地址 P 不能输入小数点(因为 P 也用于指定顺序号);②小数点的数值和无小数点的数值可以混用,例如 X1000Z23.7。

3.2.5.4　直径编程与半径编程

数控车削加工与数控铣削加工不同,其加工的零件一般为回转体,在图样上其径向外形尺寸一般用直径表示。而在加工时,径向尺寸常常用到的切削深度(即径向位移坐标)是用半径表示的。所以,数控车床的数控系统在表示径向尺寸字(X 地址符)时被设计成两种指定方法,即直径指定与半径指定。当用直径指定时,称为直径编程;当用半径指定时,称为半径编程。目前实际应用的数控系统一般均设置为直径编程。

使用直径编程时的注意事项如下:

(1) 坐标系设定(G50)用直径值指定坐标值;

(2) 固定循环参数,如沿 X 轴切深 U(Δd)、P(Δi)用半径值指定;

(3) 圆弧插补中的 I 值用半径值指定。

3.3　数控车床基本编程指令

这里讲的数控车床上基本编程指令主要是指使用该指令只是驱使坐标轴实现单一的运动。这种指令有 G00~G04 等,是相对于后边那些简化编程指令而言的。这些基本指令是完成机床所有运动的基本指令,后边的固定循环只是这些基本指令的组合。只不过这个工作由事先编制好的、存放在系统里的程序段来完成。不论使用怎样的简化编程指令,机床工作量都不会减少,减少的只是编程人员的工作量。基本指令的简单应用是编程的基本功,也是正确理解简化编程指令的基础。

3.3.1　G00、G01 指令的简单应用

对于如图 3.14 所示的零件,下面用绝对和增量两种编程方式来进行编程。

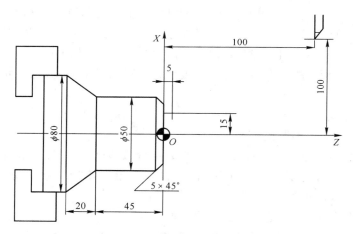

图 3.14　G00、G01 编程实例

程序(绝对值编程)如下:

O0301

N010 G50 X200.0 Z100.0;

N020 G00 X30.0 Z5.0 S800 T0101 M03;

N030 G01 X50.0 Z−5.0 F1.3;

N040 Z－45.0；

N050 X80.0 Z－65.0；

N060 G00 X200.0 Z100.0 T0100；

N070 M05；

N080 M02；

程序(增量值编程)如下：

O0312

N010 G00 U－170.0 W－95.0 S800 T0101 M03；

N020 G01 U20.0 W－10.0 F1.3；

N030 W－40.0；

N040 U30.0 W－20.0；

N050 G00 U120.0 W165.0 T0100；

N060 M05；

N070 M02；

3.3.2　圆弧插补 G02、G03 的简单应用

如图 3.15 所示零件,试编制其外表面精加工程序。已知:刀具 T0101,主轴转速 800 r/min,进给速度 0.2 mm/r,工件坐标系设定在工件右端面中心,基于刀具几何补偿设定工件坐标系,起刀点为(100，200)。

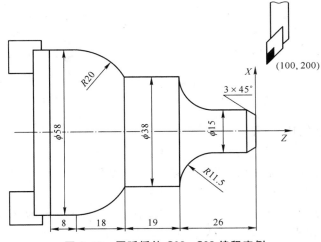

图 3.15　圆弧插补 G02、G03 编程实例

精加工程序如下：

O0334

M03S800；

G00X100.0 Z200.0 T0101；

G00X62.0Z0.0；

G01X0.0 F0.2；

C00X5.0Z2.0；

G01X15.0 Z－3.0 F0.2；

X15.0 Z－14.5；

G02X38.0Z－26.0 R11.5；

G01Z－45.0；

G03X58.0 Z－63.0 R20.0；

G01Z－71.0；

X62.0；

G00 X100.0 Z200.0；

T0100；

M05；

M30；

以上程序采用绝对坐标编程,圆弧加工指令用 R 编程,读者可以尝试用相对坐标和混合坐标编程以及用 I、K 编写圆弧加工指令。此例中未使用刀补指令,当加工精度要求不是很高、刀尖半径不大时,有时不加刀具半径补偿指令。

3.3.3　暂停指令 G04 的简单应用

指令格式:G04 X(P)_；

式中,X(P)为暂停时间。X 后用小数表示,单位为 s;P 后用整数表示,单位为 ms。

如:G04 X2.0 表示暂停 2 s;G04 P1000 表示暂停 1 000 ms。

如图 3.16 为车槽加工,采用 G04 指令时主轴不停止转动,刀具停止进给 3 s,程序如下:

G01 X8.0 F0.8；

G04 X3.0；

G00 U8.0；

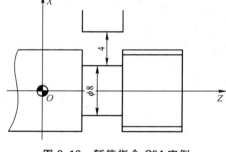

图 3.16　暂停指令 G04 实例

3.3.4　G01 自动倒角、倒圆

1) 45°倒角

(1) Z 轴向 X 轴倒角。即由轴向切削向端面切削倒角。

指令格式:G01 Z(W)_ I±i；

式中,Z_为虚交点 B 的绝对坐标值,W_为起点 A 到虚交点 B 的坐标增量。i 为 B 到 C 或 C′的距离。i 的正负根据倒角是向 X 轴正向还是负向,如图 3.17a 所示。从图中可以看出:从虚交点 B 到 C 方向为 X 轴正向,i 值为正;从虚交点 B 到 C′方向为 X 轴负向,i 值为负。

(2) X 轴向 Z 轴倒角。即由端面切削向轴向切削倒角。

指令格式:G01 X(U)_ K±k；

式中,X_为虚交点 B 的绝对坐标值,U_为起点 A 到虚交点 B 的坐标增量。k 为 B 到 C 或 C′的距离。k 的正负根据倒角是向 Z 轴正向还是负向,如图 3.17b 所示。从图中可以看出:从虚交点 B 到 C 方向为 Z 轴正向,k 值为正;从虚交点 B 到 C′方向为 Z 轴负向,k 值为负。

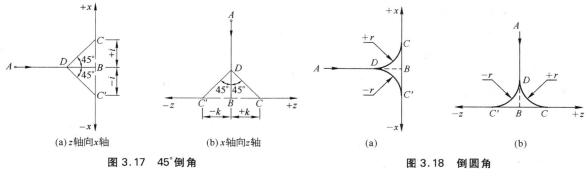

(a) z 轴向 x 轴　　　　　(b) x 轴向 z 轴

图 3.17　45°倒角　　　　　　　　　图 3.18　倒圆角

2) 倒圆角

(1) 由 Z 轴向 X 轴倒圆角。

指令格式:G01 Z(W)_ R±r;

式中,Z_为虚交点 B 的绝对坐标值,W_为起点 A 到虚交点 B 的坐标增量。r 的正负根据倒圆是向 X 轴正向还是负向,如图 3.18a 所示。从图中可以看出:从虚交点 B 到 C 方向为 X 轴正向,r 值为正;从虚交点 B 到 C' 方向为 X 轴负向,r 值为负。

(2) 由 X 轴向 Z 轴倒角。

指令格式:G01 X(U)_ R±r;

式中,X_为虚交点 B 的绝对坐标值,U_为起点 A 到虚交点 B 的坐标增量。r 的正负根据倒圆是向 Z 轴正向还是负向,如图 3.18b 所示。从图中可以看出:从虚交点 B 到 C 方向为 Z 轴正向,r 值为正;从虚交点 B 到 C' 方向为 Z 轴负向,r 值为负。

例 3.2　加工如图 3.19 所示零件的轮廓,程序如下:

O1234

T0101;

M03 S900;

G00 X10.0 Z24.0M08;

G01 Z10.0 R5.0 F0.2;　　　切削直线和圆角 $R5$

　　X38.0 K−5.0;　　　　切削直线和倒角 4×45°

　　Z0.0;

G00 X100.0 Z50.0;

T0100;

M05;

M30;

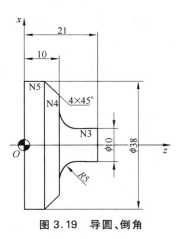

图 3.19　导圆、倒角

3.4　螺纹车削编程指令

螺纹加工指令有基本螺纹切削指令 G32、单一螺纹循环指令 G92 和复合螺纹循环指令 G76 三种,下面分别加以介绍。

3.4.1　基本螺纹切削指令

指令格式:G32 X(U)_ Z(W)_ F_;

式中,X(U)、Z(W)为螺纹切削的终点坐标值;X省略时为圆柱螺纹切削,Z省略时为端面螺纹切削;X、Z均不省略时为锥螺纹切削;F为螺纹导程L。

G32指令和G00指令的使用方法是一样的,只是当使用G32指令时(其他螺纹加工指令同),启动主轴编码器来保证主轴转一转,刀架准确地移动一个螺纹导程。相当于普通机床机械内联系传动链,在这里启动了电子内联系传动功能。

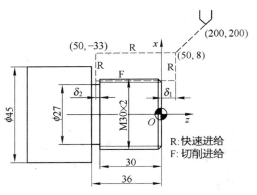

图3.20 普通圆柱螺纹加工

注意事项:

(1)螺纹切削应注意在两端设置足够的升速进刀段δ_1($3L\sim4L$,L为螺纹导程,下同)和降速退刀段($L\sim1.5L$),如图3.20所示。其目的是防止螺纹乱扣。

(2)螺纹切削期间如果恒线速切削有效,此时由于主轴转速发生变化有可能切不出正确的螺距。因此,在螺纹切削期间不要使用恒线速切削控制G96,而使用G97。

(3)螺纹加工不能在一次走刀加工中完成。一次走刀只能加工出低质量的螺纹,较好的方法是通过几次切削加工,每次切削的深度逐渐递减。普通螺纹的螺纹切削深度及切削次数可参考表3.3。

表3.3 对应走刀次序与背吃刀量   (mm)

螺 距	1.0	1.5	2.0	2.5	3.0	3.5	5.0
牙 高	0.649	0.974	1.299	1.624	1.949	2.273	2.598
对应走刀次序与背吃刀量(直径值)							
第1次	0.7	0.8	0.9	1.0	1.2	1.5	1.5
第2次	0.4	0.6	0.6	0.7	0.7	0.7	0.8
第3次	0.2	0.4	0.6	0.6	0.6	0.6	0.6
第4次		0.16	0.4	0.4	0.4	0.6	0.6
第5次			0.1	0.4	0.4	0.4	0.4
第6次				0.15	0.4	0.4	0.4
第7次					0.2	0.2	0.4
第8次						0.15	0.3
第9次							0.2

(走刀次序为最左侧纵向表头)

注:普通螺纹牙高=0.649 5P,P为螺距。

螺纹切削的编程步骤如下:

(1)螺纹大径和小径的确定。确定螺纹大径和小径的简单算法(普通三角螺纹)如下:

螺纹大径=螺纹公称直径-1.3×P(螺距),

螺纹小径=螺纹大径-2×0.649 5P。

(2)螺纹切入、切出行程δ_1和δ_2的确定。按前述经验公式确定。

(3)编程直径尺寸的确定。根据表3.3走刀次序与背吃刀量确定切削的编程直径尺寸。

即：螺纹第 1 次切削直径＝螺纹大径－第 1 次背吃刀量，螺纹第 2 次切削直径＝螺纹第 1 次切削直径－第 2 次背吃刀量，最后一次切削直径为螺纹的小径。

例 3.3　图 3.20 所示螺纹用 G32 指令编写加工程序如下：

$\delta_1 = 4L = 4 \times 2 = 8$，$\delta_2 = 1.5L = 1.5 \times 2 = 3$

螺纹大径＝公称直径－$0.13P = 30 - 0.13 \times 2 = 29.74$

螺纹小径＝$29.74 - 2 \times 0.6495P = 27.142$

每次切削直径见表 3.4。

表 3.4　普通螺纹 M30×2 不同次序对应加工直径

走刀次序	第 1 次	第 2 次	第 3 次	第 4 次	第 5 次
背吃刀量(直径)	0.9	0.6	0.6	0.4	0.098
每次走刀螺纹切削直径	28.84	28.24	27.64	27.24	27.142

注：普通螺纹 M30×2，牙高＝$0.6495 \times 2 = 1.299$ mm，螺距 $P = 2.0$ mm。

```
O3035
 T0303；                          选择螺纹车刀,设置刀偏建立工件坐标系
 M03 G97 S1000；                  取消恒线速切削
 G00 X50.0 Z8.0 M08；             移动到螺纹切削起点位置
 X28.84；                         下刀到第 1 次切削直径处
 G32 Z－33.0 F2.0；               切削螺纹
 G00 X50.0；                      刀具 X 向退刀
 Z8.0；                           返回起点
 X28.24；                         下刀到第 2 次切削直径处
 G32 Z－33.0 F2.0；
 G00 X50.0；
 Z8.0；
 X27.64；                         下刀到第 3 次切削直径处
 G32 Z－33.0 F2.0；
 G00 X50.0；
 Z8.0；
 X27.24；                         下刀到第 4 次切削直径处
 G32 Z－33.0 F2.0；
 G00 X50.0；
 Z8.0；
 X27.142；                        下刀到螺纹小径处
 G32 Z－33.0 F2.0；
 G00 X50.0；
 Z8.0；
 T0300；
```

M09；

M05；

M30；

3.4.2　单一螺纹切削循环指令

螺纹切削循环指令把"切入-螺纹切削-退刀-返回"四个动作作为一个循环(图 3.21)，用一个程序段来指令。

指令格式：G92 X(U)_Z(W)_ R_ F_；

式中，X(U)、Z(W)为螺纹切削的终点坐标值；R 为螺纹部分半径之差，即螺纹切削起始点半径值减切削终点的半径值。加工圆柱螺纹时，R＝0。加工圆锥螺纹时，当 X 向切削起始点坐标小于切削终点坐标时，R 为负，反之为正。

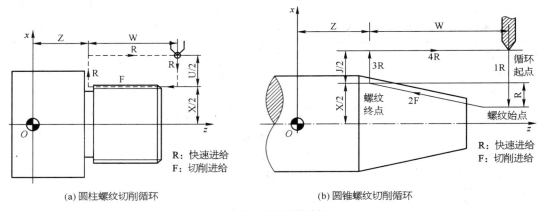

(a) 圆柱螺纹切削循环　　　(b) 圆锥螺纹切削循环

图 3.21　螺纹切削循环

例 3.4　试将图 3.20 用 G92 编程。

O3035	
T0303；	选择螺纹车刀，设置刀偏建立工件坐标系
G00 X50.0 Z8.0 M08；	移动到螺纹切削起点位置
M03 G97 S1000；	取消恒线速切削
G00 X50.0 Z8.0；	移到循环起点
G92 X28.84 Z－33.0 F2.0；	开始第一次循环切削螺纹
X28.24；	
X27.64；	
X27.24；	
X27.142；	
T0300；	
M05；	
M30；	

3.4.3　复合螺纹切削循环指令

复合螺纹切削循环指令可以完成一个螺纹段的全部加工任务。它的进刀方法有利于改善刀具的切削条件，在编程中应优先考虑应用该指令，如图 3.22 所示。

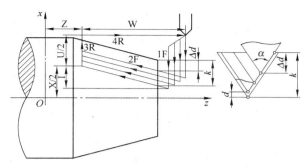

图 3.22　复合螺纹切削循环与进刀法

指令格式：

G76 P (m)(r)(α)Q (Δd$_{min}$) R(d)；

G76 X(U) Z(W) R(I) P(k) Q(Δd) F(L)；

　　式中，m 为精加工重复次数，用 2 位数表示；r 为螺纹末端倒角量，必须是 2 位数字，为 0.1 L 的整数倍，如螺纹末端倒角量为 1.5 L ＝15×0.1 L，则 r＝15；α 为刀尖角度；Δd$_{min}$ 为最小切入量，此数值不可用小数点表示，单位为 μm，当一次循环运行的切削深度（Δd$\sqrt{n}$ － Δd $\sqrt{n-1}$ ）小于 Δd$_{min}$ 时，切削深度限制在此值；d 为精加工余量，单位为 μm；X(U)，Z(W) 为终点坐标；I 为螺纹部分半径之差，即螺纹切削起始点与切削终点的半径差。加工圆柱螺纹时，I＝0，加工圆锥螺纹时，当 X 向切削起始点坐标小于切削终点坐标时，I 为负；反之为正；k 为螺牙的高度（X 轴方向的半径值），单位为 μm；Δd 为第一次切入量（X 轴方向的半径值），单位为 μm；L 为螺纹导程。

　　例 3.5　试将图 3.20 用 G76 编程。

O3036

T0303；

G97 M03 S1000；

G00X50.0 Z8.0 M08；

G76 P010060 Q49 R49；

G76 X27.142 Z－33.0 P1299 Q450 F2.0；

T0300；

M05；

M30；

　　注意：如果切削双头螺纹，则第二头螺纹的循环起点的 Z 值应该向右移动一个螺距，复合循环的指令不变。

3.5　数控车床中的固定循环

3.5.1　单一形状固定循环

　　单一固定循环可以将一系列连续加工动作，如"切入-切削-退刀-返回"，用一个循环指令完成，从而简化程序。

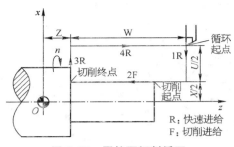

图 3.23 圆柱面切削循环

3.5.1.1 外圆、内孔车削固定循环指令(G90)

外圆、内孔车削固定循环指令 G90 是一种单一固定循环,可用于加工内、外圆柱和圆锥面,主要适用于切削余量 Z 向大于 X 向的轴类零件加工。

1) 圆柱面切削循环 圆柱面单一固定循环如图 3.23 所示。

指令格式:G90 X(U)_ Z(W)_ F_;

式中,X、Z 为圆柱面切削的终点坐标值;U、W 为圆柱面切削终点相对于循环起点坐标增量。

注意:U<0 时为外圆车削循环加工;U>0 时,则为内孔圆柱面的车削循环加工。

例 3.6 应用圆柱面切削循环功能,加工图如 3.24 所示零件。

```
O2025
N10 T0101;
N20 M03 S1000;
N30 G00 X55.0 Z5.0 M08;
N40 G01 Z2.0 F2.5 G96 S150;
N50 G90 X45.0 Z−25.0 F0.2;
N60 X40.0;
N70 X35.0;
N80 G00 X200.0 Z200.0;
N90 M05;
N100 M30;
```

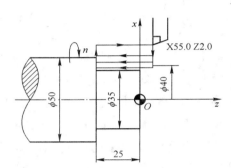

图 3.24 G90 的用法(圆柱面)

2) 圆锥面车削循环 圆锥车削固定循环与圆柱车削固定循环加工类似。区别仅仅在于加工表面为圆锥面。圆锥车削固定循环可加工外圆锥面和内圆锥孔。其动作循环简图如图 3.25 所示。

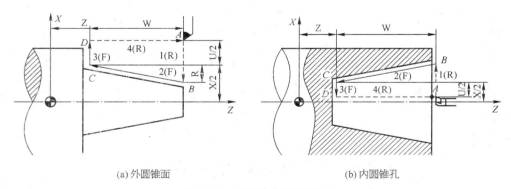

(a) 外圆锥面　　　　　　　　　　(b) 内圆锥孔

图 3.25 圆锥车削固定循环

指令格式:G90 X(U)_ Z(W)_ R_ F_;

式中,X、Z 为圆锥面切削的终点坐标值;U、W 为圆柱面切削的终点相对于循环起点的坐标;R 为圆锥面切削的起点相对于终点的半径差,如果切削起点的 X 向坐标小于终点的 X 向坐标,R 值为负,反之为正。

3.5.1.2　*端面切削循环指令*(G94)

端面切削循环是一种单一固定循环,用于端面切削加工,可以加工平端面和锥端面,如图 3.26 所示,主要适用于切削余量 X 向大于 Z 向的盘类零件端面加工。

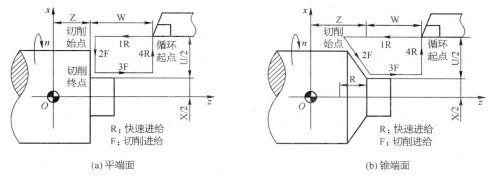

图 3.26　端面切削循环

1)平端面切削循环

指令格式:G94 X(U)＿ Z(W)＿ F＿;

式中,X、Z 为端面切削的终点坐标值;U、W 为端面切削的终点相对于循环起点的增量坐标。

注意:U＜0 时为外圆柱平端面车削循环加工,U＞0 时,则为内孔平端面的车削循环加工。

2)锥端面切削循环

指令格式:G94 X(U)＿ Z(W)＿ R＿ F＿;

式中,X、Z 为锥端面切削的终点坐标值;U、W 为锥端面切削的终点相对于循环起点的坐标;R 为锥端面切削的起点相对于切削终点在 Z 轴方向的坐标增量。当切削起点 Z 向坐标小于终点 Z 向坐标时 R 为负,反之为正,如图 3.26b 所示。

注意:切削起点的 X 值与循环起点的 X 值一致,所以循环起点的 X 值会影响到 R 值的大小。

例 3.7　加工如图 3.27 所示的端面。工件坐标原点在工件右端面。

O3027

T0101;　　　　　　　　　建立工件坐标系和调入刀具补偿

M03 S600;

G00 X105.0 Z5.0;

G94 X60.0 Z−5.0 F0.3;调用端面切削循环

Z−9.0;　　　　　　　　　重复调用台阶切削循环

Z−13.0;

Z−17.0;　　　　　　　　　切削到尺寸

G00 X100.0 Z100.0;

T0100;　　　　　　　　　取消刀具补偿

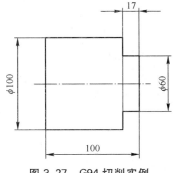

图 3.27　G94 切削实例

M05；

M30；

3.5.1.3　使用单一形状固定循环注意事项

（1）车削固定循环指令 G90 和 G94 都是模态指令，即指令中的 X（U）、Z（W）和 R 的数值在固定循环期间是模态的，即没有重新指令 X（U）、Z（W）和 R 值之前，原来指定的数据一直有效。因此，在加工外圆（指令 G90），当 Z 轴移动量没有变化时，只需对 X 轴指定移动指令就可以重复固定循环。同理，当加工端面（指令 G94），X 轴移动量没有变化时，只需对 Z 轴指定移动指令就可以重复固定循环。在车削圆锥面时只要锥度不变，R 值就可以不写。

（2）对于圆锥循环中的 R 值，在 FANUC 系统数控车床上，有时也分别用 J、K 来执行 R 的功能。

（3）在使用 G90 和 G94 时，应注意 U、W、R 值正负取值。

（4）在加工内、外圆锥面和内、外锥端面时，可以采用等厚度和不等厚度两种情况，可视具体情况采用不同的方式。

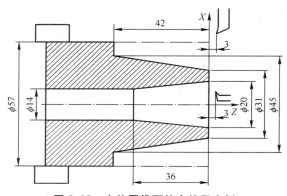

图 3.28　内外圆锥面综合编程实例

如图 3.28 所示的零件，需要对 φ57 的棒料进行外圆锥面和内孔锥面的加工，在加工前棒料中心已经钻了一个 φ14 的孔。外圆锥面用刀具 T0101，内孔锥面用刀具 T0202，采用恒线速切削，切削速度为 150 m/min，进行速度为 0.3 mm/r。

首先要对切削的内外圆锥面的 R 值进行计算，前面已经提到在计算 R 值时要考虑刀尖距离端面的距离 3 mm，经过计算得到外圆锥面的 R 值为 -7.5，内圆锥面的 R 值为 3.25。在外圆锥面切削时先采用等厚度圆柱面切削循环，再用变厚度圆锥面切削循环。在内圆锥面切削时直接用变厚度圆锥面切削循环。

采用绝对编程方式加工程序如下：

O1023

T0101；　　　　　　　　　　　　　建立工件坐标系和调入刀具补偿

M03 S800；

G00 X60.0 Z3.0 M08；

G96 S150；　　　　　　　　　　　　恒线速切削

G90 X53.0 Z-42 F0.3；　　　　　　用外圆柱面切削循环切削三次

　　X49.0；

　　X45.0；

　　R-2.5；　　　　　　　　　　　用变厚度外圆锥面切削循环切削三次

　　R-5.0；

　　R-7.5；

　G00 X100.0 Z50.0；

　M09；

T0202；

G00 X10.0 Z3.0 M08；

G90 X14.0 Z−36.0 R1.7 F0.3；　　　　用变厚度内圆锥面切削循环切削两次

　　R3.25；

G00 X100.0 Z50.0 M09；

G97 S800；　　　　取消恒线速切削

M05 M30；

采用增量编程方式加工程序如下：

O1024

T0101；　　　　建立工件坐标系和调入刀具补偿

M03 S800；

G00 X60.0 Z3.0 M08；

G96 S150；　　　　恒线速切削

G90 U−7.0 W−45 F0.3；　　　　用外圆柱面切削循环切削三次

　　U−11.0；

　　U−15.0；

　　R−2.5；　　　　用变厚度外圆锥面切削循环切削三次

　　R−5.0；

　　R−7.5；

　G00 X100.0 Z50.0；

　M09；

　T0202；

G00 X10.0 Z3.0 M08；

G90 U4.0 W−39.0 R1.7 F0.3；　　　　用变厚度内圆锥面切削循环切削两次

　　R3.25；

G00 X100.0 Z50.0 M09；

G97 S800；　　　　取消恒线速切削

M05 M30；

注意：如果在切削内外圆锥面时不用变厚度方式，数值应该如何计算，程序应该如何写，请读者自己编写程序。

3.5.2　内、外圆复合形状固定循环

上一节介绍的简单固定循环指令，其加工表面形状简单（内外圆柱面、圆锥面）。其加工路线每次走刀都基本类似。实际生产中的车削零件，其加工表面形状复杂，毛坯种类包括圆柱体和类零件形表面体（如铸锻件毛坯）。加工过程一般包含粗加工与精加工等特点。基于这些特点及要求，FANUC-0i 车削数控系统设计了复合固定循环指令。

在复合固定循环中，对零件的轮廓定义之后，即可完成从粗加工到精加工的全过程，使程序得到进一步简化。

3.5.2.1　内、外圆粗切循环 G71

内、外圆粗切循环是一种复合固定循环，适用于外圆柱面需多次走刀才能完成的粗加工，如图 3.29 所示，主要适用于切削余量 Z 向大于 X 向的棒料零件粗加工。

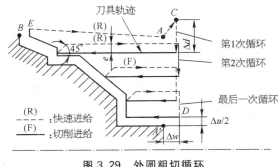

图 3.29　外圆粗切循环

(R)：快速进给
(F)：切削进给

指令格式：

G71 U(Δd) R(e)；

G71 P(ns)Q(nf)U(Δu)W(Δw)F(f) S(s) T(t)；

式中，Δd 为背吃刀量；e 为退刀量；ns 为精加工轮廓程序段中开始程序段的段号；nf 为精加工轮廓程序段中结束程序段的段号；Δu 为 X 轴向精加工余量；Δw 为 Z 轴向精加工余量；f、s、t 为 F、S、T 代码。

注意：

(1) ns→nf 程序段中的 F、S、T 功能，对粗车循环无效，为精车的 F、S、T；

(2) 零件轮廓必须符合 X 轴、Z 轴方向同时单调增大或单调减少；

(3) ns→nf 程序段中之间的程序段不能调用子程序；

(4) 分层粗车完后会在保留精车余量前提下顺着精车轮廓走一刀，以保证精车余量均匀；

(5) ns→nf 程序段中，如果要用刀尖半径补偿，则应该根据精车时刀具走向来决定；

(6) Δu、Δw 正负判定有四种情况，如图 3.30 所示。

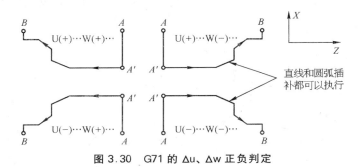

图 3.30　G71 的 Δu、Δw 正负判定

直线和圆弧插补都可以执行

例 3.8　按图 3.31 所示尺寸编写外圆粗切循环加工程序。

O3028

N10 T0101 M03 S900；

N20 G00 X125.0 Z12.0 M08；

N30 G96 S120；

N40 G71 U2.0 R0.5；

N50 G71 P60 Q130 U1.0 W0.5 F0.25；

N60 G00 X40.0；

N70 G01 Z−30.0 F0.15；

N80 X60.0 Z−60.0；

N90 Z−80.0；

N100 X100.0 Z−90.0；

N110 Z−110.0；

N120 X120.0 Z−130.0；

ns 程序段

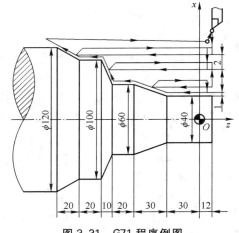

图 3.31　G71 程序例图

N130 G00 X125.0；　　　　　　　　nf 程序段

N140 X200.0 Z140.0 G97 S900；

N150 T0100；

N160 M05 M30；

3.5.2.2　端面粗切循环 G72

端面粗切循环是一种复合固定循环。端面粗切循环适合于 Z 向余量小、X 向余量大的盘类零件粗加工,其加工过程的动作循环如图 3.32 所示。

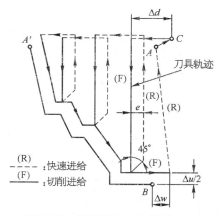

图 3.32　端面粗加工切削循环图

指令格式：

G72 W(△d) R(e)；

G72 P(ns) Q(nf) U(△u) W(△w)　F(f) S(s) T(t)；

式中,△d 为背吃刀量；e 为退刀量；ns 为精加工轮廓程序段中开始程序段的段号；nf 为精加工轮廓程序段中结束程序段的段号；△u 为 X 轴向精加工余量；△w 为 Z 轴向精加工余量；f、s、t 为 F、S、T 代码。

注意：

(1) ns→nf 程序段中的 F、S、T 功能,对粗车循环无效,为精车的 F、S、T；

(2) 零件轮廓必须符合 X 轴、Z 轴方向同时单调增大或单调减少；

(3) ns→nf 程序段中之间的程序段不能调用子程序；

(4) 分层粗车完后会在保留精车余量前提下顺着精车轮廓走一刀,以保证精车余量均匀；

(5) 如果 ns→nf 程序段中用刀尖半径补偿应根据精车时刀具走向来决定；

(6) △u、△w 正负判定有四种情况,如图 3.33 所示。

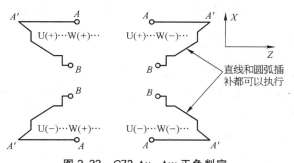

图 3.33　G72 △u、△w 正负判定

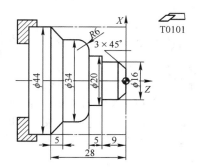

图 3.34　G72 程序例图

例 3.9　按图 3.34 所示尺寸编写端面粗切循环加工程序。

O3029

N10 T0101；

N20 M03 S800；

N30 G00 X46.0 Z2.0 M08；

N40 G96 S120；

N50 G72 W3.0 R1.0；

N60 G72 P70 Q160 U0.4 W0.2 F0.2；

N70 G00 Z−28.0;　　　　　ns 程序段

N80 G01 X44.0 F0.15;

N90 X34.0 Z−23.0;

N100 Z−20.0;

N110 G02 X22 Z−14.0 R6.0;

N120 G01 X20.0;

N130 Z−9.0;

N140 X16.0;

N150 Z−3.0;

N160 X6.0 Z2.0;　　　　　nf 程序段

N170 G00 X200.0 Z200.0 M09;

N180 G97 S900 T0100;

N190 M05 M30;

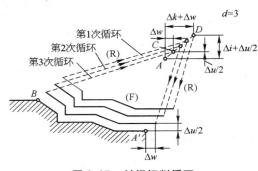

图 3.35　封闭切削循环

3.5.2.3　内、外圆封闭切削粗车循环 G73

封闭切削粗车循环是一种复合固定循环,如图 3.35 所示。封闭切削粗车循环适于对铸、锻毛坯切削。

指令格式:

G73 U(Δi) W(Δk) R(d);

G73 P(ns) Q(nf) U(Δu) W(Δw) F(f) S(s) T(t);

式中,Δi(半径值)为 X 轴粗加工切削量;Δk 为 Z 轴粗加工切削量;d 为重复加工次数;ns 为精加工轮廓程序段中开始程序段的段号;nf 为精加工轮廓程序段中结束程序段的段号;Δu 为 X 轴向精加工余量;Δw 为 Z 轴向精加工余量;f、s、t 为 F、S、T 代码。

注意:

(1) Δi、Δk 和 d 之间是有一定联系的,切削次数 d 多,则每一次循环切削的背吃刀量就小;

(2) 零件的 X 轴或 Z 轴方向不必单调递增或递减,有四种切削方式,如图 3.36 所示,各种切削方式的 Δu 和 Δw 的符号在图中已有描述;

(3) 如果 ns→nf 程序段中用刀尖半径补偿应根据精车时刀具走向来决定。

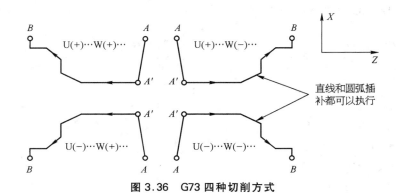

图 3.36　G73 四种切削方式

例 3.10　按图 3.37 所示尺寸编写封闭切削循环加工程序。

O3030

N10 T0101;

N20 M03 S1000;

N30 G00 X220.0 Z130.0 M08;

N40 G96 S150;

N50 G73 U14.0W14.0 R3;

N60 G73 P70 Q120 U0.4 W0.2 F0.3;

N70 G00 X80.0 W−29.0;

N80 G01 W−21.0 F0.15 S200;

N90 X120.0 W−10.0;

N100 W−20.0;

N110 G02 X160.0 W−20.0 R20.0;

N120 G01 X180.0 W−10.0;

N130 T0100;

N140 G97 S800 M09;

N150 M05;

N160 M30;

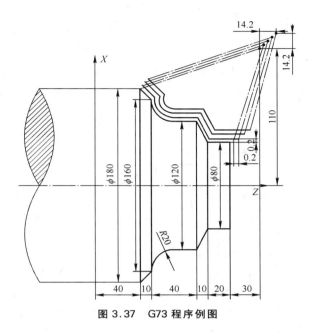

图 3.37　G73 程序例图

3.5.2.4　精加工循环 G70

由 G71、G72、G73 完成粗加工后,可以用 G70 进行精加工。精加工时,G71、G72、G73 程序段中的 F、S、T 指令无效,只有在 ns→nf 程序段中的 F、S、T 才有效。

指令格式: G70 P(ns) Q(nf);

式中,ns 为精加工轮廓程序段中开始程序段的段号;nf 为精加工轮廓程序段中结束程序段的段号。

注意:G70 后面的 ns、nf 应该与 G71~G73 后面的 ns、nf 一致,精加工的 F、S、T 在 ns 开始处指定。

例 3.11　在 G71、G72、G73 程序应用例中的 nf 程序段后再加上"G70 Pns Qnf"程序段,并在 ns→nf 程序段中加上精加工适用的 F、S、T,就可以完成从粗加工到精加工的全过程。

3.5.2.5　使用内、外圆复合固定循环的注意事项

(1) 在使用内外圆复合固定循环时,应该根据零件的 X、Z 方向切削余量大小不同来选择不同的复合固定循环指令,一般 Z 方向的余量远大于 X 方向的棒料类零件用 G71 指令,X 方向的余量远大于 Z 方向的盘类零件用 G72 指令,对于已成型的余量相对均匀的铸锻件,一般选用 G73 指令。值得说明的是,G71 和 G72 指令使用时,要加工零件的形状必须是单调的,所以如果毛坯是棒料,且零件形状不单调,则可以用 G71 或者 G72 指令分段加工,或者使用 G73 指令加工。

(2) 在固定循环 G71、G72 中,Δu、Δw 正负判定的基本原则是:将粗加工循环中沿工件轮廓走最后一刀的半精加工中刀具轨迹点坐标和精加工坐标值作比较,如果大于精加工坐标值,Δu、Δw 取正值,如果小于取负值。在前面所介绍的三个复合固定循环里面都有图形标注出了四种走刀路线下的 Δu、Δw 正负情况。

(3) 如果 ns→nf 程序段中用刀尖半径补偿应根据精车时刀具走向来决定。

(4) FANUC 系列的数控系统中,在 G71 循环中,顺序号 ns 程序段必须沿 X 向进刀,且不

能出现 Z 向运动指令;而在 G72 循环中,顺序号 ns 程序段必须沿 Z 向进刀,且不能出现 X 向运动指令,否则会出现机床报警。

以上所讲单一固定循环和复合固定循环指令,都可以用来加工内孔,使用时只要注意正负号的判断就行了。下面再举两例。

例 3.12 试用 G72 和 G70 编写图 3.38 内轮廓(ϕ20 孔已经钻好)加工程序。

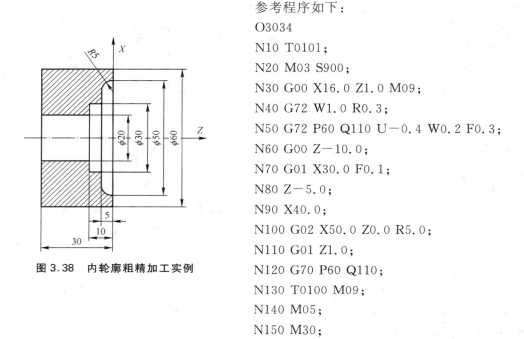

图 3.38　内轮廓粗精加工实例

参考程序如下:

O3034

N10 T0101;

N20 M03 S900;

N30 G00 X16.0 Z1.0 M09;

N40 G72 W1.0 R0.3;

N50 G72 P60 Q110 U−0.4 W0.2 F0.3;

N60 G00 Z−10.0;

N70 G01 X30.0 F0.1;

N80 Z−5.0;

N90 X40.0;

N100 G02 X50.0 Z0.0 R5.0;

N110 G01 Z1.0;

N120 G70 P60 Q110;

N130 T0100 M09;

N140 M05;

N150 M30;

例 3.13 试用内孔粗、精车循环,端面粗、精车循环加工图 3.39 所示图形。零件已经有 ϕ40 预制孔。

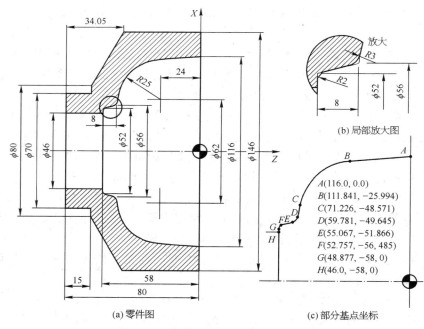

$A(116.0, 0.0)$
$B(111.841, -25.994)$
$C(71.226, -48.571)$
$D(59.781, -49.645)$
$E(55.067, -51.866)$
$F(52.757, -56.485)$
$G(48.877, -58, 0)$
$H(46.0, -58, 0)$

(a) 零件图　　　　(c) 部分基点坐标

(b) 局部放大图

图 3.39　内孔和端面粗精车循环实例

工艺分析：先加工 $\phi146$ 外圆，再以 $\phi146$ 外圆表面定位装夹加工左端外形轮廓，最后以 $\phi70$ 外圆表面定位装夹加工内轮廓。部分不能从图形中直接得到坐标的基点位置可以通过 CAD 软件画出零件轮廓后找出。图 3.39c 列出了部分基点坐标值。在加工过程中用到了三把刀具，分别是加工外圆刀具 T0101、加工左端面外形刀具 T0202、加工内轮廓刀具 T0303，都是通过刀具几何补偿设定工件原点，工件原点选在右端面中心。

参考程序如下。

1）加工 $\phi146$ 外圆程序

O3035

N10 T0101；

N20 M03 S900；

N30 G00 X146.0 Z4.0 M08；

N40 G01 Z－50.0 F0.5；

N50 G00 X200.0 Z50.0 M09；

N60 T0100；

N70 M05；

N80 M30；

2）加工左端面外形程序

O3036

N10 T0202；

N20 M03 S600；

N30 G00 X150.0 Z3.0 M08；

N40 G72 W3.0 R1.0；

N50 G72 P60 Q100 U0.4 W0.2 F0.5；

N60 G00 Z－34.05；

N70 G01 X146.0 F0.2 S1000；

N80 X80.0 Z－15.0；

N90 X70.0；

N100 Z3.0；

N110 G70 P60 Q100；

N120 G00 X200.0 Z50.0 M09；

N130 T0200；

N140 M05；

N150 M30；

3）加工内轮廓程序

O3037

N10 T0303；

N20 M03 S900；

N30 G00 X36.0 Z3.0 M08；

N40 G71 U2.0 R0.5；

N50 G71 P60 Q160 U－0.4 W0.2 F0.5；

N60 G00 X116.0 S1200；

N70 G01 Z0.0 F0.2；

N80 X111.841 Z－25.994；

N90 G03 X71.226 Z－48.571 R25.0；

N100 G01 X59.781 Z－49.645；

N110 G02 X55.067 Z－51.866 R3.0；

N120 G01 X52.757 Z－56,485；

N130 G03 X48.877 Z－58.0 R2.0；

N140 G01 X46.0；

N150 Z－82.0；

N160 X36.0；

N170 G70 P60 Q160；

N180 G00 X200.0 Z50.0 M09；

N190 T0300；

N200 M05；

N210 M30；

3.5.3　槽加工固定循环

槽加工固定循环分为端面钻孔(切槽)循环指令和外圆内孔切槽循环指令,主要用于端面中心的深孔加工、中心孔加工、断面的单槽、等间距的多槽、镗孔加工和外圆单槽、等间距的多槽切削及切断等。

3.5.3.1　端面啄式钻孔(切槽)循环指令(G74)

端面啄式钻孔(切槽)循环指令 G74 的循环特点主要体现在啄式,即刀具的进给运动每前进一段距离会停止并后退一小段距离,用于断屑。然后继续前进,循环往复直至完成整个加工,这种加工方式主要用于深孔加工的断屑处理。在数控车削加工中,G74指令借助于刀架的纵、横向移动,除了能够完成钻孔加工外,还能进行端面的切槽加工。该指令加工过程的动作循环简图如图 3.40 所示。

指令格式：

G74 R(e)；

G74 X(U) Z(W) P(Δi)Q(Δk)R(Δd) F(f)；

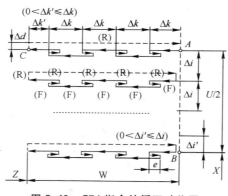

图 3.40　G74 指令的循环动作图

式中,e 为后退量;X 为 B 点 X 的绝对坐标;U 为 A 点到 B 点 X 的增量坐标;Z 为 C 点 Z 的绝对坐标;W 为 A 点到 C 点 Z 的增量坐标;Δi 为 X 方向的移动量,不带符号半径值表示,单位 μm;Δk 为 Z 方向的移动量,不带符号的量表示,单位 μm;Δd 为切削底部刀具退刀量;f 为切削进给速度。

3.5.3.2　外圆、内孔切槽循环指令(G75)

外圆、内孔切槽循环指令 G75 的循环特点与 G74 一样,也是以啄式切削方式进行加工,所不同的是 G75 指令的切削方式是沿 X 轴进行的。由于普通数控车床仅有机床主轴的旋转运动以及刀具移动的进给运动,装在刀架上的钻头无法旋转,因此,G75 指令仅用于外圆以及内孔的径向（X 轴）切槽加工。G75 指令加工过程的动作循环如图 3.41 所示。

指令格式：

G75 R(e)；

G75 X(U) Z(W) P(Δi)Q(Δk)R(Δd) F(f)；

式中，e 为后退量；X 为 C 点 X 的绝对坐标；U 为 A 点到 C 点 X 的增量坐标；Z 为 B 点 Z 的绝对坐标；W 为 A 点到 B 点 Z 的增量坐标；Δi 为 X 方向的移动量，不带符号半径值表示，单位 μm；Δk 为 Z 方向的移动量，不带符号的量表示，单位 μm；Δd 为切削底部刀具退刀量；f 为切削进给速度。

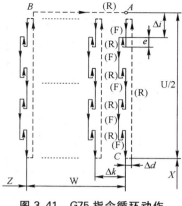

图 3.41 G75 指令循环动作

3.6 子程序编程

如果一个程序中包含固定顺序或频繁重复的图形时，可以将其编成子程序调用执行，这样可以简化编程。子程序可以被主程序调用，被调用的子程序也可以调用其他子程序。

1）子程序的结构 子程序的结构包括程序号、程序主体、程序结束。跟主程序不同的地方在于，程序结束指令是 M99。子程序不能单独运行，必须要由主程序或上一级子程序调用才能执行。

2）子程序的调用（M98）

（1）子程序调用格式为：

M98 P ○○○○○○○○；

其中前四位是指调用的次数，后四位是指调用的子程序号。

（2）子程序调用举例如下。

① M98P51002：此指令表示"连续调用子程序（01002）5 次"。

② X100 M98 P1200：此例是在 X 轴运动后调用子程序。由此说明子程序调用指令 M98 可以与运动指令在同一个程序段中指令。

3）子程序的嵌套 被调用的子程序还可以去调用下一级子程序，称为子程序的嵌套。子程序调用最多可嵌套 4 级，如图 3.42 所示。

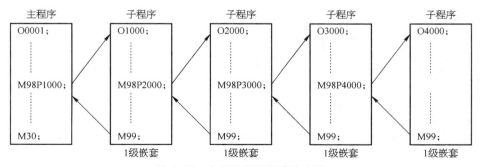

图 3.42 主程序与子程序的嵌套

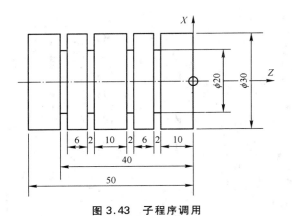

图 3.43　子程序调用

主程序

O3037

T0101；

M03 S800；

G00 X32.0 Z0.0 M08；

G01 X－0.5 F0.3；

G00 X30.0 Z2.0；

G01 Z－55.0；

G00 X100.0 Z50.0；

T0100；

T0202；

G00 X32.0 Z0.0；

M98 P 21000；

G00 W－12.0；

G01 X－0.5；

G00 X100.0 Z50.0 M09；

M05；

M30；

子程序

O1000

G00 W－12.0；

G01 U－12.0 F0.1；

G04 P 500；

G00 U12.0；

　　W－8.0；

G01 U－12.0 F0.1；

G04 P500；

G00 U12.0；

M99；

4）子程序的应用　使用子程序可以减少不必要的编程重复，从而达到简化编程的目的。子程序相当于编程人员自己编写的固定循环。可用于零件上有相同形状的零件简化编程，也可用于分层切削。

如图 3.43 所示为车削不等距槽的示例。对等距槽采用循环比较简单，而不等距槽则调用子程序较简单。

已知：毛坯直径 ϕ32 mm，长度 77 mm，T01号刀为外圆车刀，T02 号刀为切断刀，其宽度为 2 mm，加工程序如下：

3.7　综合加工实例

实例 1　销轴综合零件如图 3.44 所示,毛坯为 $\phi30\times80$。

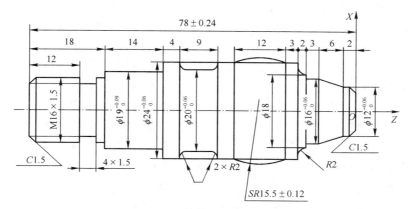

图 3.44　销轴综合加工实例

1)刀具选择

(1) T01 90°机夹外圆正偏刀。

(2) T02 60°机夹三角形螺纹车刀。

(3) T03 刀宽为 4 mm 的切槽刀。

(4) T04 45°端面刀。

2)工艺分析

(1) 按先主后次、先粗后精的加工原则确定加工路线,采用复合循环指令对外轮廓进行粗加工,再精加工,然后车退刀槽,最后加工螺纹。

(2) 此件需要掉头两端加工车削,为了使接刀无刀痕,应在 $2\times R2$ 圆弧槽结尾处接刀,调头(垫铜皮)装夹 $\phi19$ 外圆。

(3) 装夹毛坯棒料伸出卡爪外 60 mm,用 45°端面刀手动切削左端面,再用外圆刀试切同时完成对刀操作。

(4) 粗、精车用同一把刀加工外圆,用刀宽 4 mm 的切刀切槽,用 60°机夹螺纹刀加工螺纹。

(5) 调头用 45°端面刀手动切削右端面,保证工件长度 78 mm±0.24 mm,同时完成对刀工作。

3)切削用量　外圆粗车主轴转速为 1 200 r/min,进给速度为 0.5 mm/min;外圆精车主轴转速为 1 800 r/min,进给速度为 0.2 mm/r,切槽主轴转速为 800 r/min,进给速度为 0.1 mm/r,车螺纹 800 r/min。

径向:精加工余量 0.8 mm。

轴向(双边量):精加工余量 0.2 mm。

4)加工程序

加工左端到 $2\times R2$ 圆弧槽结尾处的加工程序

O0066　　　　　　　　　　　　　　　　程序名

N10 G28 U0.0 W0.0 T0100;　　　　　　返回参考点,取消 1 号刀补

N20 G99 G97 M03 S1000 T0101；

N40 G00 X500.0 Z1.5 M08；   到循环起点,切削液开

N50 G73 U5.6 W5.6 R5；   设定 X、Z 轴回退量,循环次数 5 次

N60 G73 P70 Q160 U0.8 W0.4 F0.5 S1200；

N70 G00 G42 X13.0 S1800；   到外圆循环点,加右刀补,精车转速

N80 G01 X15.95 Z−1.5 F0.2；   倒 C1.5 角

N90 Z−18.0；   精车 ϕ16 螺纹外圆

N100 X19.0；   精车 ϕ16～ϕ19 圆环

N110 W−14.0；   精车 ϕ19 外圆

N120 X24.03；   精车 ϕ19～ϕ24 圆环

N130 W−5.0；   精车 ϕ24 外圆

N140 X20.5 W−20.0；   车 2×R2 圆弧梯形槽

N150 W−4.0；   车 2×R2 圆弧槽底面

N160 X24.0 W−2.0；   车 2×R2 圆弧梯形槽

N170 G70 P70 Q160；   精车循环

N180 G28 U10.0 W10.0 T0100 M05；   返回参考点,取消 1 号刀补偿,主轴停转

N190 T0202；   换 2 号切槽刀

N200 M03 S800；   主轴正转,转速 800 r/min

N210 G29 X20.0 Z−16.0；   从参考点返回到切槽起点

N220 G01 X13.0 F0.1；   工进切退刀槽 ϕ13 处

N230 G04 P1200；   暂停 1 200 ms

N240 G00 X26.0；   X 轴退刀到 ϕ26 处

N250 Z−42.0；   到切圆弧槽起点

N260 G01 X24.0 F0.1；   工进到圆弧刀槽外径 ϕ24 处

N270 G02 X20.0 W−2.0 R2.0；   用切槽刀右刀尖切 2×R2 圆弧

N280 G01 W−1.0；   工进切圆弧槽底面

N290 G02 X24.0 W−2.0 R2.0；   用切槽刀左刀尖切 2×R2 圆弧

N300 G00 X100.0 M09；   X 退回到换刀位置,切削液关

N310 Z100.0；   Z 退回到换刀位置

N320 T0303；   换 3 号螺纹刀

N330 G00 X22.0 Z2.0；   到螺纹循环起点

N340 G76 P020060 Q100 R200；   设置螺纹复合切削循环参数

N350 G76 X14.38 Z−13.0 P974 Q400 F1.5；

N360 G00 X100.0 Z100.0；   返回到程序起点

N370 M30；   主程序结束

实例 2 加工如图 3.45 所示的轴类零件,材料为 45 钢,毛坯为 ϕ25×70 棒材。

1)确定工艺方案及加工路线 以 ϕ25 mm 外圆为工艺基准,用三爪自定心卡盘夹持 ϕ25 mm 外圆。

工步顺序:

(1)自右向左进行轮廓面加工:可将 ϕ25 的棒料一端车到 ϕ13,长为 30,后粗、精车,依次

车外圆 $R8$、$\phi12.74$、$R8$、$\phi9.47$、$\phi12$、$\phi16$→倒角 $C1$→车螺纹大圆 $\phi20$→倒角 $C1$→$\phi24$ 大圆。

（2）切槽。

（3）车螺纹。

2）刀具选择　根据加工要求选三把刀具：T01 为 75°外圆车刀，T02 为宽 3 mm 的切槽刀，T03 为螺纹车刀。

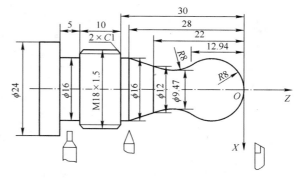

图 3.45　轴综合编程实例

3）切削用量

（1）外圆粗车，主轴转速为 600 r/min，进给速度为 0.2 mm/r。

（2）外圆精车，主轴转速为 800 r/min，进给速度为 0.1 mm/r。

（3）切槽，主轴转速为 350 r/min，进给速度为 0.1 mm/r。

（4）车螺纹，主轴转速为 300 r/min。

4）编写程序　以工件右端面为工件原点，使用后刀架，换刀点为（100，200），循环起点为（30，5）。

```
O0110
N10 T0101;                          换 1 号刀
N20 M03 S600;                       设定粗车转速 600 r/min
N30 G00 X30.0 Z5.0;                 循环点（30，5）
N35 G71 U1.5 R0.5;                  用 G71 循环指令粗车，使毛坯接近零件外形
N40 G71 P50 Q160 U0.3 W0.2 F0.2;
N50 G00 X17.0;
N60 G01 Z0 F0.2;
N80 Z−30.0;
N90 X18.0;                          移到倒角点上
N100 X20.0 Z−31.0;                  倒角 C1
N110 Z−39.0;                        移到倒角点上
N120 X18.0 Z−40.0;                  再倒角 C1
N130 Z−45.0;
N140 X24.0;
N150 Z−50.0;
N160 X30.0;
N190 M03 S800;
N210 G70 P50 P160;                  精加工循环，和 G71 配合使用
N220 G00 X100.0 Z200.0;
N230 T0101;                         右侧外圆粗加工，长度 30 mm
N240 M03 S600;
N250 G00 X25.0 Z5.0;
N260 G73 U3.0 R3.0;                 径向尺寸有增减，用 G73，X 向单边余量取 3
N270 G73 P280 Q340 U0.3 W0.2 F0.2;
```

N280 G00 X0；

N290 G01 Z0.0 F0.1；

N300 G02 X12.74 Z−12.84 R8.0；

N310 G03 X12.0 Z−22.0 R8.0；

N320 G01 X16.0 Z−28.0；

N330 Z−30.0；

N340 X24.0；

N370 M03 S800；

N390 G70 P280 Q340；　　　　　　　和 G73 配合使用

N400 G00 X100.0 Z200.0；

N410 T0202；　　　　　　　　　　　切槽

N420 M03 S350；

N430 G00 X35.0 Z−45.0；

N440 G75 R1.0；

N450 G75 X16.0 Z−43.0 P2000 Q1000 F0.1；

N460 G00 X100.0 Z200.0；

N470 T0303；　　　　　　　　　　　车螺纹

N480 M03 S300；

N490 G00 X25.0 Z−25.0；

N500 G01 X19.8 F0.1；　　　　　　　去掉螺纹牙尖顶

N510 G92 X19.1 Z−42.0 F1.5；　　　　螺纹切削第一刀，
　　　　　　　　　　　　　　　　　　吃刀量 0.9

N520 X18.3；　　　　　　　　　　　第二刀，吃刀 0.8

N530 X18.05；　　　　　　　　　　　第三刀，吃刀 0.25

N540 G00 X100.0 Z200.0；　　　　　　退刀

N550 M05；　　　　　　　　　　　　主轴停

N560 M30；　　　　　　　　　　　　程序结束

实例 3　加工内腔综合零件，如图 3.46 所示。

1）刀具选择

（1）T01 为内孔镗刀。

（2）T02 为内槽切刀，宽度为 4 mm。

（3）T03 为 60°内螺纹刀。

（4）ϕ28 麻花钻头。

2）工艺分析

（1）用三爪自定心卡盘装夹 ϕ80 工件毛坯外圆，粗精车右端面。

（2）调头装夹 ϕ80 工件毛坯外圆，粗精车左端并保证长度 80 mm±0.2 mm。

（3）用 ϕ28 麻花钻头钻通孔。

（4）车削加工 4×1.5 内沟槽和 M50×1.5 内螺纹。

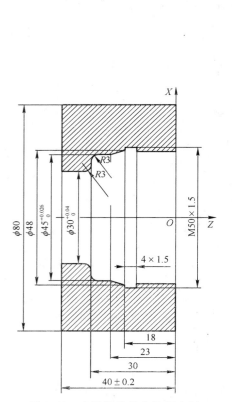

图 3.46　内腔零件综合编程实例

3）切削用量　内腔粗车主轴转速为 900 r/min,进给率为 0.5 mm/r,背吃刀量 1.0 mm（单边）。

内腔精车主轴转速为 1 200 r/min,进给率为 0.2 mm/r,精车留余量 0.6（双边）,轴向留 0.2。

切槽主轴转速为 600 r/min,进给率为 0.1 mm/r,车螺纹主轴转速为 800 r/min。

4）加工程序

O0010	程序名
N10 M03 S700 T0101;	主轴正转,调 1 号刀
N20 G00 X100.0 Z100.0;	到程序起点
N30 G40 X24.0 Z2.0 M08;	取消刀补,到入刀点,切削液开
N40 G72 W1.0 R0.5 P50 Q130 U−0.6 W0.2 F0.5 S900;	
N50 G00 G41 Z−40 S1200;	到循环开始处,加左刀补,精车转速
N60 G01 X30.02 F0.2;	到 X 轴切削起点,精车进给率 0.2 mm/r
N70 Z−27;	精车 ϕ33 内圆
N80 G03 X39.01 W3 R3;	精车 R3 凸圆弧
N90 G02 X45.01 W3 R3;	精车 R3 凹圆弧
N100 G01 Z−23.0;	精车 ϕ45 内圆
N110 X48.0 Z−18.0;	精车 ϕ45～ϕ48 圆锥
N120 X48.5 W4.0;	车削内槽过渡径
N130 Z2.0;	车螺纹部分内径尺寸 ϕ48.5 mm
N140 G00 G40 Z200.0;	退回换刀点,取消刀补
N150 T0202;	换 2 号刀
N160 M03 S800;	主轴正转,800 r/min
N170 G00 X40.0;	切槽刀快速到 X 向位置
N180 Z−18.0;	切槽刀快速到 Z 向切削位置
N190 G01 X51.0 F0.1;	工进切削内槽 ϕ51 处
N200 G04 X4.0;	暂停 4 s,光整加工
N210 G00 X40.0;	X 向退回
N220 Z200.0;	Z 向回退刀换刀位置
N230 M05;	主轴停
N240 T0303;	换 3 号刀
N250 M03 S800;	主轴正转,800 r/min
N260 G00 X45.0 Z2.0;	到螺纹循环起点处
N270 G92 X49.0 Z−15.0 F1.5;	切削螺纹第一刀,吃刀 0.5
N280 X49.4;	第二刀,吃刀 0.4
N290 X49.7;	第三刀,吃刀 0.3
N300 X50.1;	第四刀,吃刀 0.3
N310 X50.1;	第五刀,光整加工
N320 G00 X40.0;	X 向退到 ϕ40 mm 处
N330 Z100.0 M09;	Z 轴返回对刀位置,切削液关

N340 M05 M30;　　　　　　　　　　　　　　主程序结束

实例 4　内外轮廓典型零件,如图 3.47 所示,毛坯为 $\phi85\times82$,材料为 45 钢。

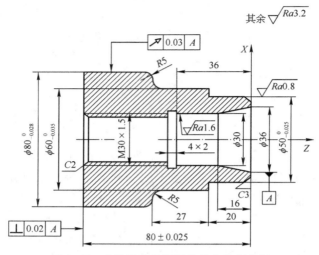

图 3.47　内外轮廓典型零件综合编程实例

1）刀具选择

（1）加工内腔刀具。

① 选有断屑槽的 90°重磨内镗刀,粗、精车共用一把。

② 内槽刀刀宽 4 mm。

③ $\phi25$ 麻花钻头。

④ 机夹 60°内螺纹刀。

（2）加工外轮廓刀具。

① 选机夹 90°正偏刀,粗、精车共用一把。

② 45°端面刀。

③ 机夹 60°外螺纹刀。

2）工艺分析

（1）由于内镗刀的限制,内锥不能反向车削,所以车内腔时需调头加工,调头时应在内槽。

（2）调头装夹加工外轮廓时在 $\phi50_{-0.025}^{0}$ 与 $\phi80_{-0.028}^{0}$ 交接处分界。

（3）用三爪自定心卡盘装夹 $\phi85$ 毛坯粗、精车端面,用 $\phi25$ 麻花钻头钻通孔,对刀并加工左端内孔内螺纹及外圆至 35 mm 处。

（4）调头垫铜皮装夹 $\phi80$ 工件外圆,粗、精加工零件右端,并保证长度 80 mm±0.25 mm。

（5）对刀并加工右端内孔、锥面内槽及外轮廓。

3）切削用量分配

（1）内腔粗车后径向留 0.6 mm 精车余量,轴向留 0.2 mm 精车余量。

（2）外轮廓粗车后径向留 0.8 mm 精车余量,轴向留 0.4 mm 精车余量。

（3）粗镗主轴转速为 800 r/min,进给速度为 0.4 mm/r,背吃刀量 1 mm（单边）。

（4）精镗主轴转速为 1 200 r/min,进给速度为 0.2 mm/r,背吃刀量 0.6 mm（单边）。

（5）切槽主轴转速为 600 r/min,进给速度为 0.1 mm/r,车螺纹时主轴转速为 800 r/min。

（6）外圆粗、精车主轴转速为 1 800 r/min，粗车进给速度为 0.5 mm/r，精车进给速度为 0.2 mm/r。

4）相关计算

（1）外径公差取其中间值（略）。

（2）M30×1.5 内螺纹处车削的内圆直径尺寸为：$d_1 = d - p = 30 - 1.5 = 28.5 (mm)$。

5）程序参考

（1）加工左端（M30×1.5 内孔、内沟槽、内螺纹），T01 为内镗刀、T02 为内槽刀、T03 为内螺纹刀、T04 为外圆刀。

O0022	程序名
N10 G28 U0.0 W0.0；	返回参考点
N20 G99 G97 M03 S700 T0101；	主轴正转 700 r/min，调 1 号镗刀，导入 1 号刀补
N30 G00 X100.0 Z100.0；	到程序起点
N40 X24.0 Z2.0 M08；	到内孔循环起点，切削液开
N50 G71 U1.0 R0.5；	设定复合循环粗车吃刀量，X 向回退量
N60 G71 P70 Q90 U−0.6 W0.2 F0.4 S800；	设定复合循环参数、粗车转速、进给率
N70 G00 G41 X36.5；	到精车起点处，加左刀补
N80 G01 X28.5 Z−2.0 F0.2 S1200；	C2 内倒角
N90 Z−42.0；	精车 8.28 内孔
N100 G70 P70 Q90；	精车循环
N110 G00 Z100.0 M09；	刀退出内孔，切削液关
N120 G28 U10.0 W10.0 T0100 M05；	取消刀补，回参考点，主轴停
N130 T0202；	换 2 号内槽刀，导入 2 号刀补
N140 M03 S600；	主轴正转，转速 600 r/min
N150 G00 X25.0；	内槽刀 X 轴刀 ϕ25 处
N160 Z−44.0 M08；	到内槽车削起点，左刀尖对刀，切削液开
N170 G01 X32.175 F0.1；	车内槽
N180 G04 P4000；	暂停 4 000 ms 修光
N190 G00 X22.0；	内槽刀 X 轴退回到 ϕ25 处
N200 Z100.0 M09；	Z 轴退回换刀位置，切削液关
N210 T0303；	换三号螺纹刀，导入 3 号刀补
N220 M03 S800；	主轴正转，转速 800 r/min
N230 G00 X27.0 Z2.0 M08；	到螺纹循环起点处，切削液开
N240 G92 X29.0 Z−41.0 F1.5；	第一刀车削螺纹深度 0.5 mm
N250 X29.5；	第二刀车削螺纹深度 0.5 mm
N260 X29.9；	第三刀车削螺纹深度 0.4 mm
N270 X30.1；	第四刀车削螺纹深度 0.2 mm
N275 X30.1；	光整加工
N280 G00 X20.0 M09；	X 轴返回安全位置，切削液关
N290 Z150.0；	Z 轴返回换刀点

N300 M05;	主轴停
N310 G28 U0.0 W0.0;	返回参考点
N320 T0404 M03 S1800;	调 4 号外圆刀
N330 G00 G42 X85.0 Z2.0 M08;	到切削外圆起点,加右刀补,切削液开
N340 G90 X83.0 Z−32.0 F0.5;	外圆固定循环粗车第一刀
N350 X81.0;	粗车第二刀
N360 X79.99 F0.2;	外圆精加工到公差尺寸
N370 G00 G40 X100.0 Z100.0 M09;	取消补偿返回换刀点,切削液关
N380 M30;	主程序结束

(2) 调头重新对刀,加工右侧内锥侧内腔和外轮廓程序(T01 为内镗刀,T04 为外圆刀)。

O0023	程序名
N10 G28 U0.0 W0.0;	返回参考点
N20 M03 S800 T0101;	主轴正转,调 1 号镗刀
N30 G00 X100.0 Z100.0;	到程序起点
N40 X22.0 Z2.0 M08;	到内孔循环起点,切削液开
N50 G71 U1 R0.5;	加工循环粗车
N60 G71 P70 Q90 U−0.6 W0.2 F0.4 S800;	
N70 G00 G41 X36.75;	到精车起点处,内径延长线处,加左刀补
N80 G01 X30 Z−16 F0.2 S1200;	精镗内锥孔,
N90 Z−37.0;	精车 φ28.28 内孔
N100 G70 P70 Q90;	精车循环
N110 G00 G40 X22.0;	取消刀补,刀退回 φ22 位置
N120 Z200.0 M05;	Z 向退回换刀点,主轴停
N130 G00 X85.0 Z3.0;	快移到外圆循环点
N140 G71 U1.0 R0.5;	设定复合循环粗车吃刀量,X 向回退量
N150 G71 P160 Q220 U0.6 W0.2 F0.4 S1800;	外圆粗车循环加工
N160 G00 G42 X38.0;	加右补偿,移动到精车起点处
N170 G01 X49.998 Z−3.0 F0.2;	精车外轮廓各部分尺寸
N180 Z−20.0;	
N190 X59.983;	
N200 Z−42.0;	
N210 G02 X69.986 Z−47.0 R5.0;	
N220 G03 X79.986 Z−52.0 R5.0;	
N230 G70 P160 Q220;	
N240 G00 G40 X100.0Z100.0 M09;	取消刀具半径补偿返回换刀点,切削液关
N250 M30;	主程序结束

6)注意事项

(1) 根据零件特点,此件因刀具干涉只有在外圆处接刀,所以加工时应注意找正。

(2) 此件孔较深,注意钻孔时钻头不要偏斜,内槽切削走刀一定要慢。

实例 5 编制程序,完成如图 3.48 所示零件的内、外腔加工,毛坯为 φ102 圆棒料,工件要求切断。

1）工艺分析及处理

根据图样要求和毛坯情况,确定工艺方案和加工路线。

（1）以轴线为工艺基准,用三爪自定心卡盘夹持 $\phi102$ 的外圆一端,使工件伸出卡盘 60 mm,一次装夹完成粗、精加工和螺纹加工。

（2）先钻 $\phi28$ 的孔。

（3）调用循环指令,车零件的外形轮廓。

（4）用镗刀,镗削零件内型腔体轮廓。

（5）车内螺纹退刀槽,加工 M60×2 的内螺纹。

（6）工件切断。

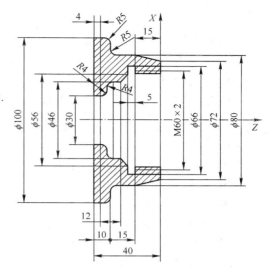

图 3.48 内外轮廓典型零件综合编程实例 2

2）选择刀具并确定换刀点图 根据加工要求需选用 7 把刀具,1 号刀为 $\phi28$ 的钻头,2 号刀为粗车外圆车刀,3 号刀为精车外圆车刀,4 号刀为镗孔刀,5 号刀为内切刀,6 号刀为内螺纹刀,7 号刀为切断刀。本例换刀点与起刀点选在同一个点(150, 200),加工原点设在工件右端面中心线上。

3）确定切削用量 钻 $\phi28$ 的孔,主轴转速为 400 r/min,进给速度为 0.1 mm/r。

（1）钻 $\phi28$ 的孔,主轴转速为 400 r/min,进给速度为 0.1 mm/r。

（2）粗车外圆,主轴转速为 500 r/min,进给速度为 0.2 mm/r。

（3）精车外圆,主轴转速为 500 r/min,进给速度为 0.15 mm/r。

（4）镗内孔,主轴转速为 600 r/min,进给速度为 0.15 mm/r。

（5）切螺纹退刀槽,主轴转速为 400 r/min,进给速度为 0.15 mm/r。

（6）车内螺纹,主轴转速为 400 r/min,进给速度为 2.0 mm/r。

（7）零件切断,主轴转速为 400 r/min,进给速度为 0.05 mm/r。

4）FANUC 数控系统参考程序

O0035

N10 G40 G97 G99;	取消半径补偿,取消恒转速
N20 S400 M03 T0101;	主轴正转 400 r/min,换 1 号刀
N30 G00 X0.0 Z5.0 M08;	快速定位至中心线上,冷却液开
N40 G74 R0.5;	
N50 G74 Z−50.0 Q8000 F0.1;	钻孔循环,进给速度 0.1 mm/r
N60 G00 X150.0 Z200.0;	快速定位到换刀点
N70 T0202 S500;	换 2 号刀,主轴正转 500 r/min
N80 X104.0 Z5.0;	快速到循环起点
N90 G71 U2.0 R0.5;	
N100 G71 P110 Q190 U0.4 W0.2 F0.2;	外圆粗车循环
N110 G00 G42 X27.0;	快速到(X27, Z5),建立右补偿
N120 G01 Z0.0 F0.15;	加工至右端面的轴线上

N130 X72.0；　　　　　　　　　　　　　　　车削右端面

N140 X80.0 Z－15.0；　　　　　　　　　　　车削外锥面

N150 Z－25.0；　　　　　　　　　　　　　　车 ϕ80 外圆

N160 G02 X90.0 Z－30.0 R5.0；　　　　　　加工 R5 圆弧

N170 G03 X100.0 Z－35.0 R5.0；　　　　　加工 R5 圆弧

N180 G01 Z－45.0；　　　　　　　　　　　　车 ϕ100 外圆,留切断余量 5 mm

N190 G40 X104.0；　　　　　　　　　　　　取消刀补

N200 G00 X150.0 Z200.0；　　　　　　　　快速到换刀点

N210 T0303；　　　　　　　　　　　　　　　换 3 号刀

N220 G00 X105.0 Z5.0；　　　　　　　　　快速到循环起点

N230 G70 P110 Q190；　　　　　　　　　　外圆精车循环

N240 G00 X150.0 Z200.0；　　　　　　　　快速到换刀点

N250 T0404 S600；　　　　　　　　　　　　换 4 号刀

N255 G00 X26.0 Z2.0；　　　　　　　　　　快速到循环起点

N260 G71 U2.0 R0.5；

N270 G71 P280 Q370 U－0.4 W0.2 F0.15；　内孔粗镗循环

N280 G00 G41.0 X57.4；　　　　　　　　　快速刀螺纹小径,建立左刀补

N290 G01 Z0 F0.05；　　　　　　　　　　　加工至右端

N300 Z－20.0；　　　　　　　　　　　　　　镗削螺纹小径

N310 X56.0；　　　　　　　　　　　　　　　加工内孔锥端面

N320 X46.0 Z－24.0；　　　　　　　　　　镗内锥面

N330 Z－28.0；　　　　　　　　　　　　　　镗 ϕ46 孔

N340 G03 X38.0 W－4.0 R4.0；　　　　　　加工 R4 圆弧

N350 G02 X30.0 W－4.0 R4.0；　　　　　　加工 R4 圆弧

N360 G01 Z－42.0；　　　　　　　　　　　加工 ϕ30 孔

N370 G40 X26.0；　　　　　　　　　　　　 X 轴退刀,取消刀补

N380 G70 P280 Q370；　　　　　　　　　　内孔精镗循环

N390 G00 X150.0 Z200.0；　　　　　　　　快速到换刀点

N400 T0505 S400；　　　　　　　　　　　　换 5 号刀

N410 G00 X50.0；　　　　　　　　　　　　 X 轴快速定位

N420 G01 Z－20.0 F0.2；　　　　　　　　　Z 轴至槽正上方

N430 G01 X66.0 F0.15；　　　　　　　　　切槽加工

N440 X50.0 F0.3；　　　　　　　　　　　　 X 轴退刀

N450 G00 Z200.0；　　　　　　　　　　　　Z 轴快速退刀到换刀点

N460 X150.0；　　　　　　　　　　　　　　 X 轴快速退刀到换刀点

N470 T0606；　　　　　　　　　　　　　　　换 6 号刀

N480 G00 X56.0 Z5.0；　　　　　　　　　　快速到螺纹切削循环起点

N490 G92 X58.8 Z－17.0 F2.0；　　　　　　螺纹切削第一刀,吃刀量 0.4 mm

N500 X59.4；　　　　　　　　　　　　　　　第二刀,吃刀量 0.3 mm

N510 X59.8；　　　　　　　　　　　　　　　第三刀,吃刀量 0.2 mm

N530 X60.0;　　　　　　　　　　第四刀,吃刀量 0.1 mm

N535 X60.0;　　　　　　　　　　第五刀,光整加工

N540 G00 X150.0 Z200.0;　　　　快速到换刀点

N550 T0707;　　　　　　　　　　换 7 号刀

N560 G00 X105.0;　　　　　　　　X 轴快速定位

N570 Z−45.0;　　　　　　　　　　Z 轴至切断位置正上方

N580 G75 R0.5;

N590 G75 X26.0 P8000 F0.05;　　切槽循环(完成切断)

N600 G00 X105.0;　　　　　　　　X 轴快速退刀

N610 G00 X100.0 Z200.0;　　　　快速到换刀点

N620 M30;　　　　　　　　　　　程序停止

知识拓展

　　随着数控技术的发展,数控车床图样中出现了很多形式的螺纹,如普通单线螺纹、英制螺纹、梯形螺纹、特殊螺纹,而在数控车削加工中,梯形螺纹和特殊螺纹比较难以加工。

　　1) 普通螺纹加工　数控编程螺纹加工中,有三种加工方法:G32 直进式切削方式、G92 直进式切削方式和 G76 斜进式切削方式,由于切削方法的不同、编程方法不同,造成加工误差也不同。在操作使用上要仔细分析,加工出精度高的零件。在螺纹加工结束后,有的因为机床精度等原因,使得中径值达不到尺寸,此时可以改变程序中最后一个 X 值,每次修改的大小在 0.02 mm 左右,通过反复的修改就可以将这个普通单线螺纹加工至合格。

　　2) 梯形螺纹加工　在数控车床上面车梯形螺纹时,由于梯形螺纹在车削过程中刀具受力比较大,对主轴和丝杠的要求很高,可以将机床调整至低速挡以增加扭矩,如果在机床高速挡车削梯形螺纹,会出现扎刀、闷车等现象。车削梯形螺纹采用 G76 指令。梯形螺纹的加工可采用斜进搭配刀法加工,螺纹切削复合循环指令 G76 就是以斜进方式进刀的,粗车梯形螺纹编程时,留出精加工余量。精车时是经过上述改变螺纹车刀车削前的轴向起点位置的方式来修光梯形螺纹的两侧面,同时通过测量控制切削的次数,使螺纹达到尺寸精度的要求。

　　3) 特殊螺纹加工　特殊螺纹是数控技术发展过程中螺纹加工的一个方向,这种螺纹在加工过程中采用的加工顺序是有讲究的,必须先加工曲面,然后采用菱形尖刀走圆弧螺牙逼近的方式走刀。特殊螺纹需要在加工时注意外椭圆和小圆弧的嵌套,在嵌套的时候一定要注意两者的配合,在车削该类螺纹时,需要采用 G32 编程指令。

　　4) 三种进刀方法的比较分析　G32 和 G92 的直线式切削方法,在切削过程中是两刃加工,切削力比较大,且排屑比较困难,所以在切削时,两切削刃容易崩刃。在切削螺距较大的螺纹时,由于切削深度较大,刀刃磨损较快,从而造成螺纹中径产生误差;但其加工的牙形精度较高,因此基本用于小螺距螺纹加工。G92 由于其刀具移动切削均靠编程来完成,所以加工程序比较冗长,因而刀刃容易磨损,加工中要做到勤测量。G92 较 G32 简化了编程,提高了加工效率。在 G76 螺纹切削循环中,螺纹刀以斜进的方式进行螺纹切削,为单侧刃加工,加工刀刃容易损伤和磨损,使加工的螺纹面不直,刀尖角发生变化,而造成牙形精度较差。但由于其为单侧刃工作,刀具负载较小,排屑容易,并且切削深度为递减式。因

此,此加工方法一般适用于大螺距螺纹加工。另外,由于其排屑容易,刀刃加工工况较好,在螺纹精度要求不高的情况下,此加工方法更为方便。在螺距要求较高的大螺距螺纹加工中,也可先用 G76 粗加工,然后用 G32 或者 G92 指令进行精加工,但要确定刀具的起刀点统一,否则出现乱扣现象。

【思考与练习】

1. 数控车床的加工对象和编程特点是什么?

2. 数控车床的坐标系是怎样规定的?

3. 数控车床如何实现绝对值编程和增量值编程?

4. 设定工件坐标系指令有哪些?它们的区别是什么?如何运用?

5. 圆弧加工有几种方式?数控车床加工圆弧应注意哪些问题?

6. 数控车床单一循环加工指令有哪些?应该如何运用?

7. 写出粗车循环的几种程序段格式并说明如何运用。

8. 数控车床为什么要用刀尖的半径补偿?在程序中如何运用刀尖半径补偿?

9. 螺纹加工时为什么要设置足够的升速段和降速段?

10. 试编写如图 3.49 所示工件的精加工程序。

11. 写出图 3.50 中零件精加工程序。

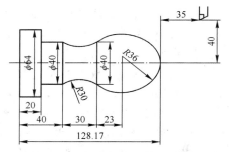

图 3.49　思考与练习第 10 题图

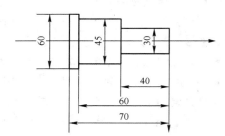

图 3.50　思考与练习第 11 题图

12. 如图 3.51 所示零件,毛坯尺寸为 $\phi40\times70$,试用外圆粗车循环指令 G71 和精车指令 G70 编程加工,工件坐标系如图选在工件右端面中心。

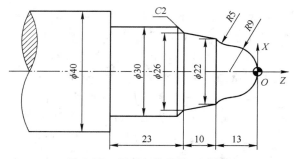

图 3.51　思考与练习第 12 题图

13. 如图 3.52 和图 3.53 所示零件,写出用端面粗车循环指令 G72 和精车指令 G70 编程加工这两个零件的程序。

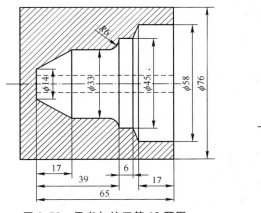

图 3.52　思考与练习第 13 题图一

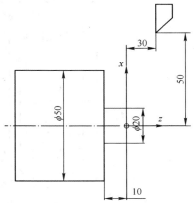

图 3.53　思考与练习第 13 题图二

14. 如图 3.54～图 3.57 所示的零件,选择合适的循环指令编写零件加工程序。

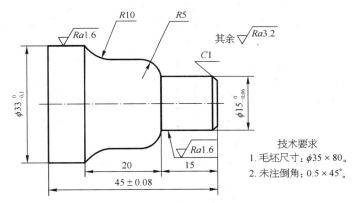

图 3.54　思考与练习第 14 题图一

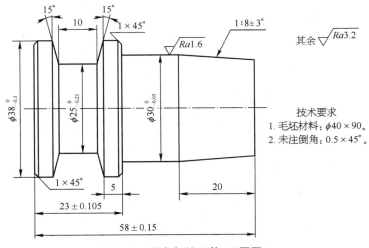

图 3.55　思考与练习第 14 题图二

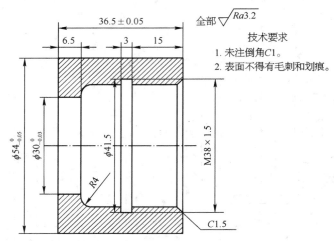

图 3.56　思考与练习第 14 题图三

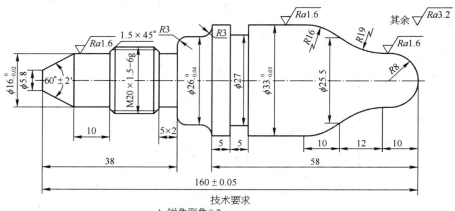

图 3.57　思考与练习第 14 题图四

第4章 数控铣床及加工中心程序编制

■ 学习目标

掌握数控铣床及加工中心的编程特点；掌握工件坐标系设定指令；理解数控铣及加工中心编程的区别和联系；熟悉 FANUC‐0i 数控铣床及加工中心的基本指令、循环指令、补偿指令、子程序指令、坐标系转化指令等；理解各种指令的应用场合，并能够灵活应用。

4.1 数控铣削的编程特点

数控铣削加工对象多为圆弧甚至是非圆曲线轮廓及有曲面的零件，并且数控铣床本身可以更换不同刀具进行孔、槽及外形轮廓加工。所以使用数控铣削编程也有其突出的特点。

（1）坐标系选择功能。数控铣床基本控制轴数为三坐标，二维轮廓加工有 XOY、YOZ、XOZ 三个加工平面可供选择，所以要注意在编制加工程序时选择正确的加工平面。

（2）刀补功能。数控机床加工机床控制刀具中心运动轨迹，而用铣刀侧刃对零件内外轮廓表面加工时，因为铣刀半径的客观存在，刀具中心线和切削刃之间必然偏离一个半径值。为方便使用工件外形轮廓编程，减少编程计算工作量，数控铣床轮廓编程不论精度要求高低都必须采用半径补偿。

可以这样说，数控铣床是没有自动换刀功能的加工中心。经常出现一个零件一次装卡，需要更换多种刀具加工的情况。如果在加工前对所选每把刀的刀补参数都事先输入到数控系统中，在编程过程中就可以用刀补指令直接调用，可以减少对刀次数，减小对刀误差。

（3）为避免刀具在下刀时与工件或夹具发生干涉或碰撞，应处理好安全高度和进给高度 Z 坐标位置关系。

（4）灵活选用固定循环与坐标变换指令简化编程。铣床数控系统为简化编程，提供了更为丰富的固定循环功能和几何图形的镜像、旋转、比例缩放等坐标变换功能。只不过不同的数控系统固定循环的种类和功能不同，如 FANUC 系统只提供了孔加工固定循环，而 SIEMENS 系统却有丰富的 CYCLE 循环，不但有孔加工固定循环，还有挖槽加工、平面加工、轮廓加工等各种固定循环。在编程时要充分利用以提高编程效率。

（5）在轮廓加工时，应处理好刀具沿工件轮廓的切向切入切出以及顺铣逆铣等问题，槽铣削时，通常安排斜线下刀或螺旋线下刀等方式。

4.2 铣床及加工中心数控系统的功能

4.2.1 数控铣床常用功能指令

不同档次数控铣床的功能有较大的差别，但都具备以下主要编程功能：直线与圆弧插补、孔与螺纹加工、刀具半径补偿、刀具长度补偿、固定循环编程、镜像编程、旋转编程和子程序编程等功能。可以根据需加工的零件的特征,选用相应的功能来实现零件的编程。

　　1)常用 G 代码　见表 4.1。以 FANUC-0i-Mate-MC 数控系统为例。

表 4.1　常用 G 代码及功能

G 代码	组别	功　能	G 代码	组别	功　能
G00		快速点定位	G54		选择第一工件坐标系
G01		直线插补(进给速度)	G55		选择第二工件坐标系
G02	01	圆弧/螺旋线插补(顺圆)	G56		选择第三工件坐标系
G03		圆弧/螺旋线插补(逆圆)	G57	14	选择第四工件坐标系
G04	00	暂停	G58		选择第五工件坐标系
G17		选择 XY 平面	G59		选择第六工件坐标系
G18	02	选择 ZY 平面	G65		宏程序及宏程序调用指令
G19		选择 YZ 平面	G66	12	宏程序模式调用指令
G20		用英制尺寸输入	G67		宏程序模式调用取消
G21	06	用公制尺寸输入	G68	16	坐标旋转指令
G28		返回参考点	G69		坐标旋转撤销
G30	00	返回第二参考点	G73		深孔钻削循环
G31		跳步功能	G74		攻螺纹循环
G40		刀具半径补偿撤销	G80		撤销固定循环
G41	07	刀具半径左偏补偿	G81	09	钻孔循环
G42		刀具半径右偏补偿	G85		镗孔循环
G43		刀具长度正补偿	G86		镗孔循环
G44	08	刀具长度负补偿	G90	03	绝对方式编程
G49		刀具长度补偿撤销	G91		增量方式编程
C50	11	比例功能撤销	G92	00	设定工件坐标系
G51		比例功能	G98	04	在固定循环中,Z 轴返回到起始点
G53	00	选择机床坐标系	G99		在固定循环中,Z 轴返回 R 平面

　　2)M 功能和 B 功能

　　(1)辅助功能用于指令机床的辅助操作,一种是辅助功能(M 代码),用于主轴的启动、停止,冷却液的开、关等;另一种是第二辅助功能(B 代码),用于指定分度工作台分度。

　　(2)M 代码可分为前指令码和后指令码,其中前指令码可以和移动指令同时执行。例如,G01 X20.0 M03 表示刀具移动的同时主轴也旋转。而后指令码必须在移动指令完成后才能执行。G01 X20.0 M05 表示刀具移动 10 mm 后主轴才停止。指令格式见表4.2。

　　(3)B 代码用于机床的旋转分度。当 B 代码地址后面指定一数值时,输出代码信号和选通信号,此代码一直保持到下一个 B 代码被指定为止。每一个程序段只能包括一个 B 代码。

表 4.2　M 代码及功能

M 代码	功　能	说明	M 代码	功　能	说明
M00 M01	程序停 计划停	后指令码	M07 M08	冷却液开 冷却液关	前指令码 后指令码
M02 M30	程序结束 程序结束并返回	后指令码	M13 M14	主轴正转、冷却液开 主轴反转、冷却液关	前指令码
M03 M04	主轴正转 主轴反转	前指令码	M17	主轴停、冷却液关	后指令码
M05	主轴停	后指令码	M98 M99	调用子程序 子程序结束	后指令码
M06	换刀	后指令码			

4.2.2　坐标系设定功能(G92)

数控铣床及加工中心基本控制轴数为三个坐标轴,建立坐标系为空间坐标系。其坐标系设定功能一般使用两种方法:坐标系设定指令 G92,坐标系偏置功能 G54~G59,有时还用到选择机床坐标系指令 G53。

4.2.2.1　坐标系设定指令(G92)

该指令的作用是通过该指令设定起刀点,从而建立加工坐标系。应该注意的是,该指令只是设定坐标系,机床(刀具或工作台)并未产生任何运动。这一指令通常出现在程序的第一段。

指令格式:G92　X_　Y_　Z_;

式中,X、Y、Z 尺寸字是指定起刀点相对于加工原点的位置。

G92 指令执行后,系统按指令给定的 X、Y、Z 值作为当前刀具位置的坐标值,从而建立坐标系,后序所有坐标字指定的坐标都是该加工坐标系中的位置。例如,加工开始前,将刀具置于一个合适的开始点,执行程序的第一段程序"G92 X20 Y10 Z10",则建立如图 4.1 所示的加工坐标系,故用这种方式设置的加工原点是随刀具起始点位置的变化而变化的。这一点在重复加工中应予以注意。

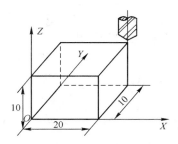

图 4.1　设置加工坐标系

4.2.2.2　选择机床坐标系指令(G53)

该指令使刀具快速定位到机床坐标系中的指定位置上。在 XK6150 数控铣床上,机床坐标原点的位置是确定的。

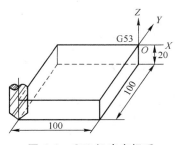

图 4.2　G53 机床坐标系

指令格式:G53　G90　X_　Y_　Z_;

式中,X、Y、Z 为机床坐标系中的坐标值。

例如:加工程序中出现下述程序段

G53　G90　X-100　Y-100　Z-20;

则执行后刀具在机床坐标系中的位置如图 4.2 所示。

4.2.3　平面选择指令(G17、G18、G19)

对选择 G 代码的圆弧插补、刀具半径补偿和钻孔,需要选择平面。表 4.3 列出选择平面的 G 代码。

表 4.3　平面选择 G 代码

G 代码	选择的平面	X	Y	Z
G17	XOY 平面			
G18	ZOX 平面	X 轴或它的平行轴	Y 轴或它的平行轴	Z 轴或它的平行轴
G19	YOZ 平面			

由 G17、G18 或 G19 指令的程序段中出现的轴地址决定 X、Y、Z。当在 G17、G18 或 G19 程序段中省略轴地址时,认为是基本三轴地址被省略。在不指令 G17、G18、G19 的程序段中,平面维持不变。移动指令与平面选择无关。

4.2.4　圆弧插补指令(G02、G03)

该指令使刀具按 F 给定的进给速度插补加工圆弧轮廓。G02 用于顺时针圆弧,G03 用于逆时针圆弧。编程方式与数控车床相似,可采用"终点＋圆心"方式编程,也可采用"终点＋圆弧半径"方式编程。但是,由于铣床有三个坐标平面,因而需要用 G17、G18、G19 指令选择加工平面。

指令格式:

$$G17 \begin{Bmatrix} G02 \\ G03 \end{Bmatrix} X\_Y\_ \begin{Bmatrix} R\_ \\ I\_J\_ \end{Bmatrix} F\_ ;$$

$$G18 \begin{Bmatrix} G02 \\ G03 \end{Bmatrix} X\_Z\_ \begin{Bmatrix} R\_ \\ I\_K\_ \end{Bmatrix} F\_ ;$$

$$G19 \begin{Bmatrix} G02 \\ G03 \end{Bmatrix} Y\_Z\_ \begin{Bmatrix} R\_ \\ I\_K\_ \end{Bmatrix} F\_ ;$$

在铣床或加工中心上判断圆弧顺逆是用第三坐标判断:沿着不在插补平面的坐标负方向看过去,圆弧为顺时针采用 G02 指令,圆弧为逆时针采用 G03 指令,如图 4.3 所示。

式中,R 为指定圆弧的半径值;I、J、K 为圆弧中心的坐标值,这里是圆弧中心相对于圆弧起点在 X、Y、Z 方向的坐标增量值。用半径 R 编程时,圆弧会出现两个位置,即两个不同圆心角。当圆弧所夹的圆心角 α 为 $0° < \alpha \leqslant 180°$ 时 R 值为正;当圆弧所夹的圆心角 α 为 $360° > \alpha > 180°$ 时 R 值为负,如图 4.4 所示。

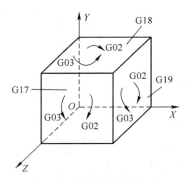

图 4.3　圆弧的插补方向

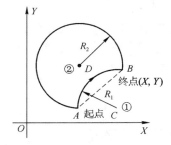

图 4.4　半径编程

注意:当圆心角 α 接近 $180°$ 时,用 R 方式计算出的圆心坐标可能有误差,在此情况下,常使用 I、J、K 指定圆弧的中心;当圆心角 $\alpha = 360°$,即为一整圆时,用 I、J、K 方式编程,如果用半径 R 方式编程需要把圆弧分为两段以上。

例 4.1 如图 4.5 所示,圆弧程序的编写如下:

1) 绝对值 G90 编程

(1) 圆心法

G90 G54 G00 X200.0 Y40.0;建立工件坐标系
 并确定起刀点

Z5.0;

G01 Z−1.0 F100;

G03 X140.0 Y100.0 I−60.0 F300;

G02 X120.0 Y60.0 I−50.0;

(2) 半径法

G90 G54 G00 X200.0 Y40.0;

Z5.0;

G01 Z−1.0 F100;

G90 G03 X140.0 Y100.0 R60.0 F300;

G02 X120.0 Y60.0 R50.0;

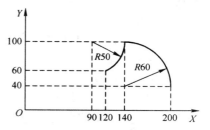

图 4.5 圆弧轮廓程序编写

2) 增量值编程

(1) 圆心法

G90 G54 G00 X200.0 Y40.0;

Z5.0;

G01 Z−1.0 F100;

G91 G03 X−60.0 Y60.0 I−60.0 F300;

G02 X−20.0 Y−40.0 I−50.0;

(2) 半径法

G90 G54 G00 X200.0 Y40.0;

Z5.0;

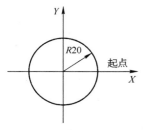

图 4.6 整圆程序的编写

G01 Z−1.0 F100;

G91 G03 X−60.0 Y60.0 R60.0 F300;

G02 X−20.0 Y−40.0 R50.0;

例 4.2 如图 4.6 所示,起点在(20,0),整圆程序的编写如下:

1) 绝对值编程

G90 G02 X20.0 Y0 I−20.0 F300;

2) 增量值编程

G91 G02 I−20.0 F300;

4.2.5 刀具补偿功能

4.2.5.1 刀具半径补偿指令(G41、G42、G40)

对于数控铣床来说,当铣削内外形轮廓时,因为刀具半径的存在,使刀具中心线和刀位点偏离一个半径值。该指令的使用正好补偿刀具中心与编程轮廓偏离值,使编程可以方便地按照工件轮廓进行。另外当刀具在半径尺寸发生变化时,可以在不改变程序的情况下,通过改变刀具半径偏置量,加工出所要求的零件尺寸。

刀具半径补偿仅在指定的二维进给平面内进行,进给平面由 G17、G18 和 G19 指定,刀具半径或刀刃半径值则通过调用相应的刀具半径偏置存储器号码(用 D 指定)来取得。

指令格式:

G01(或 G00)　G41(或 G42)　X_　Y_　D××;

...

G01(或 G00)　G40　X_　Y_;

式中,G41 为刀具半径左补偿;G42 为刀具半径右补偿;G40 为取消刀具半径补偿;X、Y 为建立或取消刀具半径补偿程序段的终点坐标值;D×× 为刀具偏置代号地址字,后面一般为两位数字的代号。

1) 刀具半径补偿的目的　在数控铣床上进行轮廓的铣削加工时,由于刀具半径的存在,刀具中心(刀心)轨迹和工件轮廓不重合。如果数控系统不具备刀具半径自动补偿功能,则只能按刀心轨迹进行编程,即在编程时给出刀具中心运动轨迹,如图 4.7 所示的点画线轨迹,其计算相当复杂,尤其当刀具磨损、重磨或换新刀使刀具直径变化时,必须重新计算刀心轨迹,修改程序,这样既繁琐,又不易保证加工精度。当数控系统具备刀具半径补偿功能时,只需按工件轮廓进行编程,如图 4.7 中的实线轨迹,数控系统会自动计算刀心轨迹,使刀具偏离工件轮廓一个半径值,即进行刀具半径补偿。

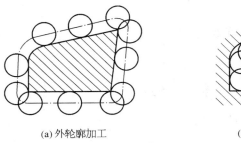

(a) 外轮廓加工　　　　(b) 内轮廓加工

图 4.7　刀具半径补偿

2) 刀具半径补偿功能的应用

(1) 刀具因磨损、重磨、换新刀而引起刀具直径改变后,不必修改程序,只需在刀具参数设置中输入变化后的刀具直径。如图 4.8 所示,1 为未磨损刀具,2 为磨损后刀具,两者直径不同,只需将刀具参数表中的刀具半径 r_1 改为 r_2,即可调用同一程序。

(2) 同一程序、同一尺寸的刀具,利用刀具半径补偿,可进行粗精加工。如图 4.9 所示,刀

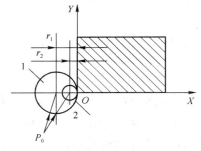

图 4.8　刀具直径变化,加工程序不变

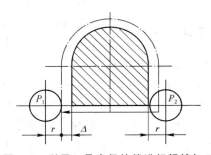

图 4.9　利用刀具半径补偿进行粗精加工

P_1—粗加工刀心位置;P_2—精加工刀心位置

具半径 r，精加工余量 Δ。粗加工时，刀具半径补偿为 $r+\Delta$，则加工出点画线轮廓；精加工时，用同一程序、同一刀具，刀具半径补偿为 r，则加工出实线轮廓。

（3）判断刀具半径左、右补偿的方法。假设工件不动，沿着刀具的运动方向向前看，刀具偏置于工件左侧的刀具半径补偿，称为刀具半径左补偿；假设工件不动，沿着刀具的运动方向向前看，刀具偏置于工件右侧的刀具半径补偿，称为刀具半径右补偿，如图 4.10 所示。

（4）刀具半径补偿的过程。刀具补偿过程的运动轨迹分为三个组成部分：建立刀具补偿程序段、零件轮廓切削程序段和补偿撤销程序段。

3）刀具半径补偿建立　数控系统启动后，处于补偿撤销状态。刀具由起刀点（位于零件轮廓及零件毛坯之外，距离加工零件轮廓切入点较近）以进给速度接近工件，刀具半径补偿偏置方向由 G41（左补偿）或 G42（右补偿）确定。

4）刀具半径补偿取消　刀具离开工件，回到退刀点，取消刀具半径补偿。与建立刀具半径补偿过程类似，退刀点也应位于零件轮廓之外，退出点距离加工零件轮廓较近，可与起刀点相同，也可以不相同。

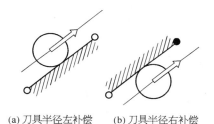

（a）刀具半径左补偿　（b）刀具半径右补偿

图 4.10　刀具半径补偿指令

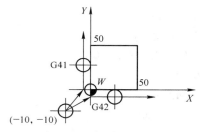

图 4.11　建立刀具半径补偿

例 4.3　在图 4.11 中，建立刀具半径左补偿的有关指令如下：

N10 G17 G90 G54 G00 X−10.0 Y−10.0 Z0；　定义编程原点，起刀点 2 点为（−10.0，−10.0）

N20 S900 M03；　　　　　　　主轴正转

N30 G01 G41 X0 Y0 D01；　　　建立刀具半径左补偿，刀具半径偏置存储器号为 D01

N40 Y50.0；　　　　　　　　　定义首段零件轮廓

其中，D01 为调用 01 号存储器中存放的刀具半径值。

建立刀具半径右补偿的有关指令如下：

N30 G17 G42 X0 Y0 D01；　　　建立刀具半径右补偿

N40 X50.0；　　　　　　　　　定义首段零件轮廓

如图 4.11 所示，假如退刀点与起刀点相同的话，其刀具半径补偿取消过程的程序如下：

N100 G01 X0 Y0；　　　　　　＊加工到工件原点

N110 G01 G40 X−10.0 Y−10.0；　＊取消刀具半径补偿，退回到起刀点

N110 也可以这样写：

N110 G01 G41 X−10.0 Y−10.0 D00；

或 N110 G01 G42 X−10.0 Y−10.0 D00；因为 D00 中的偏置量永远为 0。

例 4.4　加工零件如图 4.12 所示。选择零件编程原点在 O 点，刀具直径为 12 mm，铣削深度为 5 mm，主轴转速为 600 r/min，进给速度为 200 mm/min，刀具偏移代号为 D03，程序名

为 O0600,起刀点在(0，0，10)。程序如下：

```
O0600
N10    G80 G40 G17 G90 G49;
N20    G54 G00 Z200.;
N30    M03 S600;
N40    G00 X-30. Y0;
N50    G00 Z10.;
N60    G01 Z-5. F200;
N70    G42 X-8 D03 F200;
N80    G91 G01   X88. Y0;
N90    Y30.;
N100   G03 X-10. Y10 R10. F200;
N110   G01 X-10.;
N120   G02 X-20. I-10. J0 F200;
N130   G01 X-50. Y-50.;
N140   G00 Z200.;
N150   G40 X-30. Y0;
N160   M05;
N170   M30;
```

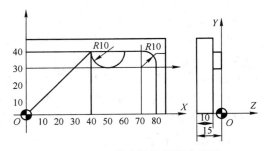

图 4.12　刀具半径补偿指令应用

参数设置：D03＝6。

4.2.5.2　刀具长度补偿指令(G43、G44、G49)

为了简化零件的数控加工编程,现代 CNC 系统都具有刀具长度补偿功能。刀具长度补偿使刀具在垂直于走刀平面方向(比如 XY 平面,由 G17 指定)偏移一个刀具长度修正值,因此编程过程中无需考虑刀具长度。

刀具长度补偿在发生作用前,必须先进行刀具参数的设置。设置的方法有机内试切法、机内对刀法、机外对刀法和编程法。有的数控系统补偿的是刀具的实际长度与标准刀具的差,如图 4.13a 所示。有的数控系统补偿的是刀具相对于参考点的长度,如图 4.13b、c 所示,其中图 c 是圆弧刀的情况。

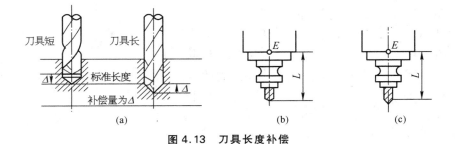

图 4.13　刀具长度补偿

指令格式：

G01/G00G43(或 G44)Z_H××;

…

…

G01/G00 G49 Z_;

式中,G43 为刀具长度正补偿,即将 H 中的值加到 Z 坐标的尺寸字后,按其结果进行 Z 轴的移动;G44 为刀具长度负补偿,即从 Z 坐标的尺寸字中减去 H 中的值后,按其结果进行 Z 轴的移动;G49 为撤销刀具长度补偿。

H 代码指定偏置号,偏置号一般为两位数字;偏置量通过操作面板预先输入在存储器中;与偏置号 00 即 H00 相对应的偏置量,始终意味着零,不能设定与 H00 相对应的偏置量。

例 4.5　以钻孔为例,使用 G43、G44 指令时,刀具实际位置与编程位置的情况如图 4.14所示。

例如:

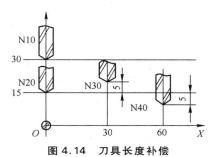

N10　G54　G00　X0　Y0　Z30;

N20　G90　G01　Z15　F100;

N25　G01　X30;

N30　G43　G01　Z15　H01;

N35　G01　X60;

N40　G43　G01　Z15　H02;

N50　G49　G01　Z30;

N60　M30;

图 4.14　刀具长度补偿

设置　H01=5,H02=−5。

4.2.6　坐标值与尺寸单位设定功能

详见本书第 3 章 3.2.5 节,在此不作详细介绍。

4.2.7　数控铣床编程应注意的几个问题

1) 数控装置初始状态设定　当机床的电源打开时,数控装置将处于初始状态。由于开机后数控装置可能通过 MDI 方式更改,且会因为程序的运行而发生变化,为了保证程序的运行安全,建议在程序的开始应有初始状态设定程序段,该程序段一般包括 G90、G80、G40、G49、G21 等指令。

2) 工件坐标系设置　数控机床一般在开机后需要"回零"才能建立机床坐标系。一般在正确建立机床坐标系之后可用 G54~G59 设定 6 个工件坐标系。在一个程序中,一般设定 6个工件坐标系,现代高档数控系统有的能设定最多 9 个工件坐标系,如图 4.15 所示。

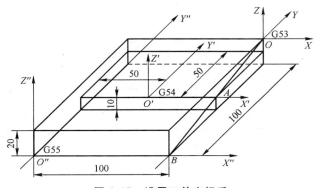

图 4.15　设置工件坐标系

3) 安全高度的确定　对于铣削加工,起刀点和退刀点必须离开加工零件上表面有一个安全高度,保证刀具在停止状态时,不与加工零件和夹具发生碰撞。在安全高度位置时刀具中心所在的平面也称为安全面。

4) 进刀/退刀方式的确定　对于铣削加工,刀具切入工件的方式,不仅影响加工质量,而且直接关系到加工的安全。对于二维轮廓加工,一般要求从侧面进刀或沿切线方向进刀,尽量避免垂直进刀。退刀方式也应从侧向或切向退刀。刀具从安全高度下降到切削高度时,应离开工件毛坯边缘一定距离,不能直接贴着加工零件理论轮廓直接下刀,以免发生危险。

4.3　简单轮廓铣削编程指令

大部分铣床数控系统基本内、外形轮廓(孔除外),不论形状多么复杂,加工程序只是用G01、G02(G03)等基本插补指令实现的。只有 SIEMENS 系统才有基本轮廓加工固定循环。本节讲述用这些基本指令编写简单轮廓加工的实例,在实例中讲解编写基本轮廓程序时应注意的事项。

4.3.1　外形轮廓编程

4.3.1.1　一般外轮廓编程

毛坯为 120 mm×60 mm×10 mm 板材,5 mm 深的外轮廓已粗加工过,周边留 2 mm 余量,要求加工出如图 4.16 所示的外轮廓及 ϕ20 mm 的孔。工件材料为铝。

N0010　G92　X5.0　Y5.0　Z50.0;

N0020　G90　G17　G00　X40.0　Y30.0;

N0030　G98　G81　X40.0　Y30.0　Z−5.0　R15.0　F150;

N0040　G00　X5.0　Y5.0　Z50.;

N0050　M05;

N0060　M00;

N0070　G90　G41　G00　X−20.0　Y−10.0　Z−5.0　D01;

N0080　G01　X5.0　Y−10.0　F150;

N0090　G01　Y35.0　F150;

N0100　G91;

N0110　G01　X10.0　Y10.0;

N0120　X11.8　Y0.0;

N0130　G02　X30.5　Y−5.0　R20.;

N0140　G03　X17.3　Y−10.0　R20.;

N0150　G01　X10.4　Y0.0;

N0160　X0　Y−25.0;

N0170　X−90.0　Y0.0;

N0180　G90　G00　X5.0　Y5.0　Z50.0;

N0190　G40;

N0200　M05;

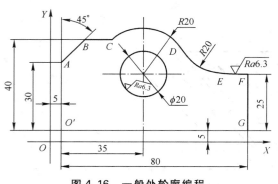

图 4.16　一般外轮廓编程

N0210　M30；

4.3.1.2　有台阶的外形轮廓零件编程

如图 4.17 所示的工件，要求加工出凸台，材料为 45 钢，编制加工程序，图中已给出编程坐标系。

1）分析零件图样　如图 4.17 所示的零件，因余量较大，所以采用粗精加工分开进行，先用粗加工刀具切除大部分余量，再用精加工刀具进行精加工，达到尺寸要求。粗加工采用逆铣方式，有利于加工效率的提高；精加工采用顺铣方式，有利于表面质量的提高。走刀路线如图 4.18 所示。

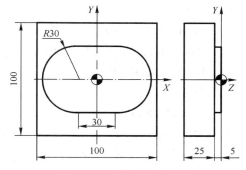

图 4.17　去余量加工零件

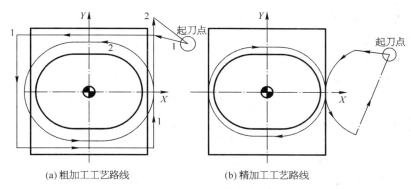

(a) 粗加工工艺路线　　　　(b) 精加工工艺路线

图 4.18　工艺路线

2）刀具选用　分析图形无特殊轮廓，可选用较大刀具进行粗加工，如 $\phi20$ 立铣刀，精加工刀具选用 $\phi16$ 立铣刀。

3）装夹方式　该零件结构较简单，适宜选用台虎钳装夹。

4）编写零件加工程序

粗加工程序($\phi20$ 立铣刀)：

O1111	主程序号(去余量粗加工)
G17 G40 G80 G90 G49 G69；	保护头
G54 G00 X100 Y60；	建立工件坐标系，起刀点 X100，Y60
M03 S600；	主轴正转 600 rmin
G43 Z100 H01；	建立刀具长度正补偿，调用 1 号刀补
G00 Z5；	快速下刀至 Z5
G01 Z0 F200；	下刀至 Z0，准备调用子程序
M98 P00050001；	调用子程序 0001 去除大部分余量
G90 G01 Z5 F300；	将刀具抬出工件至 Z5
G00 Z100；	刀具快速抬至安全高度 Z100
M05；	主轴停转
M30；	程序结束并复位

子程序：

O0001　　　　　　　　　　　　　子程序号(去余量程序)

G91 G01 Z−1 F200；

G90 G00 G42 X60 Y35 D01；

G01 X−60 F200；

G00 Y−35；

G01 X45 F200；

G01 Y0；

G03 X15 Y30 R30 F200；

G01 X−15 Y30；

G03 Y−30 R30 F200；

G01 X15；

G03 X45 Y0 R30 F200；

G01 Y60 F300；

G01 X60 F300；

G00 G40 X100 Y60；

M99；　　　　　　　　　　　　　子程序结束,返回主程序

精加工程序(ϕ16 立铣刀)：

O2222　　　　　　　　　　　　　主程序号(精加工程序)

G17 G40 G80 G90 G49 G69；　　保护头

G54 G00 X100 Y30；　　　　　　建立工件坐标系,起刀点 X100, Y30

M03 S1000；　　　　　　　　　　主轴正转 1 000 rmin

G00 G43 Z100 H02；　　　　　　建立刀具长度正补偿,调用 2 号刀补

G00 Z5；　　　　　　　　　　　　快速下刀至 Z5

G01 Z−5 F200；　　　　　　　　下刀至−5

G00 G41 X75 Y30 D02；　　　　建立刀具半径左补偿,调用 2 号刀补

G03 X45 Y0 R30 F200；　　　　精加工轮廓

G02 X15 Y−30 R30 F100；

G01 X−15 F100；

G02 X−15 Y30 R30 F100；

G01 X15；

G02 X45 Y0 R30 F100；

G03 X75 Y−30 R30 F200；

G00 G40 X100 Y30；

G01 Z5 F400；　　　　　　　　　将刀具抬出工件至 Z5

G00 Z100；　　　　　　　　　　　刀具快速抬至安全高度 Z100

M05；　　　　　　　　　　　　　　主轴停转

M30；　　　　　　　　　　　　　　程序结束并复位

4.3.2　型腔轮廓编程

在手工编程中会经常遇到内、外轮廓零件的加工。这类零件在工艺安排时要注意走刀路

线的安排,尤其在加工内轮廓时,特别要注意刀补路线的安排,以免造成过切。

例 4.6　如图 4.19 所示,分析工艺并编写出精加工程序。

(1) 以 O 点为编程原点,内腔节点计算如图 4.20 所示。

(2) 从图分析,可先精加工 100×100 的外轮廓,再加工内腔。编程时要注意刀具半径补偿的路线安排,如图 4.21 所示。

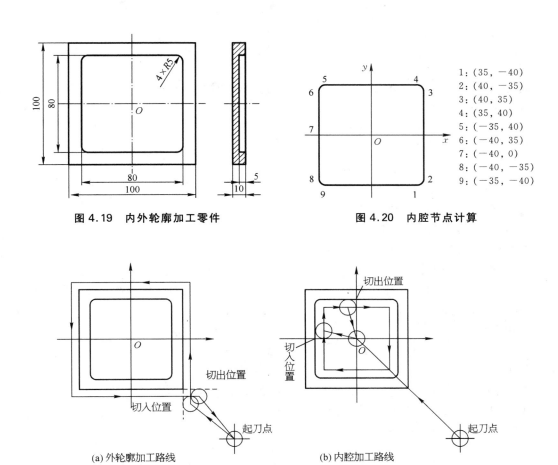

图 4.19　内外轮廓加工零件

1: (35, −40)
2: (40, −35)
3: (40, 35)
4: (35, 40)
5: (−35, 40)
6: (−40, 35)
7: (−40, 0)
8: (−40, −35)
9: (−35, −40)

图 4.20　内腔节点计算

图 4.21　刀具加工路线安排

(a) 外轮廓加工路线　　(b) 内腔加工路线

(3) 图 4.21 中,最小内凹圆弧为 $R5$,可选用 $\phi10$ 立铣刀(也可根据实际加工场地条件选用小于 $\phi10$ 立铣刀),根据刀具的大小与机床的自身情况(如 KV650 铣床),可选用转速为 1 200 r/min。精加工程序如下:

O0001	程序名
G54 G80 G90 G17 G49 G40;	程序保护头
G43 G00 Z200.0 H01;	建立刀具长度正补偿
M03 S1200;	主轴正转,转速为 1 200 r/min
X100.0 Y−100.0;	建立工件坐标系,并移动到(100,−100)处
Z10.0;	快速移动到工件上表面 10 mm 处
G01 Z−10.0 F300;	下刀

G42 X50.0 Y−60.0 D01 F500；	刀具半径右补偿
Y50.0 F150；⎫	
X−50.0；⎪	
Y−50.0；⎬	外轮廓切削
X60.0；⎭	
G40 G00 X100.0 Y−100.0；	取消刀具半径补偿
Z10.0；	抬刀
X0.0 Y0.0；	快移到下刀位置
G01 Z−5.0 F150；	下刀
G42 X−40.0 Y0.0 D01 F200；	刀具半径右补偿
X−40.0 Y35.0；⎫	
G02 X−35.0 Y40.0 R5.0 F200；⎪	
G01 X35.0 F200；⎪	
G02 X40.0 Y35.0 R5.0 F200；⎪	
G01 Y−35.0 F200；⎬	内腔加工
G02 X35.0 Y−40.0 R5.0 F200；⎪	
G01 X−35.0 F200；⎪	
G02 X−40.0 Y−35.0 R5.0 F200；⎪	
G01 Y35.0 F200；⎭	
G02 X−35.0 Y40.0 R5.0 F200；⎫	为避免切入切出刀痕与刀补造成的未切削
G01 X0.0 F200；　　　　　　　⎭	现象而安排的辅助刀路
G40 Y0.0；	取消刀具半径补偿
Z200.0；	抬刀到安全高度
M05；	主轴停止
M30；	程序结束并复位

其中：D01＝5；H01 为加工时 Z 向对刀所得值。

G54 坐标设定中：X＝−500.0，Y＝−415.0，Z＝0.0。

4.4　孔加工固定循环指令

常用的孔加工固定循环指令能完成的工作有钻孔、镗孔、攻螺纹等。在使用固定循环中，如遇有 01 组的 G 代码时，固定循环将被自动撤销，相反 01 组的 G 代码不受固定循环影响。

4.4.1　固定循环编程指令

孔加工固定循环指令主要用于加工孔和孔系中的简化编程。这组指令不仅在铣床及加工中心上使用，在数控钻、镗等以孔加工为主的机床上，甚至在车削中心上也具有孔加工固定循环，其用法基本相同。固定循环功能主要用于加工孔，包括钻孔、镗孔、攻螺纹等。

4.4.1.1　固定循环的指令格式

指令格式：G90/G91 G98/G99 G73～G89 X＿　Y＿　Z＿　R＿　Q＿　P＿　F＿　K＿；

式中，G90/G91 为数据方式，G90 为绝对坐标，G91 为增量坐标；G98/G99 为返回点位置，

G98 指令返回起始点,G99 指令返回 R 平面;G73~G89 为孔加工方式,G73~G89 是模态指令,因此,多孔加工时该指令只需指定一次,以后的程序段只给孔的位置即可;X、Y 为指定孔在 XOY 平面的坐标位置(增量或绝对坐标值);Z 为指定孔底坐标值,在增量方式时指平面到孔底的距离,在绝对值方式时是孔底的 Z 坐标值;R 在增量方式时,为起始点到 R 平面的距离,在绝对方式时,为 R 平面的绝对坐标值;Q 在 G73、G83 中用来指定每次进给的深度,在 G76、G87 中指定刀具的退刀量,它始终是一个增量值;P 为孔底暂停时间,最小单位为 1 ms;F 为切削进给的速度;K 为规定重复加工次数,如果不指定 K,则只进行一次循环,K＝0 时,孔加工数据存入,机床不动作。在增量方式(G91)时,如果有孔距相同的若干相同孔,采用重复次数来编程是很方便的。

4.4.1.2　固定循环的动作

孔加工固定循环通常由以下六个动作组成,如图 4.22 所示。X 轴和 Y 轴定位(使刀具快速定位到孔加工的位置);快进到 R 点(刀具自初始点快速进给到 R 点);孔加工(以切削进给速度执行孔加工的动作);在孔底的动作(包括暂停、主轴准停、刀具移位等动作);返回到 R 点(继续下一个孔的加工而又要安全移动刀具时返回 R 点);快速返回到初始点(孔加工完成后一般应选择初始点)。图 4.22 中,虚线表示快速进给,实线表示切削进给。

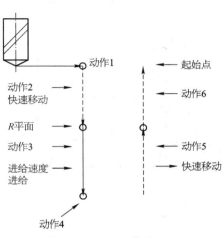

图 4.22　固定循环的基本动作

4.4.1.3　固定循环的重要平面

1)初始平面　初始平面是为安全下刀而规定的一个平面。

2)R 点平面　R 点平面又称 R 参考平面,这个平面是刀具下刀时自快进转为工进的高度平面,距工件表面的距离主要考虑工件表面尺寸的变化,一般可取 2~5 mm。

3)孔底平面　加工盲孔时孔底平面就是孔底的 Z 轴高度,加工通孔时一般刀具还要伸出工件底平面一段距离,主要是为了保证全部孔深都加工到尺寸。

4.4.1.4　固定循环的功能

1)高速钻孔循环 G73

指令格式:G73 X_Y_Z_R_Q_F_;

孔加工动作如图 4.23 所示,通过 Z 轴方向的间断进给可以较容易地实现断屑与排屑。

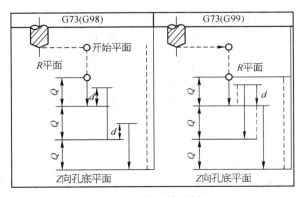

图 4.23　高速钻孔循环

用 Q 写入每一次的加工深度(增量值且用正值表示),退量 d 由参数"CYCR"设定。

2) 深孔往复排屑钻 G83

指令格式:G83 X_Y_Z_R_Q_F_;

孔加工的动作如图 4.24 所示,与 G73 略有不同的是,每次刀具间歇进给后回退至 R 点平面。此处的 d 表示刀具间断进给每次下降时由快进转为工进的那一点至前一次切削进给下降的点之间的距离,由参数"CYCD"设定。当要加工的孔较深时可采用此方式。

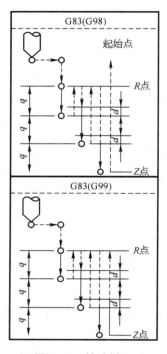

图 4.24　钻孔循环

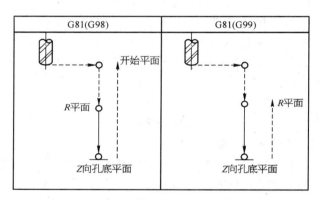

图 4.25　钻孔循环

3) 钻孔 G81 与锪孔 G82

指令格式:G81 X_Y_Z_R_F_;

　　　　　G82 X_Y_Z_R_P_F_;

G82 与 G81 指令的唯一不同之处是 G82 在孔底增加了暂停(延时),因而适用于锪孔或镗阶梯孔,而 G81 用于一般的钻孔。孔加工动作如图 4.25 所示。

4) 攻左旋螺纹循环 G74　该指令规定主轴移至 R 平面时启动,反转切入零件到孔底后主轴改为正转退出,在 G74 攻螺纹期间速度修调无效,如图 4.26 所示。

5) 攻右旋螺纹循环 G84　该指令的动作示意图如图 4.27 所示,在孔底位置主轴反转退刀。在 G84 指定的攻螺纹循环中,进给率调整无效,即使使用进给暂停,在返回动作结束之前不会停止。

6) 精镗循环 G76

指令格式:G76 X_Y_Z_R_Q_P_F_;

该指令使主轴在孔底准停,主轴沿切入方向的反方向退出执行精镗。其中准停偏移量

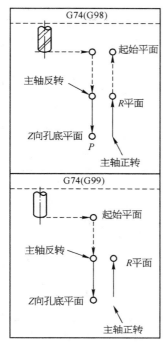

图 4.26　攻螺纹循环 G74

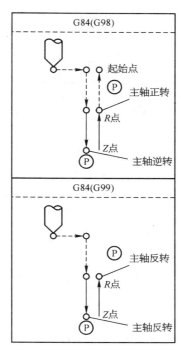

图 4.27　攻螺纹循环 G84

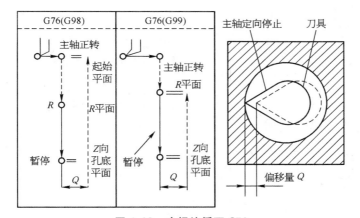

图 4.28　攻螺纹循环 G76

Q 一般总为正值,偏移方向可以是 $+X$ 或 $-X$、$+Y$ 或 $-Y$,由系统参数选定。该指令的动作示意图如图 4.28 所示。

7) 精镗孔 G85 和精镗阶梯孔 G89 指令　与 G81、G82 类似,但返回行程中,$Z—R$ 段为切削进给,如图 4.29 和图 4.30 所示。

8) G88——镗孔循环　该指令 X、Y 轴定位后,以快速进给移动到 R 点。接着由 R 点进行镗孔加工。镗孔加工完,则暂停后停止主轴,以手动到初始平面或参照平面上方后,主轴正转,再将工作方式置为自动,按"循环启动"键,刀具返回 B 点或 R 点,运行下面的程序。该指令不需主轴准停,如图4.31 所示。

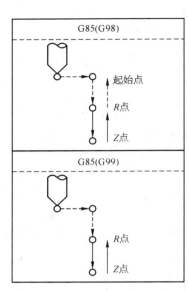

图 4.29　镗孔循环 G85

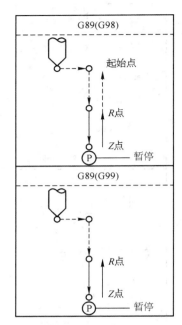

图 4.30　镗孔循环 G89

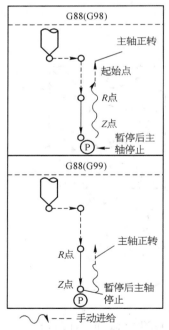

图 4.31　镗孔循环 G88

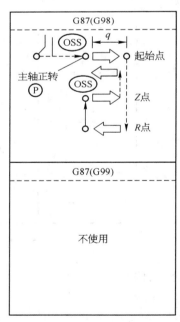

图 4.32　镗孔循环 G87

　　9) G87——反镗孔循环　该指令 X、Y 轴定位后,主轴准停。让刀以快速进给率到孔底位置(R 点)后主轴正转,沿 Z 轴的正向到 Z 点进行加工。在这个位置,主轴再度准停,刀具退出,刀具返回到起始点后进刀,如图 4.32 所示。

10) G86——镗孔循环　该指令与 G81 类似,但进给到孔底后,主轴停转,返回到 R 平面 (G99 方式)或初始点(G98 方式)后主轴再重新启动。动作示意图如图 4.33 所示。

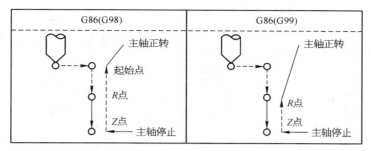

图 4.33　镗孔 G86 循环

11) G80——撤销固定循环　使用 G80 指令后,固定循环被取消,孔加工数据全部清除, 从 G80 的下一程序段开始执行一般 G 指令。

4.4.2　示例

试采用重复固定循环方式加工如图 4.34 所示的各孔。刀具:T01 为 $\phi10$ 的钻头,长度补偿号为 H01。程序编写如下:

O0010

N0010　G54 G17 G80 G90 G21 G49 T01;

N0020　M06;

N0030　M03 S800;

N0040　G43 G00 Z20.0 H01;

N0050　G00 X10.0 Y51.963 M08;

N0060　G91 G81 G99 X20.0 Z−18.0 R−15.0 K4;

N0070　X10.0 Y−17.321;

N0080　X−20.0 K4;

N0090　X−10.0 Y−17.321;

N0100　X20.0 K5;

N0110　X10.0 Y−17.321;

N0120　X−20.0 K6;

N0130　X10.0 Y−17.321;

N0140　X20.0 K5;

N0150　X−10.0 Y−17.321;

N0160　X−20.0 K4;

N0170　X10.0 Y−17.321;

N0180　X20.0 K3;

N0190　G80 M09;

N0200　G49 G90 G00 Z300.0;

N0210　G28 X0 Y0;

N0220　M05;

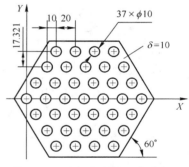

图 4.34　重复固定循环方式加工

N0230　M30；

例 4.7　如图 4.35 所示,分析工艺并编写出精加工程序。

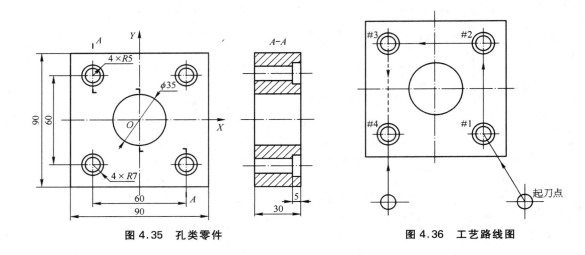

图 4.35　孔类零件　　　　　　　图 4.36　工艺路线图

(1) 工艺路线安排如图 4.36 所示。

(2) 刀具、夹具的选用根据孔的大小,选用 $\phi10$、$\phi14$ 麻花钻和 $\phi35$ 精镗刀;零件的形状规则,可使用平口钳装夹。

(3) 精加工程序:

O0002	程序名
G54 G80 G90 G17 G49 G40；	程序保护头
G43 G00 Z200.0 H01；	建立刀具长度正补偿
M03 S1000；	主轴正转,转速为 1 200 r/min
G00X50.0 Y−100.0；	建立工件坐标系,并移动到(50,−100)处
G99 G83 X30.0 Y−30.0Z−32.0 R3.0Q5.0 F200；	加工 $\phi10$ 的♯1 孔
Y30；	加工 $\phi10$ 的♯2 孔
X−30；	加工 $\phi10$ 的♯3 孔
G00 X−30 Y−100；	快速移到工件外面
G98 G83 X−30.0Y−30.0 Z−32.0 R3.0Q5.0 F200；	加工 $\phi10$ 的♯4 孔
G49 G00 Z0；	返回 Z 轴参考点
M05；	主轴停止旋转
M00；	手动换刀
G43 G00 Z200 H02；	换 2 号刀,长度补偿
M03 S800；	主轴正转,转速为 800 r/min
G99 G81 X30.0 Y−30.0 Z−5.0 R3.0 F100；	加工 $\phi14$ 的♯1 孔
Y30.0；	加工 $\phi14$ 的♯2 孔
X−30.0；	加工 $\phi14$ 的♯3 孔
G00 X−30.0 Y−100.0；	快速移到工件外面

G98 G81 X−30.0Y−30.0 Z−5.0 R3.0 F100;　　　加工 $\phi14$ 的 ♯4 孔

G49 G00 Z0;　　　返回 Z 轴参考点

M05;　　　主轴停止旋转

M00;　　　手动换刀

G43 G00 Z200 H03;　　　换 3 号刀,长度补偿

M03 S1200;　　　主轴正转,转速为 1 200 r/min

G98 G76 X0 Y0 Z−30.0 R3.0 Q1.0 P1.0 F200;　　　精镗 $\phi35$ 的孔

M05;　　　主轴停止

M30;　　　程序结束并复位

其中:G54 中的 X=−300.0; Y=−215.0; Z=0.0。

4.5　工件上多个相同或相似形状简化编程指令

4.5.1　子程序

　　数控铣床子程序指令使用方法和第 3 章讲述的数控车床子程序指令使用方法完全一样,这里不再详述。但在数控铣床上子程序的应用更加灵活。

　　4.5.1.1　同一平面内完成多个零件的加工

　　例 4.8　如图 4.37 所示,在一块平板上加工 6 个边长为 10 mm 的等边三角形,每边的槽深为 −2 mm,工件上表面为 Z 向零点。其程序的编制就可以采用调用子程序的方式来实现(编程时不考虑刀具补偿)。

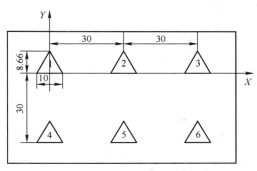

图 4.37　零件图样

主程序:

O10

N10 G54 G90 G01 Z40 F2000;　　　进入工件加工坐标系

N20 M03 S800;　　　主轴启动

N30 G00 Z3;　　　快进到工件表面上方

N40 G01 X 0 Y8.66;　　　到 1♯三角形上顶点

N50 M98 P20;　　　调 20 号切削子程序切削三角形

N60 G90 G01 X30 Y8.66;　　　到 2♯三角形上顶点

N70 M98 P20;　　　调 20 号切削子程序切削三角形

N80 G90 G01 X60 Y8.66;　　　到 3♯三角形上顶点

N90 M98 P20;　　　调 20 号切削子程序切削三角形

N100 G90 G01 X 0 Y −21.34;　　　到 4♯三角形上顶点

N110 M98 P20;　　　调 20 号切削子程序切削三角形

N120 G90 G01 X30 Y −21.34;　　　到 5♯三角形上顶点

N130 M98 P20;　　　调 20 号切削子程序切削三角形

N140 G90 G01 X60 Y −21.34；　　　　到 6♯三角形上顶点

N150 M98 P20；　　　　　　　　　　调 20 号切削子程序切削三角形

N160 G90 G01 Z40 F2000；　　　　　抬刀

N170 M05；　　　　　　　　　　　　主轴停

N180 M30；　　　　　　　　　　　　程序结束

子程序：

O20

N10 G91 G01 Z −2 F100；　　　　　在三角形上顶点切入(深)2 mm

N20 G01 X −5 Y −8.66；　　　　　切削三角形

N30 G01 X 10 Y 0；　　　　　　　　切削三角形

N40 G01 X 5 Y 8.66；　　　　　　　切削三角形

N50 G01 Z 5 F2000；　　　　　　　抬刀

N60 M99；　　　　　　　　　　　　子程序结束

设置 G54：X＝−400，Y＝−100，Z＝−50。

4.5.1.2　加工中反复出现具有相同轨迹的走刀路线

如果相同轨迹的走刀路线出现在某个加工区域,或者在这个区域的各个层面上,采用子程序编写加工程序比较方便,在程序中常用增量值确定切入深度。

立式铣床加工如图 4.38 所示的零件凸台外形轮廓,Z 轴分层切削,每次吃刀深度 3 mm,试利用子程序编写加工程序。

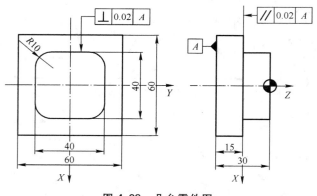

图 4.38　凸台零件图

O0001(主程序)

G90 G94 G80 G40 G21 G17；

T01M06；

G54；

G01X−40.0 Y−40.0F600；

G43 Z20.0H01；

S600M03；

G01Z0.0F100；

M98P0002L5；

G49G01Z30.0；

M05；

M30；

O0002(子程序)

G91G01Z−3.0；

G01Y10.0；

G02X−10.0 Y20.0R10.0；

G01X10.0；

G02X20.0Y10.0R10.0；

G01Y−10.0；

G02X10.0Y−20.0R10.0；

G01－X10.0;

G02X－20.0Y－10.0R10.0;

G40G01X－40.0Y－40.0;

M99;

4.5.1.3　实现程序的优化

一个零件的加工往往包含许多独立的程序,为了优化加工顺序,方便程序查找,可以把每个程序都逐一编写成一个独立的子程序。用一个主程序分别调用这些子程序,当需要改变加工顺序时,只改变主程序调用子程序顺序即可。

4.5.2　坐标变换功能指令

4.5.2.1　缩放功能指令 G50、G51

这一对 G 代码的使用,可使原编程尺寸按指定比例缩小或放大,也可让图形按指定规律产生镜像变换。G51 为比例编程指令,G50 为撤销比例编程指令,G50、G51 均为模态 G 代码。

(1) 各轴按相同比例编程。

指令格式:

G51　X　Y　Z　P;

…

G50;

式中,X、Y、Z 为比例中心的坐标(绝对方式);P 为比例系数,其范围为 0.001~999.999。该指令以后的移动指令,从比例中心点开始,实际移动量为原数值的 P 倍。P 值对偏移量无影响。

例 4.9　如图 4.39 所示,将图形放大 1 倍进行加工,其数控加工程序如下:

O0002

N0010 G59 T01;

N0020 G00 G90 X0 Y0 M06;

N0030 G51 X15.0 Y15.0 P2000;

N0040 M98 P0200;

N0050 G50;

N0060 M30;

O0200

N0010 S1500 F100 M03;

N0020 G43 G01 Z－10.0 H01;

N0030 G00 Y10.0;

N0040 G42 D01 G01 X5.0;

N0050 G01 X20.0;

N0060 Y20.0;

N0070 G03 X10.0 R5.0;

N0080 G01 Y10.0;

N0090 G40 G00 X0 Y0;

N0100 G49 G00 Z300.0;

N0110 M99;

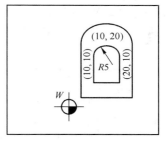

图 4.39　以给定点为缩放中心进行编程

(2) 各轴以不同比例编程,各轴可以按不同比例缩小或放大。

指令格式:

G51　X　Y　Z　I　J　K;

…

G50;

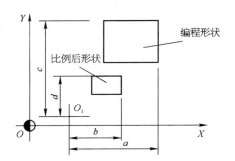

图 4.40　各轴按不同比例编程

式中,X、Y、Z 为比例中心坐标;I、J、K 为对应 X、Y、Z 轴的比例系数,在 $\pm 0.001 \sim \pm 9.999$ 范围内。有的系统设定 I、J、K 不能带小数点,比例为 1 时,应输入 1 000,并在程序中都应输入,不能省略。比例系数与图形的关系如图 4.40 所示。其中,b/a 为 X 轴系数;d/c 为 Y 轴系数;O_1 为比例中心。

补充说明:

G51　I_J_K_P_;

该格式和前边指令格式意义相同,只不过用于不同 FANUC 系统。

G51　X_Y_Z_I_J_K_;

该格式用于比较高级的 FANUC 系统,代表不同的坐标轴可以缩放不同的比例。

以上三种格式在 FANUC 高级系统中都可以使用。如 FANUC 0i 就可以使用以上三种指令。

4.5.2.2　镜像功能 G50.1、G51.1

当工件具有相对于某一轴对称的形状时,可以利用镜像功能和子程序的方法,只对工件的一部分进行编程,就能加工出工件的整体,这就是镜像功能。在 FANUC 的一些老系统中,常采用 M21M22M23 指令。但基本原理都一样,所以对于这一组指令这里不再详述,在工作中遇到时,请参考机床说明书。

(1) 指令格式。

G17　G51.1X_Y_;

M98 P_;

…

G50.1　X_Y_;

G51.1 建立镜像,由指令坐标轴后的坐标值指定镜像位置(对称轴、线、点),当仅有一个坐标字时,该镜像是以某个坐标轴为镜像轴。

G50.1 指令用于取消镜像。

(2) 用 G51、G50 代码进行镜像编程。

例 4.10　如图 4.41 所示,设刀具起始点在 O 点,程序如下:

子程序:

%100　子程序

N01 G01 Z-5.0 F50;

N02 G00 G41 X20.0 Y10.0 D01;

N03 G01 Y60.0;

N04 X40.0;

N05 G03 X60.0 Y40.0 R20；

N06 Y20.0；

N07 X10.0；

N08 G00 X0.0 Y0.0；

N09 Z10.0；

N10 M99；

主程序：

%1　主程序

N01 G92 X0.0 Y0.0 Z10.0；

N02 G91 G17 M03；

N03 M98 P100；　　　　　　　　加工①

N04 G50.1 X0.0；　　　　　　　以 Y 轴镜像

N05 M98 P100；　　　　　　　　加工②

N06 G50.1 X0.0；　　　　　　　取消 Y 轴镜像

N07 G51.1 X0.0 Y0.0；　　　　以位置点为(0，0)

N08 M98 P100；　　　　　　　　加工③

N09 G50.1 X0.0 Y0.0；　　　　取消点(0，0)镜像

N10 G50.1 Y0.0；　　　　　　　以 X 轴镜像

N11 M98 P100；　　　　　　　　加工④

N12 G50.1 Y0.0；　　　　　　　取消 X 轴镜像

N13 M05；

N14 M30；

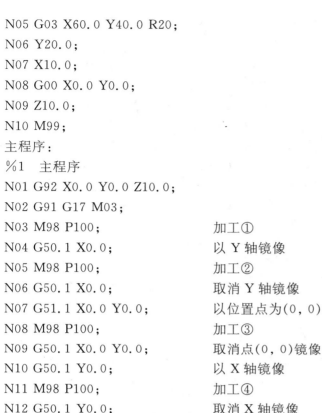

图 4.41　镜像功能

(3) 镜像功能还可以用 G51、G50 这一组功能指令来实现,格式如下：

G17　G51 X_Y_I_J_；

M98 P_；

…

G50　X_Y_；

使用这种格式时,I、J 为负值,如果 I、J 值不等于−1 的其他负值,代表既有镜像又有缩放。

4.5.2.3　坐标系旋转功能 G68、G69

该指令可使编程图形按指定旋转中心及旋转方向旋转一定的角度。G68 表示开始坐标旋转,G69 用于撤销旋转功能。

1) 指令格式

G68　X　Y　R；

…

G69；

式中,X、Y 是旋转中心的坐标值(可以是 X、Y、Z 中的任意两个,由当前平面选择指令确定),当 X、Y 省略时,G68 指令认为当前的位置即为旋转中心;R 是旋转角度,逆时针旋转定义为正向,一般为绝对值。旋转角度范围为−360.0～+360.0,单位为 0.001°。当 R 省略时,按系统参数确定旋转角度。

当程序采用绝对方式编程时,G68 程序段后的第一个程序段必须使用绝对坐标指令,才能

确定旋转中心。如果这一程序段为增量值,那么系统将以当前位置为旋转中心,按 G68 给定的角度旋转坐标。

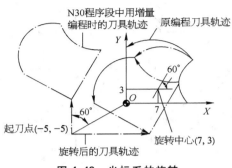

图 4.42　坐标系的旋转

以图 4.42 为例,应用旋转指令的程序为:

N10 G54 G00 X-5.0 Y-5.0;

N20 G68 G90 X7.0 Y3.0 R60;

N30 G90 G01 X0.0 Y0.0 F200;

(G91 X5.0 Y5.0);

N40 G91 X10.0;

N50 G02 Y10.0 R10.0;

N60 G03 X-10.0 I-5.0 J-5.0;

N70 G01 Y-10.0;

N80 G69 G90 X-5.0; Y-5.0;

N90 M30;

2) 坐标系旋转功能与刀具半径补偿功能的关系　旋转平面一定要与刀具半径补偿平面共面。以图 4.43 为例:

N10 G54 G00 X0.0 Y0.0;

N20 G68 R-30.0;

N30 G42 G90 G00 X10.0 Y10.0 F100 D01;

N40 G91 X20.0;

N50 G03 Y10.0 I-10.15;

N60 G01 X-20.0;

N70 Y-10.0;

N80 G40 G90 X0.0 Y0.0;

N90 G69;

N100 M05;

N110 M30;

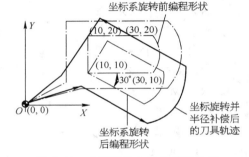

图 4.43　坐标旋转与刀具半径补偿

当选用半径为 R5 的立铣刀时,设置刀具半径补偿偏置号 D01 的数值为 5。

3) 坐标旋转与比例编程的关系　在比例模式时,再执行坐标旋转指令,旋转中心坐标也执行比例操作,但旋转角度不受影响,这时各指令的排列顺序如下:

G51…

G68…

G41/G42…

G40…

G69…

G50…

4.6　加工中心编程

加工中心数控系统的功能和数控铣床基本相同,加工中心也可以看成具有自动换刀功能的数控铣床。如本书第 2 章所述,正因为加工中心可以方便地换刀,和铣床比更适合既有平面又有孔系的零件加工。

4.6.1　加工中心编程概述

4.6.1.1　选刀、换刀指令

M06——自动换刀指令。

本指令将驱动机械手进行换刀动作,但并不包括刀库转动的选刀动作。

M19——主轴准停。

本指令将使主轴定向停止,确保主轴停止的方位和装刀标记方位一致。

TXX——选刀指令。

该指令用以驱动刀库电动机带动刀库转动而实施选刀动作。T 指令后跟的两位数字,是将要更换的刀具地址号。

指令格式如下:

(1) TXX　M06　先选刀,再换刀,主轴上刀具为 TXX

选刀和换刀动作可分开,也可不分开。

如:执行…T01 M06 后,主轴上为 01 号刀具。

(2) M06 TXX　先换刀,再选刀,主轴上刀具不是 TXX

如:执行…M06 T01 后,主轴上不是 01 号刀具。

先将上次选好的刀具换上主轴,再选 01 号刀具为下次换刀作准备(刀库换刀位上为 01 号刀具)。

在对加工中心进行换刀动作的编程安排时应考虑以下问题:

(1) 换刀动作前必须使主轴准停(用 M19 指令)。

(2) 换刀点的位置应根据所用机床的要求安排。

有的机床要求必须将换刀位置安排在参考点处或至少应让 Z 轴方向返回参考点(使用 G28)。

有的机床将换刀位置设在第二参考点处:

G30——第二参考点返回指令

格式:G30　X … 　Y … 　Z …

(3) 换刀完毕后,可使用 G29 指令返回到下一道工序的加工起始位置。

(4) 换刀完毕后,安排重新启动主轴的指令。

(5) 为了节省自动换刀时间,可考虑将选刀动作与机床加工动作在时间上重合起来。

4.6.1.2　数控加工中心编程要点

除具备 4.1.1 节所讲述的数控铣床的编程特点外,还应该注意以下问题:

(1) 进行合理的工艺分析,安排加工工序;

(2) 根据批量等情况,决定采用自动换刀还是手动换刀;

(3) 自动换刀要留出足够的换刀空间(固定换刀点,参考点);

(4) 为提高机床利用率,尽量采用刀具机外预调,并将测量尺寸填写到刀具卡片中,以便操作者在运行程序前,及时修改刀具补偿参数。

4.6.2　加工中心的换刀功能的实现

加工中心与数控铣床编程的最大区别就是能否实现自动换刀功能。在加工中心上使用刀具功能 T 指令后,机床自动选刀;接着使用 M06 指令来实现主轴自动换刀。

不同数控系统的加工中心,其换刀程序是不同的,通常选刀和换刀分开进行。选刀指令由

T 功能指令完成,换刀指令由 M06 实现,M19 实现主轴定向停止,确保主轴停止的方位和装刀标记方位一致。换刀完毕启动主轴后,方可进行下面程序段的加工。选刀可与机床加工重合起来,即利用切削时间进行选刀。多数加工中心都规定了换刀点位置,即定距换刀。主轴只有走到这个位置,机械手才能松开,执行换刀动作。一般立式加工中心规定换刀点的位置在机床 Z0(即机床坐标系 Z 轴零点处),卧式加工中心规定在 Y0(即机床坐标系 Y 轴零点处)。

对于不采用机械手换刀的立、卧式加工中心而言,它们在进行换刀动作之时,是先取下主轴上的刀具,再进行刀库转位的选刀动作;然后换上新的刀具。其选刀动作和换刀动作无法分开进行,故编程上一般用"T×× M06"的形式。而对于采用机械手换刀的加工中心来说,合理地安排选刀和换刀的指令,是其加工编程的要点。因此,对这类机床有必要首先来领会一下"T01 M06"和"M06 T01"的本质区别。

XH713A 立式加工中心是将换刀所需要执行的各个动作代码做成一个子程序"O9000",自动换刀时就采用"T×× M98P9000"的指令格式来调用,M19、M06 指令在子程序中。加工中心装备有盘形刀库,通过主轴与刀库的相互运动,实现换刀。换刀子程序如下:

```
O9000
N10 G90 ;                   选择绝对方式
N20 G53 Z−124.8 ;           主轴 Z 向移动到换刀点位置(即与刀库在 Z 方向上相对应)
N30 M06 ;                   刀库旋转至其上空刀位对准主轴,主轴准停
N40 M28 ;                   刀库前移,使空刀位上刀夹夹住主轴上刀柄
N50 M11 ;                   主轴放松刀柄
N60 G53 Z−9.3 ;             主轴 Z 向向上,回设定的安全位置(主轴与刀柄分离)
N70 M32 ;                   刀库旋转,选择将要换上的刀具
N80 G53 Z−124.8 ;           主轴 Z 向向下至换刀点位置(刀柄插入主轴孔)
N90 M10 ;                   主轴夹紧刀柄
N100 M29 ;                  刀库向后退回
N110 M99 ;                  换刀子程序结束,返回主程序
```

"T01 M06"是先执行选刀指令 T01,再执行换刀指令 M06。它是先由刀库转动将 T01 号刀具送到换刀位置上后,再由机械手实施换刀动作。换刀以后,主轴上装夹的就是 T01 号刀具,而刀库中目前换刀位置上安放的则是刚换下的旧刀具。执行完"T01 M06"后,刀库即将保持当前刀具安放位置不动。

"M06 T01"是先执行换刀指令 M06,再执行选刀指令 T01。它是先由机械手实施换刀动作,将主轴上原有的刀具和目前刀库中当前换刀位置上已有的刀具(上一次选刀 T×× 指令所选好的刀具)进行互换;然后,再由刀库转动将 T01 号刀具选出。执行完"M06 T01"后,刀库中目前换刀位置上安放的是 T01 号刀具,它是为下一个 M06 换刀指令预先选好的刀具。

在对加工中心进行换刀动作的编程安排时,应考虑如下问题:

(1) 换刀动作必须在主轴停转的条件下进行,且必须实现主轴准停即定向停止(用 M19 指令)。

(2) 换刀点的位置应根据所用机床的要求安排,有的机床要求必须将换刀位置安排在参考点处或至少应让 Z 轴方向返回参考点,这时就要使用 G28 指令。有的机床则允许用 U 参数设定第二参考点作为换刀位置,这时就可以在换刀程序前安排 G30 指令。无论如何,换刀点的位置应远离工件及夹具,应保证有足够的换刀空间。

（3）为了节省自动换刀时间，提高加工效率，应将选刀动作与机床加工动作在时间上重合起来。比如，可将选刀动作指令安排在换刀前的回参考点移动过程中，如果返回参考点所用的时间小于选刀动作时间，则应将选刀动作安排在换刀前的耗时较长的加工程序段中。

（4）若换刀位置在参考点处，换刀完成后，可使用 G29 指令返回到下一道工序的加工起始位置。

（5）换刀完毕后，不要忘记安排重新启动主轴的指令，否则加工将无法持续。

例 4.11　零件图如图 4.44 所示。分别用 $\phi 40$ 的端面铣刀铣上表面，用 $\phi 20$ 的立铣刀铣四侧面和 A、B 面，用 $\phi 6$ 的钻头钻 6 个小孔，$\phi 14$ 的钻头钻中间的两个大孔。

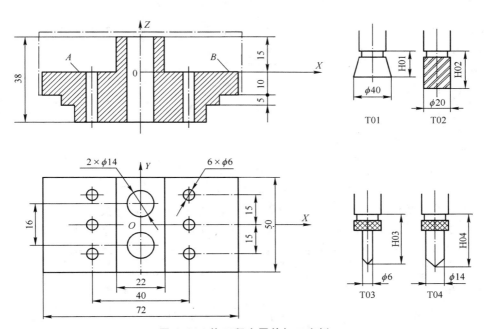

图 4.44　换刀程序零件加工实例

程序如下：

```
%1000
G92 X0 Y0 Z100.0;                   设定工件坐标,设 T01 已经装好
G90 G00 G43 Z20.0 H01;              Z 向下刀到离毛坯上表面一定距离处
S300 M03;                           启动主轴
G00 X60.0 Y15.0;                    移刀到毛坯右侧外部
G01 Z15.0 F100;                     工进下刀到欲加工上表面在高度处
X-60.0;                             加工到左侧(左右移动)
Y-15.0;                             移到 Y=-15 上
X60.0 T02;                          往回加工到右侧,同时预先选刀 T02
G49 Z20.0 M19;                      上表面加工完成,抬刀,主轴准停
G28 Z100.0;                         返回参考点,自动换刀
G28 X0 Y0 M06;
G29 X60.0 Y25.0 Z100.0;            从参考点回到铣四侧的起始位置
```

S200 M03；	启动主轴
G00 G43 Z－12.0 H02；	下刀到 $Z=-12$ 高度处
G01 G42 X36.0 D02 F80；	刀径补偿引入，铣四侧开始
X－36.0 T03；	铣后侧面，同时选刀 T03
Y－25.0；	铣左侧面
X36.0；	铣前侧面
Y30.0；	铣右侧面
G00G40Y40.0；	刀补取消，引出
Z0；	抬刀至 A、B 面高度
G01Y－40.0 F80；	工进铣削 B 面开始(前后移动)
X21.0；	…
Y40.0；	…
X－21.0；	移到左侧
Y－40.0；	铣削 A 面开始
X－36.0；	…
Y40.0；	…
G49 Z20.0 M19；	A 面铣削完成，抬刀，主轴准停
G28 Z100.0；	Z 向返回参考点
G91 G28 X0 Y0 M06；	X、Y 向返回参考点。自动换刀
G90 G29X20.0Y30.0 Z100.0；	从参考点返回到右侧三 $\phi6$ 小孔处
G00 G43 Z3.0 H03 S630 M03；	下刀到离 B 面 3 mm 处，启动主轴
M98 P120 L3；	调用子程序，钻 $3\times\phi6$ 孔
G00 Z20.0；	抬刀至上表面的上方高度
X－20.0 Y30.0；	移到左侧 $3\times\phi6$ 小孔钻削起始处
Z3.0；	下刀至离 A 面 3 mm 处，启动主轴
M98 P120 L3；	调用子程序，钻 $3\times\phi6$ 孔
G49 Z20.0 M19；	抬刀至上表面的上方高度
G28 Z100.0 T04；	Z 向返回参考点，同时选刀 T04
G91 G28 X0 Y0 M06；	X、Y 向返回参考点。自动换刀
G90 G29 X0 Y24.0 Z100.0；	从参考点返回到中间 $2\times\phi14$ 起始处
G00 G43 Z20.0 H04 S450M03；	下刀到离上表面在 5 mm 处，启动主轴
M98 P130 L2；	调用子程序，钻 $2\times\phi14$ 孔
G49 G28 Z0.0 T01 M19；	抬刀并返回参考点，主轴准停，同时选刀 T01
G91 G28 X0 Y0 M06；	X、Y 向返回参考点，自动换刀，为重复加工作准备
G90 G00 X0 Y0 Z100.0；	移到起始位置
M30；	程序结束
%120	子程序——钻 $\phi6$ 孔
G91 G00 Y－15.0；	
G01 Z－25.0 F10；	
G00 Z25.0；	

```
G90 M99;
%130                              子程序——钻 φ6 孔
G91 G00 Y-16.0;
G01 Z-48.0 F15;
G00 Z48.0;
 M99;
```

4.7 综合加工实例

4.7.1 角度卡板零件加工

已知角度卡板零件如图 4.45 所示,卡板厚 3 mm,工件材料为 45 钢,毛坯 450 mm×
300 mm×4 mm。

坐标点	X	Y
1	-211.882	-261.744
2	-236.457	-244.536
3	-14.000	19.911
4	160.000	8.301
5	160.000	-42.262
6	-21.112	-30.212
7	140.000	-9.113

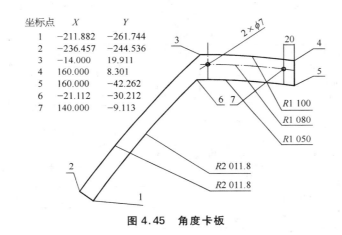

图 4.45 角度卡板

4.7.1.1 零件图工艺分析

工件为一单件生产的检验工装,除 $2×φ7$ 孔间有孔距要求 140 mm±0.2 mm 外,其余加
工部件均为自由公差,且表面粗糙度仅为 $Ra3.2$,要求较低,可采用通用机床、通用夹具完成。
但由于零件轮廓由多段大直径圆弧构成,通用机床加工难度较大,故选用数控铣床加工。

零件材料为 45 钢,切削加工性较好,但由于零件厚度仅为 3 mm,加工过程中,如加工顺
序、切削用量选取不当,易于造成变形,虽然零件轮廓较为简单,但内侧拐点位置不易加工。

4.7.1.2 加工路线的确定

初步确定该零件的加工顺序为"备料→热处理→平磨→编程→外形粗、精加工→孔加工→
钳工",下面对各工序的细节进行分析。

1) 备料 由于零件的尺寸较小,且厚度为 3 mm,故选用厚度为 4 mm 的板料。值得注意
的是,通常情况下检验工装要求有较高的硬度和耐磨性,因此多选用 40Cr 等合金钢材料。而
本工件由于检验对象的生产数量相对较小,选用一般材料即可满足要求。从降低生产成本的
角度出发,实际生产中选用了较为常见的 45 钢材料。

2) 热处理 为增强所选用的 45 钢材料的硬度和耐磨性,对剪下的 450 mm×300 mm×4 mm

的板材进行调质和处理,硬度达到 270～310 HBS。调质处理完成后,对毛坯进行校平。

3)平磨　板材平面本身较为粗糙,为了方便后续工序基准选择,先对之进行平面磨削加工。在加工过程中,按照互为基准原则,对毛坯两大面进行磨削,使其厚度 $\delta=3$ mm±0.1 mm。

4)编程　该工件加工主要为零件平面轮廓加工,且轮廓由四段圆弧曲线组成,较为简单,但各节点的坐标数据并未给出,计算过程稍显困难,选用自动编程或手工编程均可,坐标原点为左侧孔中心下表面位置。

5)外形粗、精加工　由于零件厚度仅为 3 mm,易于产生变形,在加工中应注意将粗、精加工分开。生产中可以考虑将工件在同一台数控铣床上加工,也可将粗、精加工安排在不同的机床上完成。实际上,为了消除粗加工中的变形,生产者采用了先用线切割粗切轮廓,预留单边余量 5 mm,后用数控铣床精铣至尺寸的方法。

6)孔加工　$2\times\phi7$ 孔可直接在数控铣床上完成,孔距要求 140 mm±0.2 mm,由机床本身精度保证。

7)钳工　在数控铣削中,由于铣刀直径的限制,可能在内侧拐角处造成"欠切";在 2、5 点处留下毛刺,因此安排钳工工序对上述位置进行挫修。零件工艺过程卡见表 4.4。

表 4.4　零件工艺过程卡

图号		零 件 名 称	数量		材　料		毛　坯				
					种类	尺寸	件数				
		叶片角度卡板	1	45 钢							
序号	工序	工作说明		工作等级	单件工时	实际工时	二类工具编号	检查结果			
								合格	共废	料废	
0	备料	剪板 450 mm×300 mm×4 mm									
05	热处理	① 调质 270～310 HBS									
		② 校平									
10	平磨	互为基准,磨两大面,厚度 3 mm±0.1 mm					M7130				
15	编程	① 编制在 DK7732 线切割机床上切割全形的程序,单边留量 5 mm									
		② 编制在 XK7732 线切割机床上切割全形的程序(含孔),先铣内侧外形									
20	线切割	切割外形					DK7732				
		标记									
25	数控铣削	① 压外侧一边,空走刀调试程序,合适后压紧					XK715B				
		② 精铣内侧一边,铣完后压板									
		③ 铣其余部分									
		④ 钻 $2\times\phi7$ 通孔									
30	钳工	① 锉修铣削后留下的余量									
		② 标记									
35	检验	检验后入库									

工艺员:　　　　　　　　　年　月　日　　　　审核:　　　　　　年　月　日

定额员:　　　　　　　　　年　月　日

4.7.1.3　切削用量选择

完成线切割工序后,工件轮廓表面留有单边余量 5 mm。将这些余量分两次切除,第一刀切削余量为 4 mm,第二刀切削余量为 1 mm,每次均按照先切内侧轮廓和两侧边,再切削外侧轮廓的顺序进行。由于内、外侧轮廓均由圆弧组成,故在设计进刀、退刀路线时,应该注意使刀具沿圆弧延长线或切线方向切出、切入。

4.7.1.4　铣床加工程序编制要求

(1) 进、退刀路线安排为使刀具沿圆弧延长线或切线方向切入、切出。

(2) 由于工件轮廓大多为圆弧,故考虑将工件坐标系原点设在圆弧的中心上,Z 向零点设置在工件上表面。

(3) 安全高度为 10 mm。

(4) 考虑机床 X、Y 向行程长度,刀具起始点应尽量靠近工件,不可选用通常所用的工件坐标系原点。

(5) 为减少编程工作量,两次切削可采用同一刀具,仅改变刀具半径补偿值,达到粗精加工的目的。

(6) 基本走刀路线内侧为点 2→点 1→点 6→点 5→点 4,外侧为点 2→点 3→点 4。

(7) 两孔加工可在数控铣床上完成,由于孔距精度要求不高,在孔定位时,可以根据图样标注方式的不用,采用绝对方式进行编程。

(8) 由于 2×φ7 的孔尺寸较小,孔深仅为 3 mm,弧可采用 φ7 的钻头直接钻出,主轴转速800 r/min,进给速度 300 r/min。

(9) 孔的加工顺序为原点→点 7。

4.7.1.5　数控加工工艺卡

数控加工工艺卡见表 4.5。

表 4.5　数控加工工艺卡

单位		产品型号		零件图号		程序号		O0010
零件名称	叶片角度卡板	材料	45 钢	使用设备	KV650	夹具		压板、螺栓
				切削用量				
工序号	工序内容	刀具号	刀具规格	S	F	T		备注
25	铣内侧及两侧边,铣完后换压板	T01	φ8 高速钢立铣刀	800	300			
	铣外侧	T01	φ8 高速钢立铣刀	800	300			
	钻 2×φ7 通孔	T02	φ7 麻花钻	800	100			
编制		审核		批准		年　月　日	共　页	第　页

4.7.1.6　参考程序

参考程序如下:

O0010

N0010 G90 G17 G49 G40 G80;　　　　　程序保护头

N0070 T01;　　　　　换 1 号刀

N0020 G90 G54 G00 X0 Y0 Z50;　　　　　绝对尺寸编辑,调用 G54 工件坐标系

N0030 X－260 Y－280 Z50;　　　　　　刀具快速移动到加工起始点

N0030 M03 S800;　　　　　　　　　　　启动主轴,转速 800/min

N0050 G00 Z10;　　　　　　　　　　　　刀具下降到距离工件表面 10 mm 处

N0040 G01 Z－3 F300 M08;　　　　　　进刀至工件深度,进给速度 300 mm/min,
　　　　　　　　　　　　　　　　　　　切削液开

(内侧及两侧加工程序段)

N0050 G42 G01 X－236.457　　　　　　刀具移动到圆弧起始点 2,调用刀具半径左
　　Y－244.536 D01;　　　　　　　　　补偿

N0070 M98 P0001;　　　　　　　　　　调一号子程序

N0120 G00 Z－3 M08;　　　　　　　　　进刀至工件深度,切削液开

N0050 G42 G01 X－236.457　　　　　　刀具移动到圆弧起始点 2,调用刀具半径左;
　　Y－244.536 D02;　　　　　　　　　补偿

N0070 M98 P0001;　　　　　　　　　　调一号子程序

N0080 G00 Z150;　　　　　　　　　　　抬刀至安全高度

N0090 M00;　　　　　　　　　　　　　重新装夹

N0100 M03;　　　　　　　　　　　　　启动主轴

N0050 G00 Z10;　　　　　　　　　　　　刀具下降到距离工件表面 10 mm 处

N0040 G01 Z－3 F300 M08;　　　　　　进刀至工件深度,进给速度 300 mm/min,切
　　　　　　　　　　　　　　　　　　　削液开

(外侧加工程序段)

N0050 G41 G01 X－236.457;　　　　　　刀具移动到圆弧起始点 2,调用刀具半径左
　　Y－244.536 D03;　　　　　　　　　补偿

N0070 M98 P0002;　　　　　　　　　　调二号子程序

N0120 G00 Z－3 M08;　　　　　　　　　进刀至工件深度,切削液开

N0050 G41 G01 X－236.457　　　　　　刀具移动到圆弧起始点 2,调用刀具半径左
　　Y－244.536 D04;　　　　　　　　　补偿

N0070 M98 P0002;　　　　　　　　　　调二号子程序

N0070 T02;　　　　　　　　　　　　　换 2 号刀

N0070 G90 G54 G00 G43 Z50 H05;　　　调用 G54 坐标系,进行刀具长度补偿

N0070 M03 S400 M08;　　　　　　　　　启动主轴,切削液开

N0070 G99 G82 X0 Y0 Z－5 R3 P10 F80;　钻孔固定循环,加工原点位上的孔

N0070 X140.0 Y－9.113;　　　　　　　钻右侧孔

N0070 G80 G49 G00 Z100. M09;　　　　抬刀,取消固定循环、长度补偿,切削液关

N0070 M30;　　　　　　　　　　　　　程序结束

注意:刀具半径补偿值 D01、D03 为 4.5;　D02、D04 为 4。

O0001

N0060 X－211.882 Y－261.744;　　　　直线插补至 1 点

N0070 G02 X－21.112 Y－30.212 R2011.8;　顺时针插补至 6 点

N0080 G02 X160.000 Y−42.262 R1050；　　顺时针插补至 5 点

N0090 G01 X160.000 Y8.301；　　切削至 4 点

N0100 G00 Z50 M09；　　刀具抬到 50 高度，切削液关

N0110 G40 G00 X−250 Y280；　　刀具返回切削起始点，取消刀具半径补偿

N0130 M99；　　子程序结束返回主程序

O0002

N0070 G02 X14.0 Y19.911 R2011.8；　　顺时针插补至终点 3 点

N0080 G02 X160.0 Y8.301 R1100；　　顺时针插补至 4 点

N0100 G00 Z50 M09；　　刀具抬到 50 高度，切削液关

N0110 G40 G00 X−250 Y280；　　刀具返回切削起始点，取消刀具半径补偿

N0130 M99；　　子程序结束返回主程序

4.7.2　内外形轮廓综合加工

加工如图 4.46 所示零件（单件生产），毛坯为 80 mm×80 mm×23 mm 长方块，材料为 45 钢，单件生产。

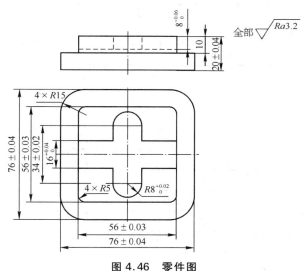

图 4.46　零件图

4.7.2.1　加工工艺的确定

1）分析零件图样　该零件包含了平面、外形轮廓、沟槽的加工，表面粗糙度全部为 $Ra3.2$。76 mm×76 mm 外形轮廓和 56 mm×56 mm 凸台轮廓的尺寸公差为对称公差，可直接按基本尺寸编程；十字槽中的两宽度尺寸的下偏差都为零，因此不必将其转变为对称公差，直接通过调整刀补来达到公差要求。

2）工艺分析

（1）加工方案的确定。根据零件的要求，上、下表面采用立铣刀粗铣→精铣完成；其余表面采用立铣刀粗铣→精铣完成。

（2）确定装夹方案。该零件为单件生产，且零件外形为长方体，可选用平口台虎钳装夹。

（3）确定加工工艺。数控加工工艺卡见表 4.6。

表4.6　数控加工工艺卡

数控加工工艺卡		产品名称	零件名称	材料	零件图号
				45钢	
工序号	程序编号	夹具名称	夹具编号	使用设备	车间
		台虎钳			

工步号	工步内容	刀具号	主轴转速（r/min）	进给速度（mm/min）	背吃刀量（mm）	侧吃刀量（mm）	备注
装夹1:底部加工							
1	粗铣底面	T01	400	120	1.3	11	
2	底部外轮廓粗加工	T01	400	120	10	1.7	
3	精铣底面	T02	2 000	250	0.2	11	
4	底部外轮廓精加工	T02	2 000	250	10	0.3	
装夹2:顶部加工							
1	粗铣上表面	T01	400	120	1.3	11	
2	凸台外轮廓粗加工	T01	400	100	9.8	11.7	
3	精铣上表面	T02	2 000	250	0.2	11	
4	凸台外轮廓精加工	T02	2 000	250	10	0.3	
5	十字槽粗加工	T03	550	120	3.9	12	
6	十字槽精加工	T03	800	80	8	0.3	

（4）进给路线的确定。上、下表面加工走刀路线如图4.47所示,基点坐标见表4.7。

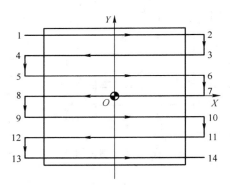

图4.47　上、下表面加工走刀路线

表4.7　上、下表面加工基点坐标

1	(−50, 36)	6	(50, 12)	11	(50, −24)
2	(50, 36)	7	(50, 0)	12	(−50, −24)
3	(50, 24)	8	(−50, 0)	13	(−50, −36)
4	(−50, 24)	9	(−50, −12)	14	(50, −36)
5	(−50, 12)	10	(50, −12)		

底部和凸台外轮廓加工走刀路线如图 4.48 所示。

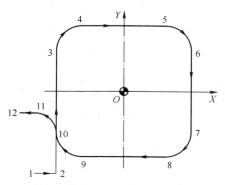

图 4.48 底部和凸台外轮廓加工走刀路线

底部外轮廓加工时,图 4.48 中各点坐标见表 4.8。

表 4.8 底部外轮廓加工基点坐标

1	$(-48, -48)$	5	$(23, 38)$	9	$(-23, -38)$
2	$(-38, -48)$	6	$(38, 23)$	10	$(-38, -23)$
3	$(-38, 23)$	7	$(38, -23)$	11	$(-48, -13)$
4	$(-23, 38)$	8	$(23, -38)$	12	$(-58, -13)$

凸台外轮廓加工时,图 4.48 中各点坐标见表 4.9。

表 4.9 凸台外轮廓加工基点坐标

1	$(-38, -48)$	5	$(23, 28)$	9	$(-23, -28)$
2	$(-28, -48)$	6	$(28, 23)$	10	$(-28, -23)$
3	$(-28, 23)$	7	$(28, -23)$	11	$(-38, -13)$
4	$(-23, 28)$	8	$(23, -28)$	12	$(-48, -13)$

十字槽加工走刀路线如图 4.49 所示。

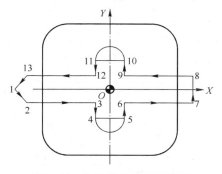

图 4.49 十字槽加工走刀路线

图 4.49 中各点坐标见表 4.10。

表4.10　十字槽加工基点坐标

1	(−53, 0)	6	(8, −8)	11	(−8, 17)
2	(−36, −8)	7	(36, −8)	12	(−8, 8)
3	(−8, −8)	8	(36, 8)	13	(−36, 8)
4	(−8, −17)	9	(8, 8)		
5	(8, −17)	10	(8, 17)		

（5）刀具及切削参数的确定。刀具及切削参数填写在数控加工刀具卡中,见表4.11。

表4.11　数控加工刀具卡

数控加工 刀具卡片		工序号	程序编号	产品名称	零件名称	材料		零件图号	
						45			
序号	刀具号	刀具名称	刀具规格(mm)		补偿值(mm)		刀补号		备注
			直径	长度	半径	长度	半径	长度	
1	T01	立铣刀(3齿)	φ16	实测	8.3		D01		高速钢
2	T02	立铣刀(4齿)	φ16	实测	8		D02		硬质合金
3	T03	立铣刀(4齿)	φ12	实测	6.3 6		D03 D04		高速钢

注:D02、D04的实际半径补偿值根据测量结果调整。

4.7.2.2　参考程序编制

1）底部参考程序编制

（1）工件坐标系的建立。以图4.46所示的下表面中心作为G54工件坐标系原点。

（2）基点坐标计算（略）。

（3）参考程序。底面及底部外轮廓粗加工参考程序见表4.12～表4.14。

表4.12　底面及底部外轮廓粗加工参考程序

程　　序	说　　明
O1101	主程序名
N10 G54 G90 G17 G40 G80 G49 G21	设置初始状态
N20 G00 Z50	安全高度
N30 G00 X−50 Y36 S400 M03	启动主轴,快速进给至下刀位置
N40 G00 Z5 M08	接近工件,同时打开冷却液
N50 G01 Z−1.3 F80	下刀
N60 M98 P1111 F120	调子程序O1111,粗加工底面
N70 G00 X−48 Y−48	快速进给至外轮廓加工下刀位置
N80 G01 Z−10.5 F80	下刀
N90 M98 P1112 D01 F120	调子程序O1112,粗加工外轮廓
N100 G00 Z50 M09	Z向抬刀至安全高度,并关闭冷却液
N110 M05	主轴停
N120 M30	主程序结束

表 4.13　底面加工子程序

程　序	说　明	程　序	说　明
O1111	子程序名	N80 G00 X－50 Y－12	8→9
N10 G01 X50 Y36	1→2	N90 G01 X50 Y－12	9→10
N20 G00 X50 Y24	2→3	N100 G00 X50 Y－24	10→11
N30 G01 X－50 Y24	3→4	N110 G01 X－50 Y－24	11→12
N40 G00 X－50 Y12	4→5	N120 G00 X－50 Y－36	12→13
N50 G01 X50 Y12	5→6	N130 G01 X50 Y－36	13→14
N60 G00 X50 Y0	6→7	N140 G00 Z5	快速提刀
N70 G01 X－50 Y0	7→8	N150 M99	子程序结束

表 4.14　外轮廓加工子程序

程　序	说　明	程　序	说　明
O1112	子程序名	N70 G02 X23 Y－38 R15	7→8
N10 G41 G01 X－38 Y－48	1→2,建立刀具半径补偿	N80 G01 X－23 Y－38	8→9
N20 G01 X－38 Y23	2→3	N90 G02 X－38 Y－23 R15	9→10
N30 G02 X－23 Y38 R15	3→4	N100 G03 X－48 Y－13 R10	10→11
N40 G01 X23 Y38	4→5	N110 G40 G00 X－58 Y－13	11→12,取消刀具半径补偿
N50 G02 X38 Y23 R15	5→6	N120 G00 Z5	快速提刀
N60 G01 X38 Y－23	6→7	N130 M99	子程序结束

底面及底部外轮廓精加工参考程序见表 4.15。

表 4.15　底面及底部外轮廓精加工参考程序

程　序	说　明
O1102	主程序名
N10 G54 G90 G17 G40 G80 G49 G21	设置初始状态
N20 G00 Z50	安全高度
N30 G00 X－50 Y36 S2000 M03	启动主轴,快速进给至下刀位置
N40 G00 Z5 M08	接近工件,同时打开冷却液
N50 G01 Z－1.5 F80	下刀
N60 M98 P1111 F250	调子程序 O1111(见表 4.13),精加工底面
N70 G00 X－48 Y－48	快速进给至外轮廓加工下刀位置
N80 G01 Z－10.5 F80	下刀
N90 M98 P1112 D02 F250	调子程序 O1112(见表 4.14),精加工外轮廓
N100 G00 Z50 M09	Z 向抬刀至安全高度,并关闭冷却液
N110 M05	主轴停
N120 M30	主程序结束

2）顶部参考程序编制

（1）工件坐标系的建立。以图 4.46 所示的上表面中心作为 G54 工件坐标系原点。

（2）基点坐标计算（略）。

（3）参考程序。上表面及凸台外轮廓粗加工参考程序见表 4.16 和表 4.17。

表 4.16　上表面及凸台外轮廓粗加工参考程序

程　序	说　明
O1103	主程序名
N10 G54 G90 G17 G40 G80 G49 G21	设置初始状态
N20 G00 Z50	安全高度
N30 G00 X−50 Y36 S400 M03	启动主轴,快速进给至下刀位置
N40 G00 Z5 M08	接近工件,同时打开冷却液
N50 G01 Z−1.3 F80	下刀
N60 M98 P1111 F120	调子程序 O1111,粗加工上表面
N70 G00 X−38 Y−48	快速进给至外轮廓加工下刀位置
N80 G01 Z−9.8 F80	下刀
N90 M98 P1113 D01 F100	调子程序 O1113,粗加工凸台外轮廓
N100 G00 Z50 M09	Z 向抬刀至安全高度,并关闭冷却液
N110 M05	主轴停
N120 M30	主程序结束

表 4.17　凸台外轮廓加工子程序

程　序	说　明	程　序	说　明
O1113	子程序名	N70 G02 X23 Y−28 R5	7→8
N10 G41 G01 X−28 Y−48	1→2,建立刀具半径补偿	N80 G01 X−23 Y−28	8→9
N20 G01 X−28 Y23	2→3	N90 G02 X−28 Y−23 R5	9→10
N30 G02 X−23 Y28 R5	3→4	N100 G03 X−38 Y−13 R10	10→11
N40 G01 X23 Y28	4→5	N110 G40 G00 X−48 Y−13	11→12,取消刀具半径补偿
N50 G02 X28 Y23 R5	5→6	N120 G00 Z5	快速提刀
N60 G01 X28 Y−23	6→7	N130 M99	子程序结束

上表面及凸台外轮廓精加工参考程序见表 4.18。

表 4.18　上表面及凸台外轮廓精加工参考程序

程　序	说　明
O1104	主程序名
N10 G54 G90 G17 G40 G80 G49 G21	设置初始状态
N20 G00 Z50	安全高度
N30 G00 X−50 Y36 S2000 M03	启动主轴,快速进给至下刀位置
N40 G00 Z5 M08	接近工件,同时打开冷却液

（续表）

程　　序	说　　明
N50 G01 Z－1.5 F80	下刀
N60 M98 P1111 F250	调子程序 O1111,精加工上表面
N70 G00 X－38 Y－48	快速进给至外轮廓加工下刀位置
N80 G01 Z－10 F80	下刀
N90 M98 P1113 D02 F250	调子程序 O1113,精加工凸台外轮廓
N100 G00 Z50 M09	Z 向抬刀至安全高度,并关闭冷却液
N110 M05	主轴停
N120 M30	主程序结束

十字槽加工参考程序见表 4.19 和表 4.20。

表 4.19　十字槽加工参考程序

程　　序	说　　明
O1105	主程序名
N10 G54 G90 G17 G40 G80 G49 G21	设置初始状态
N20 G00 Z50	安全高度
N30 G00 X－53 Y0 S550 M03	启动主轴,快速进给至下刀位置
N40 G00 Z5 M08	接近工件,同时打开冷却液
N50 G00 Z－3.9	下刀
N60 M98 P1114 D03 F120	调子程序 O1114,粗加工十字槽
N70 G00 Z－7.8	下刀
N80 M98 P1114 D03 F120	调子程序 O1114,粗加工十字槽
N90 M03 S800	主轴转速 800 r/min
N100 G00 Z－8	下刀
N110 M98 P1114 D04 F80	调子程序 O1114,精加工十字槽
N120 G00 Z50 M09	Z 向抬刀至安全高度,并关闭冷却液
N130 M05	主轴停
N140 M30	主程序结束

表 4.20　十字槽加工子程序

程　　序	说　　明	程　　序	说　　明
O1114	子程序名	N80 G01 X8 Y8	8→9
N10 G41 G01 X－36 Y－8	1→2,建立刀具半径补偿	N90 G01 X8 Y17	9→10
N20 G01 X－8 Y－8	2→3	N100 G03 X－8 Y17 R8	10→11
N30 G01 X－8 Y－17	3→4	N110 G01 X－8 Y8	11→12
N40 G03 X8 Y－17 R8	4→5	N120 G01 X－36 Y8	12→13
N50 G01 X8 Y－8	5→6	N130 G40 G00 X－53 Y0	13→1,取消刀具半径补偿
N60 G01 X36 Y－8	6→7	N140 G00 Z5	快速提刀
N70 G01 X36 Y8	7→8	N150 M99	子程序结束

 **知识拓展**

通常情况下,圆周分布的孔系零件以及图样尺寸以半径与角度形式标注的零件,可以采用极坐标方式简化编程。FANUC 系统极坐标指令 G15、G16 中,G16 为极坐标生效指令,G15 为取消极坐标指令。

1）指令功能　终点的坐标值可以用极坐标(半径和角度)输入。角度的正向是所选平面的第一轴正向的逆时针转向,而负向是沿顺时针转动的转向。半径和角度两者可以用绝对值指令或增量值指令(G90、G91)。

2）指令格式

G16

…

G15

3）注意事项

（1）设定工件坐标系零点作为极坐标系的原点。用绝对值编程指令指定半径(零点和编程点之间的距离)。

（2）设定当前位置作为极坐标系的原点。用增量值编程指令指定半径(当前位置和编程点之间的距离)。

（3）用绝对值指令指定角度和半径。X 为半径值,Y 为角度值。

（4）用增量值指令指定角度和绝对值指令指定极半径。G90、G91 混和编程。

（5）限制。在极坐标方式中,对于圆弧插补或螺旋线切削(G02、G03)用 R 指定半径。在极坐标方式中不能指定任意角度倒角和拐角圆弧过渡。

【思考与练习】

1. 数控铣削适用于哪些加工场合?

2. 数控铣床有哪些简化编程的方法?

3. 数控铣削编程特点有哪些? 数控加工中心编程与数控铣编程有哪些区别和联系?

4. 在 FANUC – OMC 系统中,G53 与 G54～G59 的含义是什么,它们之间有何关系?

5. 坐标变换指令有哪些? 试分析当需要同时使用坐标变换指令时,应该怎样安排使用前后顺序。

6. 如果已在 G53 坐标系中设置了如下两个坐标系:

G57:X＝－40,Y＝－40,Z＝－20

G58:X＝－80,Y＝－80,Z＝－40

试用坐标简图表示出来,并写出刀具中心从 G53 坐标系的零点运动到 G57 坐标系零点,再到 G58 坐标系零点的程序段。

7. 加工中心常见换刀方式有哪两种?

8. 如图 4.50～图 4.56 所示为平面曲线零件,试用直线插补指令和圆弧插补指令按绝对坐标编程与增量坐标编程方式分别编写其数控铣削加工程序。

9. 如图 4.56 所示为螺旋面型腔零件,槽宽 8 mm,其中螺旋槽左右两端深度为 4,中间相交处为 1 mm,槽上下对称,试编写其数控加工程序。

10. 如图 4.57 和图 4.58 所示为平面曲线零件,试编写其数控加工程序。

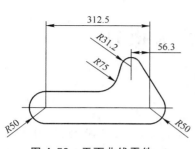

图 4.50　平面曲线零件一

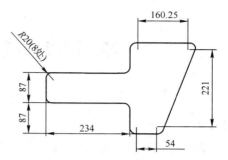

图 4.51　平面曲线零件二

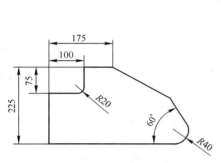

图 4.52　平面曲线零件三

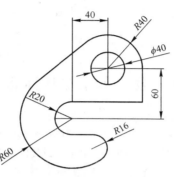

图 4.53　平面曲线零件四

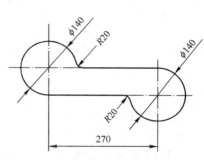

图 4.54　平面曲线零件五

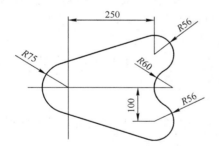

图 4.55　平面曲线零件六

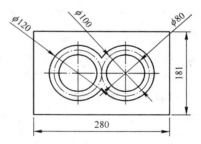

图 4.56　平面曲线零件七

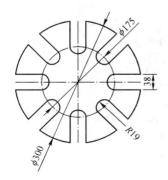

图 4.57　平面曲线零件八

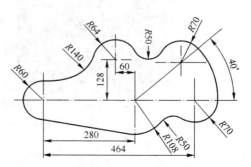

图 4.58　平面曲线零件九

第5章 数控车床操作

■ 学习目标

　　熟悉 FANUC 0iT 系统标准面板上操作面板和控制面板上按键功能；掌握数控车床开关机、回零、手动操作、增量脉冲、手轮操作；掌握数控车床程序编辑操作、程序运行操作；掌握数控车床工件坐标系设定的三种方式和具体的操作步骤；掌握数控车床几何偏置和磨耗偏置的意义及设置操作步骤；掌握数控车床刀尖半径补偿的意义及设置操作步骤。

5.1　数控车床操作面板简介

　　数控机床操作面板的组成基本相同，一般均由数控系统操作面板和机床控制面板两大部分组成。其中数控系统操作面板的布局形式与选用的数控系统有很大的关系，不同厂家生产数控机床只要选择相同系统则数控系统操作面板就一定相同，这是由数控系统生产厂家提供的。机床控制面板的形式则取决于数控机床的生产厂家以及数控机床的类型（如数控车床、数控铣床、数控加工中心等）。一般情况下，不同厂家生产的数控机床，其控制面板的形式有较大的差异，即使是同一厂家的数控机床，随着生产时间的不同，其也是有差异的，机床控制面板一般是由生产厂家自行设计和制造的。

　　本章以 FANUC 0iT 数控系统的标准面板为例进行介绍。FANUC 0iT 数控车床操作面板由 LCD/MDI 操作面板和机床控制面板两部分组成。

5.1.1　LCD/MDI 操作面板

LCD/MDI 操作面板如图 5.1 所示，用操作键盘结合显示屏可以进行数控系统操作。

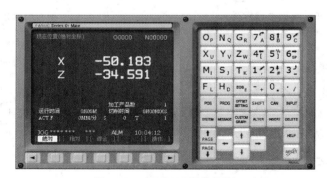

图 5.1　LCD/MDI 操作面板

LCD/DMI 操作面板上各功能按键的作用见表 5.1。

表 5.1 LCD/MDI 操作面板各功能按键的作用

按　　键	名称	按 键 功 能
ALTER	替代键	用输入的数据替代光标所在的数据
DELETE	删除键	删除光标所在的数据；或者删除一个数控程序或者全部数控程序
INSERT	插入键	把输入域之中的数据插入到当前光标之后的位置
CAN	取消键	消除输入域内的数据
EOB E	程序段的结束	结束一行程序的输入并且换行
SHIFT	上挡键	按此键可以输入按键右下角的字符
PROG	程序键	数控程序显示与编辑页面
POS	位置键	位置显示页面。位置显示有三种形式，用 PAGE 按钮选择
OFFSET SETTING	偏移设定键	参数输入页面。按第一次进入坐标系设置页面，按第二次进入刀具补偿参数页面。进入不同的页面以后，用 PAGE 按钮切换
HELP	帮助键	系统帮助页面
CUSTOM GRAPH	图形显示键	图形参数设置页面或图形模拟页面
MESSAGE	信息键	信息页面，如“报警”
SYSTEM	系统键	系统参数页面
RESET	复位键	消除报警或者停止自动加工中的程序
↑PAGE PAGE↓	翻页键	向上翻页，向下翻页
↑ ← ↓ →	光标移动键	向上/向下/向左/向右移动光标
INPUT	输入键	把输入域内的数据输入参数页面或者输入一个外部的数控程序
O N G 7 8 9 X Y Z 4 5 6 M S T 1 2 3 F H EOB - 0 .	数字/字母键	用于字母或者数字的输入
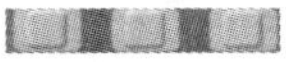	LCD 下面软键	在不同的场合其功能有所不同

5.1.2 机床控制面板

FANUC 0iT 数控卧式车床的机床控制面板分布在数控系统操作面板的左侧和下部，涉及回零、程序保护锁、刀具交换、冷却液开闭、主轴速度控制与调整、进给轴的控制与调整、操作方式的选择以及程序的启动与停止等。各按键的布置如图 5.2 所示，其功能见表 5.2。

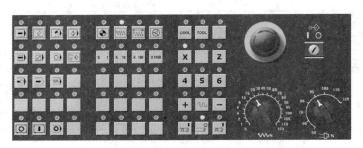

图 5.2　机床控制面板

表 5.2　机床控制面板各按键作用

功 能 键	名　称	功能键的作用
	编辑方式	进入程序编辑方式
	自动方式	进入自动加工模式
	MDI 方式	选择手动数据输入方式
	手轮方式	选择手轮方式
	手轮方式下的选择模式	×1 表示旋转一个刻度移动 0.001 mm，×100 表示旋转一个刻度移动 0.1 mm。先选择坐标轴，再选择倍率，最后旋转刻度盘发出脉冲移动坐标轴到指定位置
	手动方式	选择手动方式
	回参考点	手动返回参考点
	单段运行	在自动加工模式中，程序单段运行
	空运行	在空运行期间，机床以设定的恒定进给速度运行而不检查程序中所指定的进给速度。该功能主要用于机床不装夹情况下检查刀具的运动轨迹
	跳过任选程序段	用于自动运行时，不执行带有"/"的程序段
	选择停止	用于循环运行中是否执行 M01 指令
	文件传输 DNC	在此方式下可以利用通信电缆将计算机等设备上的程序输入到数控机床
	机床锁住	自动运行期间，机床不动作，CRT 显示程序中坐标值变化
	主轴控制	用于手动方式主轴正转/停止/反转
	程序控制	在自动方式下用于控制程序的暂停/循环启动

功　能　键	名　　称	功能键的作用
ᨓ	手动脉冲方式	选择手动脉冲方式
X 1　X 10　X 100　X1000	手动脉冲下倍率	×1 表示移动一次移动 0.001 mm,×1000 表示移动一次移动 1 mm
COOL	冷却液控制	打开/关闭冷却液
TOOL	刀具控制	手动换刀
X　Z　+　ᨓ　−	坐标轴及方向控制	在手动方式下,先选择坐标轴再选择移动方向(选择"＋"向其正方向移动,选择"－"向其负方向移动),选中 ᨓ 键则快速移动
ᨓ	急停按钮	在加工过程中发生紧急情况时可以按下此按钮防止事故的发生,在关机时必须按下此按钮
ᨓ	程序保护锁	程序保护锁用于防止零件程序、偏移值、参数和存储的设定数据被错误地存储、修改或清除。在编辑方式下,通过钥匙将开关接通,就可以编辑、修改加工程序。在执行加工程序之前,必须关断程序保护开关
ᨓ	进行倍率	进行倍率调节旋钮可对手动工作方式下连续移动速度和自动工作方式下程序指定的进给速度进行调节
ᨓ	主轴转动倍率	主轴转动速度可以通过调节旋钮进行调节

5.2　机床的基本操作

5.2.1　数控车床的开/关机操作

要运行数控车床,首要任务是开/关机操作。

5.2.1.1　开机

(1) 开机之前,首先应该检查机床的初始状态,包括关好电气柜防护门,检查供电是否正常、润滑油液面是否正常等,确保设备状况良好。

(2) 数控机床上电。将机床的电源开关置于"ON"位置。机床电源开关一般位于机床电气控制箱左侧。在电源接通后,CNC 系统自动进入自检程序,检查结束后进入位置显示画面。

如果接通电源时发生报警,则会显示报警画面,系统可能发生了故障。最常见的是显示急停报警,因为关机前常常按下了急停按钮。

注意,电源接通后,在位置画面或报警画面出现之前,不要去碰操作面板上的任何按键,因为某些键是用于维护或是专用的。当它们被按下时,可能会发生意想不到的现象。

（3）顺时针旋转急停按钮，释放急停状态。这时急停报警消失。

5.2.1.2　关机

（1）关机之前，首先确认机床各部位不在运行中，并且不在程序或参数的写入状态。出现故障要排除故障或做好记录后再行关机。

（2）将机床各部分处于正确位置。

（3）按下急停按钮。若较长时间不用机床，最好待停机后释放急停按钮。

（4）关闭机床总电源。将机床的电源开关置于"OFF"位置。

良好的开/关机习惯是减少机床故障，保证机床正常运行的基础。

5.2.2　机床的手动操作

手动操作是指操作者通过手工操作数控机床上相应的按键或开关等直接控制机床动作，常见的有手动返回参考点和手动操作刀具移动等。

手动返回参考点是指利用机床操作面板上的开关或按钮，将刀具移动到参考点的过程。数控机床开机后的第一项工作就是返回参考点操作。与手动返回参考点相对应的是利用数控加工指令（G28）自动返回参考点。

手动操作刀具移动是指使用机床操作面板上的开关、按钮或手轮等使刀具沿各轴运动。

5.2.2.1　手动返回参考点

机床参考点是机床上一个特殊的固定点。数控系统通电后必须标记并记住这个参考点，才能建立起机床坐标系。

数控系统通电后，其无法确认运动部件的绝对位置，因此，必须先将运动部件运动到参考点处（由行程开关等检测），然后系统记忆该位置，建立起机床坐标系，当机床离开参考点处于其他工作位置时，其在机床坐标系中的位置也是唯一确定的。但是，一旦系统断电或执行了急停操作、超程报警并解除后，系统便失去对参考点的记忆。

手动返回参考点操作步骤如下：

（1）按下机床控制面板上的按钮 ⊙，回零方式有效；

（2）先按下控制面板上 X，X 轴返回参考点，再按下 Z，Z 轴返回参考点；

（3）返回参考点后，相应的回零指示灯点亮，表明返回参考点成功。

5.2.2.2　手动进给

手动进给又称手动连续进给或 JOG 进给，是数控机床的工作方式之一。手动进给可实现工作轴的手动连续进给移动和手动快速移动。

在执行手动进给时，首先必须按下按钮 ⩘，使系统手动工作方式有效。

手动进给操作步骤如下：

（1）按下按钮 ⩘，按钮指示灯亮，手动工作方式有效。

（2）先选中需要移动的坐标轴 X 或者 Z，再选择其移动的方向键 ＋ 或者 －，分别向选择轴的正方向或者负方向移动，如果移动到位则松开方向键即可。如果要快速移动则可以按下按键 ⅏，移动速度则由快速设定值确定。在两种情况下都可以通过进行倍率调节旋钮来更改其移动速度，进行倍率调节旋钮的调节范围为 0～120%。

5.2.2.3　脉冲增量进给

脉冲增量进给可实现工作轴单个脉冲的单步移动，每个脉冲的步距可调。脉冲增量进给与手轮进给相似，只是脉冲发生的方式不同，脉冲增量进给采用的是进给方向按钮选择工作轴并发生脉冲。每一个脉冲的最小移动步距等于最小输入脉冲增量，默认设置是 0.001 mm。

每个脉冲的步距可由速度调节按钮×1、×10、×100、×1000 进行调节。

在执行脉冲增量进给时,首先必须按下工作方式按钮 [WWW],使系统脉冲增量工作方式有效。

脉冲增量进给的操作步骤如下:

(1) 按下工作方式按钮 [WWW],按钮指示灯亮,脉冲增量工作方式有效;

(2) 确定合适的移动步距,按下相应的脉冲增量调节按钮 [X 1]、[X 10]、[X 100]、[X1000] 选择合适的移动倍率;

(3) 选中某一轴及进给方向按钮,机床工作轴按指定轴指定方向移动一个步距,不断按下进给方向按钮,观察 LCD 显示屏上的工作轴位置坐标,直至满足要求为止。

5.2.2.4　手轮进给

手轮进给是指用手摇脉冲发生器发出的脉冲信号驱动工作轴的移动。手摇脉冲发生器上有一个手轮,旋转手轮可发出脉冲信号,将 360°分成了 50 个刻度,每旋转 1 个刻度发出一个脉冲,驱动工作轴移动一个步距。同脉冲增量进给一样,每个脉冲的最小移动步距等于最小输入增量,默认设置是 0.001 mm。每个脉冲的步距可由速度调节旋钮×1、×10、×100 进行调节。

在执行手轮进给时,首先必须按下工作方式按钮 [⊙],使系统手轮工作方式有效。

手轮进给的操作步骤如下:

(1) 按下工作方式按钮 [⊙],按钮指示灯亮,手轮工作方式有效;

(2) 拨动轴选择开关,选择要移动的工作轴;

(3) 确定合适的移动步距,选择相应的增量调节旋钮×1、×10、×100,选择合适的移动倍率;

(4) 手轮脉冲发生器驱动工作轴移动,手轮每转过一个刻度工作轴移动一个步距,手轮正/反转,确定了工作轴移动方向的变化,连续不断地旋转手轮,可驱动工作轴连续不断地移动。

5.2.2.5　手动换刀

当数控车床刀架上已经装有刀具后,就可以通过控制面板上的手动换刀按钮 [TOOL] 来进行刀具的交换。如果控制面板上没有手动换刀的按钮,也可以通过 MDI 方式用 T 指令来手动选择刀具,从而交换刀具。

手动换刀具体操作步骤如下:

(1) 按下 MDI 按钮 [⊡],按钮指示灯亮,MDI 工作方式有效;

(2) 在 MDI 面板上按下 [PROG] 功能键进入程序画面;

(3) 按下 LCD 显示器下方[MDI]对应软键,进入 MDI 编程方式,输入程序段"T0300";

(4) 按循环启动按钮 [⊡],执行程序。便完成 3 号的选刀与换刀。

5.2.2.6　主轴的启动/停止

机床及数控系统上电后主轴的正转/反转/停止按钮不会立即生效。那么如何才能直接在手动方式下手动启动主轴呢?

在系统上电启动后,CNC 存储器中的 S 指令是空的,但是注意到 S 指令是模态指令,只要运行一次,便一直有效,直到下一个 S 指令的出现。所以可以通过在 MDI 方式下执行命令"M03 S800"进行主轴的启动。

主轴启动的具体操作步骤如下:

(1) 按下 MDI 按钮 [⊡],按钮指示灯亮,MDI 工作方式有效;

（2）在 MDI 面板上按下 ^{PROG} 功能键进入程序画面；

（3）按下 LCD 显示器下方［MDI］对应软键，进入 MDI 编程方式，输入程序段"M03 S800"；

（4）按循环启动按钮 [┃]，执行程序，便完成主轴的启动，后面就可以停止和再次启动主轴了。

5.2.2.7 机床停止操作

1）按下急停按钮   为了安全，机床在任何方式下，遇到紧急情况时，均可按下紧急停止按钮，使机床运行立即停止。所有的输出全部关闭且机床报警。

机床的急停按钮是带自锁的，旋转急停按钮可使其释放。在释放按钮之前必须先排除故障。急停按钮释放后可解除报警，但所有的操作都需重新启动，包括返回机床参考点操作。

2）按下复位按钮 ^{RESET}   机床在自动运行期间，按下 MDI 面板上的复位按钮 ^{RESET}，机床的全部操作均停止，且光标回到程序头。因此可以用此键完成紧急停车操作。复位键停车后不需执行返回参考点操作，但必须返回起刀点或重新对刀。

3）按下循环停止按钮 [⊙]   机床在自动运行期间，按下机床操作面板上的按钮 [⊙]，机床暂时停止程序的运行，但各种参数仍然保持，再次按下循环启动按钮 [┃]，程序从停止处继续执行下去。这种停止方式对机床的设置没有任何变化。

5.3   数控车床对刀及工件坐标系设置

数控程序一般按工件坐标系编程，对刀的过程就是建立工件坐标系与机床坐标系之间关系的过程，也即确定工件坐标原点在机床坐标系中位置。一般将工件右端面中心点设为车床工件坐标系原点，当然也有将工件左端面中心点设为车床工件坐标系原点。

常见对刀方法有三种：试切法对刀、机外对刀仪对刀和自动对刀。这里介绍用试切对刀操作方式建立工件坐标的方法。

在第 3 章已经介绍了工件坐标系设置有三种方式：刀具几何偏置建立工件坐标系、G50 指令建立工件坐标系、G54～G59 指令建立和选择工件坐标系，下面就分别对这三种情况如何设置进行详细说明。

5.3.1   刀具几何偏置建立工件坐标系

这种方法不分基准刀与非基准刀，每把刀具都通过刀具几何偏置将其在工件坐标系中的位置与机床参考点的偏离位置确定下来，程序中在选择刀具的同时调用相应的刀具补偿号，就可将程序运行之前通过 MDI 操作面板输入的几何偏置值调用，并将刀具偏置至所需的位置。这种方法在加工之前要对每一把刀具进行对刀设置，其建立和取消工件坐标系的指令就是刀具指令的运用。

刀具几何偏置与机床参考点之间的关系如图 5.3 所示。用刀具几何偏置来设置工件坐标系的步骤如下：

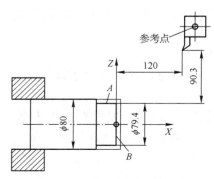

图 5.3   刀具几何偏置与机床参考点之间的关系

(1) 让刀架返回参考点建立机床坐标系;

(2) 通过点击  或者 MDI 编程方式选择 1 号刀来进行刀具几何偏置设置;

(3) 在机床控制面板选择手动方式按钮 ,手动指示灯亮;

(4) 通过点击坐标轴 **X**、**Z** 和方向按钮 **+**、**—** 将刀架移动到工件附近;

(5) 点击按钮 ,启动主轴;

(6) 首先试切 $\phi 80$ mm 外圆得到 A 面,在保证 X 值不变情况下,把刀具退出来,点击按钮  停止主轴,经测量切后直径为 $\phi 79.4$ mm,从图中可以看出此时刀位点相对于参考点的坐标值为 $X-180.6$(图中标注为半径值);

(7) 在 MDI 面板上点击按钮 ,进行参数设置;

(8) 分别点击 LCD 下面的软键[补正]、[形状]进入几何偏置画面,如图 5.4 所示;

(9) 将光标移到 1 号刀(G001)的 X 位置;

(10) 输入"X79.4",点击 LCD 下面的软键[测量],完成 1 号刀 X 向几何偏置设置,可以从图 5.5 看到 X 向的几何偏置为 $-260.0(-180.6-79.4=-260.0)$;

(11) 移动刀具到图 5.3 中 B 面位置,再次启动主轴,切削 B 面,在保证 Z 值不变的情况下退出刀具,停止主轴,如图 5.5 所示此时刀位点相对参考点的坐标值为 $Z-120$;

图 5.4　几何偏置设置前画面

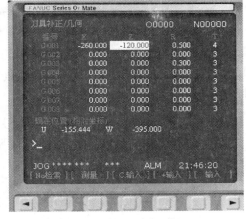

图 5.5　几何偏置设置后画面

(12) 重新回到几何偏置设置画面,输入"Z0",点击 LCD 下面的软键[测量],完成 1 号刀 Z 向几何偏置设置,可以从图 5.5 看到 Z 向的几何偏置为 $-120.0(-120.0-0.0=-120.0)$,注意如果想将工件坐标原点向左移动 2 mm,则应输入"Z2"。

以上完成了 1 号刀的几何偏置设置,也即建立了 1 号刀工件坐标系。其他刀具只需要按上面的步骤操作也可以建立相应刀具的几何偏置,建立工件坐标系。

注意:

(1) 在输入其他刀具的几何偏置时一定要将光标移动到对应的位置,如 2 号刀应该移到 G002 后面,调用时只需要写指令 T0202 就可以了,不容易出错。

(2) 其他刀具在 Z 向对刀时不能在切削端面后输入"Z0"进行[测量]操作,否则造成每把刀建立的工件坐标原点不重合,加工出现错误。

（3）可以采用两种方法来进行 Z 向对刀：一种方法是用刀位点来对齐 B 面输入"Z0"进行[测量]操作（螺纹车刀只能采用此方法）；二是在保证端面有加工余量的前提下再次切削端面，保证 Z 值不变退出刀具，停止主轴测量 B 面到刚才切削端面的距离，如果是 2.3 mm，则输入"Z－2.3"进行[测量]操作，在实际加工中常用第一种方法。

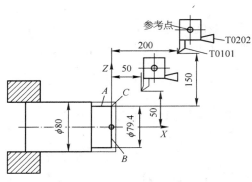

图 5.6　G50 指令建立工件坐标系

5.3.2　G50 指令建立工件坐标系

G50 指令建立工件坐标系实质是确定起刀点的位置。其建立工件坐标系的原理如图 5.6 所示。

与刀具几何偏置建立坐标系不同，G50 指令建立工件坐标系有基准刀具与非基准刀具之分。G50 指令是以基准刀具为基础建立工件坐标系，其余非基准刀具则通过刀具偏置将其刀位点移至基准刀具位置，使其能共用基准刀具所建立的工件坐标系。T0101 是基准刀具，其建立工件坐标系的指令是 G50 X100 Z50。

5.3.2.1　基准刀具 T0101 通过 G50 建立工件坐标系

（1）首先让刀架返回参考点建立机床坐标系。

（2）通过点击 [TOOL] 或者 MDI 编程方式选择 1 号刀。

（3）将 1 号刀的刀具补偿存储器的几何偏置值全部清零。具体操作为按下 MDI 面板上的 [OFFSET SETTING]，进入刀具补正画面，按下软键[补正]，再按下软键[形状]，显示"刀具补正/几何"画面，将光标移至需要清零的位置上，输入数值 0，按下软键[输入]或 MDI 面板上的 [INPUT] 键即可。

（4）在机床控制面板选择手动方式按钮 [WWW]，手动指示灯亮。

（5）通过点击坐标轴 [X]、[Z] 和方向按钮 [＋]、[－] 将刀架移动到工件附近。

（6）点击按钮 [✓]，启动主轴。

（7）通过试切的方式切削 A 面，在保证 X 值不变前提下退刀，停止主轴，测量直径为 ϕ79.4 mm，从图 5.6 可以看出 X 值相对参考点为 X－300。

（8）点击按钮 [POS]，点击软键[相对]，将坐标显示置于相对坐标，输入 U，U 后面数字闪烁，点击软键[起源]将 U 置零，如图 5.7 所示。

（9）启动主轴，在保证 X 值不变前提下将刀具移到 B 面位置，从图 5.6 可以看出此时 Z 值相对参考点为 Z－200。

（10）点击控制面板按钮 [✎]，点击按钮 [PROG] 和软键[MDI]进入 MDI 编程方式。

（11）输入指令 G01U－79.4F0.5，点击循环启动按钮 [❙] 切削 B 面到端面中心，进入相对坐标显示画面，输入 W，W 后面数字闪烁，点击软键[起源]将 W 置零，U 值为－79.4，如图 5.8 所示。

（12）再次回到 MDI 编程方式，输入指令"G50 X0 Z0，G00 X100 Z50"，点击循环启动按钮 [❙]，设置 B 面中心为工件坐标原点，并将刀具移动到工件坐标系中指定的起点位置，基准刀具刀位点在绝对坐标系中坐标值为 X100，Z50。这样基准刀具就完成了对刀操作，也就是用 G50 指令建立了工件坐标系。

图 5.7　U 值置零画面

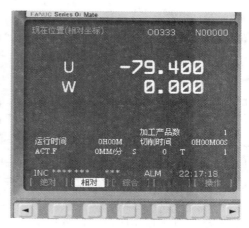

图 5.8　W 值置零画面

5.3.2.2　非基准刀具偏置值的输入(以图 5.6 中 T0202 为例)

(1) 将 1 号刀退至安全位置,手动将 2 号刀转至工作位置。

(2) 手动将 2 号刀具的刀位点对齐图 5.6 中基准刀具切出的位置 C 点,如果距离靠近可以采用脉冲增量或者手轮方式,尽量使其重合,点击按钮 ,点击软键[相对]记录下显示器上显示的 U、W 值,连同其符号输入到 2 号刀对应几何偏置的 X 轴偏置和 Z 轴偏置中。

(3) 依照以上步骤,将其余刀具的偏置值输入相应的几何偏置的 X 轴偏置和 Z 轴偏置中。以上输入的实际上是非基准刀具相对于基准刀具偏量矢量的坐标轴分量。对于切断(槽)刀具,要注意刀位点的确定,如果是用刀刃左刀尖点来对齐 C 点,则编程时就应该以左刀尖点为刀位点。实际中,只需将所有的非基准刀具完成上述偏置值的输入,即完成了加工程序 G50 工件坐标系的建立。

对 G50 在实际使用过程中应注意以下问题:

(1) 其他非基准刀具对刀完成以后,应该手动换回标准刀具,再次回到 MDI 编程方式,输入指令"G00 X100 Z50",点击循环启动将标准刀具移到 X100、Z50 处,将来在程序开始处就可以输入指令"G50 X100 Z50"来建立工件坐标系。

(2) G50 指令建立工件坐标系与刀具的当前位置有关,因此加工程序在程序结束之前,必须将刀具退回至对刀点,且下一次加工时工件的安装位置必须是原来的位置,否则程序加工有误。另外,每次关机后重新上电开机,由于刀具返回参考点的动作,使刀具偏离了原来的对刀位置,必须重新对基准刀具进行对刀。从这个意义上,有人就将 G50 指令看做单件生产时的建立工件坐标系指令。其不如刀具偏置建立工件坐标系,该指令如果工件能够安装到原来的位置(如夹具安装),则即使停电后重新上电开机,也不需对刀就可直接加工,因为刀具补偿存储器中的值始终是上一次的修改值。G50 指令建立工件坐标系是一种应用广泛的方法,几乎所有的数控系统均具有该功能。以上缺点实际上可以通过程序编制给予解决。例如批量生产时,采用专用夹具安装工件,因此每一次装夹工件的位置基本是固定的。如将 G50 指令的使用程序进行适当的修改,在其之前增加两条指令,其结果就大不相同了。增加指令如下所示:

/G28 U0 W0;　　　　　　　　　　　　　　　　返回参考点

/G00 U−279.4 W−150(G53 X−179.4 Z−150);　　刀具快速移动到起刀点位置

G50 X100 Z50;

…

G00 X100 Z50；　　　　　　　　　　　　　　　程序结束前回到起刀点位置

M30；　　　　　　　　　　　　　　　　　　　　程序结束返回开始处

其中,在图 5.6 中,工件坐标系中绝对坐标值为 X150,Z50 的起刀点相对于参考点坐标值是 U－297.4,W－150,"/"的含义是如果控制面板上跳转按钮被按下,指示灯点亮,则不会执行"/"后面的程序,否则要执行"/"后面的程序。在第一次上电开机时,让跳转按钮不被按下,可以执行"/"后面的程序,也就保证在返回参考点后回到起刀点位置,第一次加工过后,刀具已经在起刀点位置,所以只要机床不断电就不需要"/"后面的程序,只需要让跳转按钮按下即可,从而节约了再次对刀和返回参考点时间。

5.3.3　G54～G59 指令建立和选择工件坐标系

在数控系统中,可以用 G54～G59 指令选择事先设置好的六个不同的工件坐标系,这六个工件坐标系相对于机床原点的偏置距离可以通过 LCD/MDI 面板设置。该指令的使用与 G50 指令相似,也分基准刀具与非基准刀具,设定 G54～G59 坐标系的偏置只是用基准刀具进行,非基准刀具与基准刀具的关系同 G50 指令中的介绍。与 G50 指令建立工件坐标系相同,用 G54～G59 指令建立和选择坐标系时,其基准刀具中的几何偏置值必须清零,非基准刀具的几何偏置储存的是修正位置误差的偏置矢量。

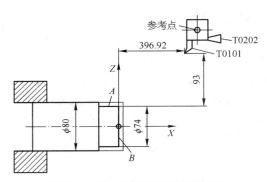

图 5.9　G54 指令建立工件坐标系

G54～G59 指令的运用包括对其坐标系的设定以及程序中用相应的指令进行选择两部分内容。X－260 和 Z－395.833 正好是工件坐标系相对于机床参考点的偏置值,注意到对刀位置处刀位点的 X 值为－180,再往下移直径 80 则正好是工件坐标系原点,即－260＝－180－80。

G54～G59 坐标系的选定主要通过加工程序实现。下面以图 5.9 为例介绍 G54 工件坐标系设置的操作过程。

5.3.3.1　基准刀具预置 G54 工件坐标系

假设基准刀具为 T0101。

(1) 首先让刀架返回参考点建立机床坐标系。

(2) 通过点击 [TOOL] 或者 MDI 编程方式选择 1 号刀。

(3) 将 1 号刀的刀具补偿存储器的几何偏置值全部清零。具体操作为按下 MDI 面板上的 [OFFSET SETTING],进入刀具补正画面,按下软键[补正],再按下软键[形状],显示"刀具补正/几何"画面,将光标移至需要清零的位置上,输入数值 0,按下软键[输入]或 MDI 面板上的 [INPUT] 键即可。

(4) 在机床控制面板选择手动方式按钮 [WWW],手动指示灯亮。

(5) 通过点击坐标轴 [X]、[Z] 和方向按钮 [+]、[-],将刀架移动到工件附近。

(6) 点击按钮 [o],启动主轴。

(7) 通过试切的方式切削 A 面,在保证 X 值不变前提下退刀,停止主轴,测量直径为 φ74.0 mm,从图 5.10 可以看出 X 值相对参考点为 X－186。

(8) 点击 MDI 面板上 [OFFSET SETTING] 及 LCD 下面软键[坐标系],进行到图 5.10 所示坐标系设置画面,移动光标到 G54 的 X 处输入"X74.0",点击软键[测量],X 值变为－260(－186－74＝

—260)。

（9）启动主轴,移动刀位点到端面切削端面 B,保证 Z 值不变退刀,停止主轴,从图 5.10 可以看出 Z 值相对参考点为 $Z-396.2$,回到 LCD 坐标系设置画面,输入"Z0",点击软键[测量], Z 值变为 -396.2 ($-396.2-0=-396.2$)。

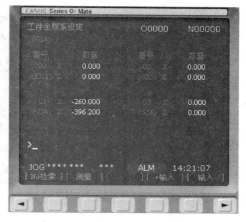

图 5.10　G54 工件坐标系设置画面

5.3.3.2　非基准刀具的对刀

假设非基准刀具为 T0202。

非基准刀具的对刀实际上就是将非基准刀具的刀位点相对基准刀具的刀位点的偏置矢量分量输入到相应的刀具补偿存储器中的几何偏置值栏中。其对刀方法与 G50 对刀时的非基准刀具的对刀相同,这里就不再叙述。

用 G54 设置工件坐标系,跟用刀具偏置设置工件坐标系一样,坐标系值是存储在存储器里面的,在系统断电重新启动,只要返回参考点而不需要再对刀,所以比较方便。

5.4　数控车床刀具补偿设置

数控车床刀具补偿包括刀具偏置和刀尖半径补偿,刀具偏置又包括刀具几何偏置和磨耗偏置,按下 MDI 面板上的按钮 OFFSET/SETTING 可以进入到相应的设置画面进行参数设置,下面将分别进行介绍。

5.4.1　设定和显示刀具偏置量

刀具偏置量和刀尖半径补偿值是保证加工精度的重要方法,CNC 系统有专门界面用于对其显示和设定。

设定和显示刀具偏置量和刀尖半径补偿值的步骤如下:

（1）按下功能键 OFFSET/SETTING,进入刀具补正画面;

（2）按下软键[补正]进入刀具补偿画面;

（3）在刀具补偿画面中,单击软键[形状]或[磨耗]进入刀具几何偏置和刀具磨耗补偿画面,如图 5.11 所示;

（4）用翻页键可整页切换补偿号的画面,用光标移动键可逐个横向或纵向移动光标用于修改或设置刀具补偿值或刀尖方向号等参数;

（5）在图 5.11 所示画面中,按下软键[操作],软键的功能会发生变化,如图 5.12 所示,这些软键提供了不同的偏置(补偿)值的输入方法。

下面对这些输入方法说明如下:①输入一个值,然后按下软键[输入](也可按下 MDI 面板上的 INPUT 键),将输入的值输入到光标所在位置。②输入一个值,然后按下软键[＋输入],将输入值与光标所在值相加(输入的值也可为负值)。③输入一个 Xa 或者 Zc。然后按下软键[测量],则为刀具当前位置的绝对坐标与输入值相减。这种数据的输入方法在对刀时特别有用。④[c 输入]软键用于将刀具当前位置的绝对坐标值输入到补偿存储器中。

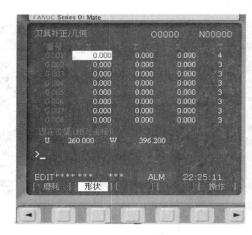 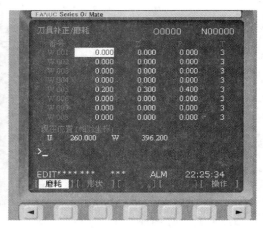

(a) 刀具几何偏置　　　　　　　　　　　(b) 刀具磨耗偏置

图 5.11　刀具补正画面

图 5.12　刀具补偿操作软键画面

5.4.2　刀具偏置量设置

将编程时用的刀具参考位置、标准刀具的刀尖,与加工中实际使用刀具的刀尖位置之间的差值设定为刀偏量。刀偏量必须在加工之前输入到数控系统的刀具偏置存储器中,这样在程序运行过程中会自动地调用并按一定的规则进行补偿。

刀具偏置分几何偏置和磨耗(又称磨损)偏置两种,FANUC 0i 将几何偏置和磨耗偏置分开设置和存储。对于数控车削加工而言,刀具偏置矢量是由 X 方向和 Z 方向两个矢量合成得到。

5.4.2.1　刀具几何偏置的设置

刀具几何偏置主要用于工件坐标系的设置,如果用几何偏置来设置工件坐标系时,每把刀具的几何偏置是独立的,每把刀建立自己的坐标系;如果用 G50 或者 G54～G59 指令来设置工件坐标系时,将会选择一把标准刀具,标准刀具的几何偏置值设为零,非标准刀具的几何偏置则为将该刀具移动到一个相同点时跟标准刀具的 X、Z 偏差。

5.4.2.2　刀具磨耗偏置的设置

刀具磨耗偏置是指刀具加工一段时间后,刀具刀位点的位置发生变化,在程序不变的情况下重复加工时会出现零件尺寸发生变化,比如用磨损过的外圆车刀来精车外圆就会发现零件直径变大,要使磨损过的刀尖加工的直径不变就需要修改程序坐标值,这样会很麻烦,如果通过修改刀具对应的磨耗偏置,就可以让刀具的刀位点根据偏置值自动进行调节,让磨损后刀具的刀位点跟未磨损的刀具的刀位点重合,从而加工出正确尺寸的零件。

例如,经过测量零件发现刀具的刀尖磨损情况如图 5.13 所示,其中粗实线为磨损前的形状,细实线为磨损后的形状,从图中可以看出刀尖 X 值减小了 0.6 mm(半径值),Z 值增加了 0.3 mm,要使磨损后的刀尖跟磨损前的刀尖重合,则应该设置如图 5.14 所示的刀具的磨损偏置。

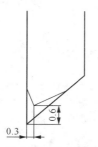

图 5.13　刀尖磨损后刀尖位置偏差

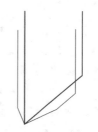

图 5.14　设置刀尖磨耗偏置后

假设刀具号和补偿号都是 01,设置刀具磨耗偏置的步骤如下:

(1) 按下功能键 `OFFSET SETTING`,进入刀具补正画面;

(2) 按下软键[补正]进入刀具补偿画面;

(3) 在刀具补偿画面中,单击软键[磨耗]进入刀具磨耗补偿画面,如图 5.11 所示;

(4) 用光标键将光标移到 W001 行 X 列,键入"-1.2"(直径值),按软键[输入]或按 MDI 面板上的 `INPUT`,将值输入到光标处;

(5) 用光标键将光标移到 W001 行 Z 列,键入"-0.3",按软键[输入]或按 MDI 面板上的 `INPUT`,将值输入到光标处,设置磨耗偏置后的画面如图 5.15 所示。

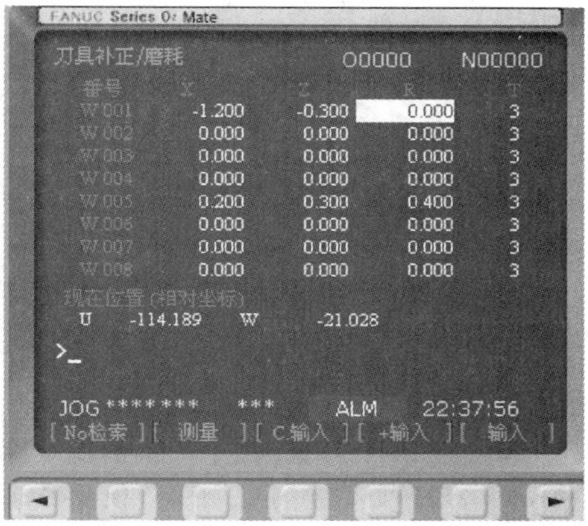

图 5.15　磨耗偏置设置后画面

5.4.3　刀尖半径补偿设置

对于手工编程,刀尖半径补偿主要采用指令 G41/G42/G40 以及加工之前存入刀具偏置(补偿)存储器中的刀尖圆弧半径值 R 和理论刀尖方位号 T 共同实现。其中以 G41/G42 启动刀尖半径左/右补偿,而 G40 为取消刀尖半径补偿。刀尖半径补偿后刀尖圆弧中心的移动轨迹由数控系统根据刀尖圆弧半径值 R、理论刀尖的方位号 T 和工件轮廓的形状等确定。

同刀具位置偏置一样,刀尖半径补偿也包含几何偏置和磨耗补偿两种,一般是将刀尖的理论半径存入几何偏置存储器中,而通过磨耗补偿来微调刀尖圆弧半径值,刀尖总半径值 R 为几何偏置 R 和磨耗补偿 R 之和。补偿刀尖圆弧半径和刀尖方位号必须在加工之前通过数控系统的 MDI 面板输入,具体的设置步骤为:

(1) 按下功能键 `OFFSET SETTING`,进入刀具补正画面;

(2) 按下软键[补正]进入刀具补偿画面;

(3) 在刀具补偿画面中,单击软键[形状]或[磨耗],可进入刀具几何偏置和刀具磨耗补偿画面,如图 5.16 所示,图中的 R 项和 T 项便是存放刀尖圆弧半径及理论刀尖方位号的地方;

(4) 用翻页键可整页切换补偿号的画面,用光标键移动键可逐个横向或纵向移动光标,用于修改或设置刀具半径补偿值或刀尖方位号等参数。

图 5.16 所示为分别在刀具几何偏置和刀具磨耗中设置 1~3 号刀的刀尖半径值和理论刀尖方位号。

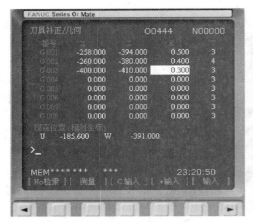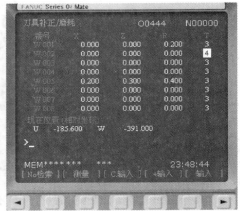

图 5.16　刀具半径补偿设置画面

知识拓展

　　数控机床加工前应该注意检查液压系统游标是否正常;检查润滑系统游标是否正常;检查冷却液容量是否正常,按规定加好润滑油和冷却液;手动润滑的部位先要进行手动润滑。

　　当加工中出现异常情况时,按机床操作面板上的急停按钮,机床的各运动部件在运动中紧急停止,数控系统复位。排除故障后要恢复机床工作,必须进行手动返回参考点操作。如果在换刀动作中按了急停按钮,必须用 MDI 方式把换刀机构调整好。如果机床在运行状态下按下了进给保持按钮,也可以使机床停止,同时数控系统自动保存各种现场信息,若再按循环启动按钮,系统将从断点处继续执行程序,无需进行返回参考点操作。

　　在手动自动加工过程中,若机床移动部件超出其形成极限,则为超程,超程时系统报警,机床锁住,屏幕上方报警行内出现超程报警内容。限位超程按下列步骤进行:①按住超程解除键按钮;②复位(松开)机床锁定键;③确认超程的轴和方向后,在手动方式下把超程轴反方向移出,脱离限位开关后,松开超程解除按钮;④按下 RESET 键,报警信号消失,系统重新启动。

【思考与练习】

1. 数控车床操作面板上的主要功能键有哪些,作用分别是什么?
2. 数控车床控制面板上的主要按键有哪些,作用分别是什么?
3. 数控车床手动操作步骤是什么?
4. 数控车床如何建立、编辑、删除程序?
5. 数控车床为什么要返回参考点,如何操作?
6. 数控车床如何检测、运行程序?
7. 数控车床试切对刀的操作步骤是什么?
8. 数控车床工件坐标系设定的三种方式是什么,有什么区别?
9. 数控车床用几何偏置设置工件坐标系的步骤是什么?
10. 几何偏置和磨耗偏置的作用是什么,如何进行设置?
11. 数控车床刀尖半径补偿的作用是什么,如何进行设置?

第6章 数控铣床及加工中心基本操作

■ 学习目标

　　熟悉 FANUC 0i - MC 系统标准面板上操作面板和控制面板上按键功能；掌握数控车床开关机、回零、手动操作、增量脉冲、手轮操作；掌握数控铣床及加工中心程序编辑操作、程序运行操作；掌握数控铣床及加工中心工件坐标系设定的方式和具体操作步骤；掌握数控铣床及加工中心几何偏置和磨耗偏置的意义及设置操作步骤；掌握数控铣床及加工中心半径补偿及长度补偿的意义及设置操作步骤。

6.1 操作面板简介

6.1.1 系统操作面板

系统操作面板如图 6.1 所示，其各个按键的功能见表 6.1。

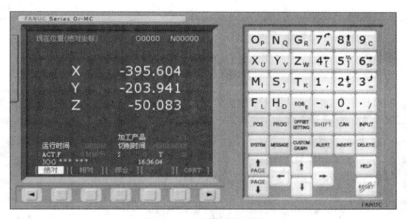

图 6.1 系统操作面板

表 6.1 FANUC 0i - MC 系统操作功能键的用途

名　　称	用　　途
RESET(复位)键	用于解除报警，CNC 复位
START(启动)键	用于 MDI 运转的循环启动或自动运转的循环启动，也作地址或数字输出键(OUTPUT)。按下此键，CNC 开始输出内存中的参数或程序到外部设备
地址/数字键	0～9、A～Z 用于数字和字母的输入
/、#、EOB(符号)键	用于输入符号，EOB 用于每个程序段结束符
DELETE(删除)键	编程时用于删除光标所在的程序段

（续表）

名　称	用　途
INPUT(输入)键	用于非 EDIT 状态下的各种数据的输入,按地址键或数字键后,地址或数字进入键输入缓冲器,并显示在 CRT 上。若要将缓冲器的信息设置到偏置寄存器中,可按 INPUT 键。此键作用与软键中的 INPUT 键等同
CAN(取消)键	消除键输入缓冲器中的文字或符号
CURSOR"↑"、"↓"(光标)键	用小区分单位移动光标时使用
PAGE "↑"、"↓"(翻页)键	翻动 CRT 页面时使用
POS(位置显示)键	进行现在刀具位置的显示
PROG(程序)键	EDIT 方式时,进行存储器内程序的编辑、显示;MDI 方式时,进行 MDI 数据的输入、显示,自动运转中进行指令值的显示等
MENU/OFFSET(偏置量设定与显示)键	进行偏置量的设定与显示
PARAM /DGNOS(参数/自诊断)键	运行参数的设定、显示及诊断数据的显示
OPR/ALARM (显示报警号)键	显示报警号
GRAPH(图形显示)键	刀具路径显示
软键	软键按照用途可以给出多种功能,并在 CRT 画面的最下方显示。左端的软键(◀)由软键输入各种功能时,为返回最初状态(按功能键时的状态)而使用;右端的软键(▶)用于还未显示的功能

6.1.2　机床控制面板

机床控制面板如图 6.2 所示,其各键(按钮)的功能见表 6.2。

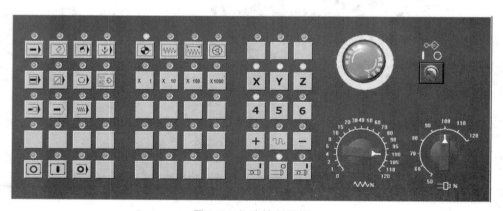

图 6.2　机床控制面板

表 6.2　控制功能键(按钮)的用途

按　钮	名　称	功 能 说 明
⊡	自动运行	此按钮被按下后,系统进入自动加工模式
⊡	编辑	此按钮被按下后,系统进入程序编辑状态

（续表）

按 钮	名 称	功 能 说 明
	MDI	此按钮被按下后，系统进入 MDI 模式，手动输入并执行指令
	远程执行	此按钮被按下后，系统进入远程执行模式(即 DNC 模式)，输入输出资料
	单节	此按钮被按下后，运行程序时每次执行一条数控指令
	单节忽略	此按钮被按下后，数控程序中的注释符号"/"有效
	选择性停止	此按钮被按下后，"M01"代码有效
	机械锁定	锁定机床
	试运行	空运行
	进给保持	程序运行暂停，在程序运行过程中，按下此按钮运行暂停。按"循环启动" 恢复运行
	循环启动	程序运行开始；系统处于"自动运行"或"MDI"位置时按下有效，其余模式下使用无效
	循环停止	程序运行停止，在数控程序运行中，按下此按钮停止程序运行
	回原点	机床处于回零模式；机床必须首先执行回零操作，然后才可以运行
	手动	机床处于手动模式，连续移动
	增量进给	机床处于手动模式，每按一次移动一定距离
	手动脉冲	机床处于手轮控制模式
X	X 轴选择按钮	手动状态下 X 轴选择按钮
Y	Y 轴选择按钮	手动状态下 Y 轴选择按钮
Z	Z 轴选择按钮	手动状态下 Z 轴选择按钮
+	正向移动按钮	手动状态下，点击该按钮系统将向所选轴正向移动。在回零状态时，点击该按钮将所选轴回零
−	负向移动按钮	手动状态下，点击该按钮系统将向所选轴负向移动
快速	快速按钮	点击该按钮将进入手动快速状态
	主轴控制按钮	依次为主轴正转、主轴停止、主轴反转
启动	启动	系统启动
停止	停止	系统停止
超程释放	超程释放	系统超程释放
	主轴倍率选择旋钮	将光标移至此旋钮上后，通过点击鼠标左键或右键来调节主轴旋转倍率
	进给倍率	调节运行时的进给速度倍率
	急停按钮	按下急停按钮，使机床移动立即停止，并且所有的输出(如主轴的转动等)都会关闭

（续表）

按　钮	名　称	功　能　说　明
	手轮显示按钮	按下此按钮，则可以显示出手轮
	手轮面板	点击 按钮，将显示手轮面板，再点击手轮面板右下角的 按钮手轮面板将被隐藏
	手轮轴选择旋钮	手轮状态下，将光标移至此旋钮上后，通过点击鼠标左键或右键来选择进给轴
	手轮进给倍率旋钮	手轮状态下，将光标移至此旋钮上后，通过点击鼠标左键或右键来调节点动/手轮步长。×1、×10、×100 分别代表移动量为 0.001 mm、0.01 mm、0.1 mm
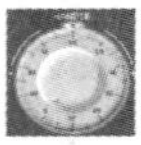	手轮	将光标移至此旋钮上后，通过点击鼠标左键或右键来转动手轮

6.1.3　软键

FANUC 0i - MC 数控系统可通过软键进行某些基本功能操作。软键如图 6.3 所示。

图 6.3　软键

面板上的软键对应系统中的相应功能（在显示屏上显示），通过左右箭头可以实现翻页。

6.2　机床的基本操作

6.2.1　数控系统启动和关闭

1）数控系统启动　应按以下顺序进行：

（1）打开气源；

（2）打开总电源；

（3）打开系统电源；

（4）开启数控系统；

（5）释放急停按钮，如图 6.4 所示；

（6）原点回归。

图 6.4　数控系统启动和关闭

2）数控系统关闭　应按以下顺序进行：

（1）将机床各坐标轴移至合适位置，使各轴离开机床原点大于 100 mm；

（2）按下急停按钮；

（3）关闭数控系统；

（4）关闭电源开关；

（5）关闭气源。

6.2.2　原点回归方法

首先选择原点回归模式，如图 6.5a 所示，选择正方向＋按钮，如图 6.5b 所示。通过按下某个轴的点动按键使相应的轴回到原点，如图 6.5c 所示。执行原点回归过程中，指示灯会持续闪烁。回归完成时，则指示灯亮着不再闪烁。

(a) 选择原点回归模式

(b) 选择坐标轴移动方向

(c) 相应坐标轴回到参考点

图 6.5　原点回归

6.2.3　手轮进给

将模式选择旋钮旋至手动进给状态，如图 6.6a 所示，再在手轮上选择进给坐标方向及倍率（×1 状态为 0.001/格，×10 状态为 0.01/格，×100 状态为 0.1/格），根据进给方向摇动手轮手柄，如图 6.6b 所示。

(a) 手轮模式

(b) 手摇轮

图 6.6　手轮进给

6.2.4　手动进给

将模式选择旋钮旋至手动进给状态，以选定的坐标轴及方向按动相应的按键，即执行相应的运动，放开按键随即停止。进给速度由进给倍率调整旋钮调整（外圈 0～4 000 mm/min），如图 6.7a 和图 6.7c 所示。

(a) 增量移动

(b) 快速移动

(c) 进给倍率

图 6.7　手动进给和快速进给

6.2.5　快速进给

将模式选择旋钮旋至快速进给状态，调整快速进给倍率，如图 6.7b 和图 6.7c 所示，LOW 的速度为 500 mm/min，以选定的坐标轴及方向按动相应的按键，放开按键随即停止。

6.2.6　主轴

1）主轴正反转　手动主轴正反转时，应将模式选择旋钮置于手动模式下进行，按图6.8a中的正转或反转按键即可启动主轴，速度由预先输入的指令控制（MDI方式输入，如输入S1000M03，按循环启动键）确定，由主轴倍率旋钮进行微调，如图6.8b所示。

2）主轴倍率调整　当主轴转速由于切削效果而需要调整时，可以使用倍率调整旋钮，如图6.8b所示，可以使主轴以输入转速为基准值进行50％～120％的调整。

(a) 主轴正反转　　　　　　　　(b) 倍率调整按钮

图 6.8　主轴控制

6.2.7　切削液控制

如图6.9所示为切削液的三种状态。

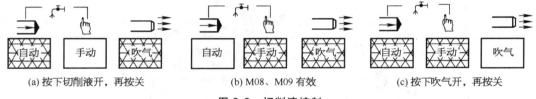

(a) 按下切削液开，再按关　　　　(b) M08、M09 有效　　　　(c) 按下吹气开，再按关

图 6.9　切削液控制

6.2.8　自动门控制

"控制门互锁装置"在程序停止及主轴和切削液停止的状态下可正常启闭，按一下门开，按键灯亮，再按一下门关，按键灯灭，开关如图6.10所示。

图 6.10　自动门控制 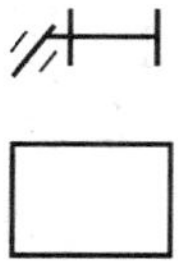　　　　　　　图 6.11　超程释放

6.2.9　超程释放

当工作台行程正常时按键灯亮，当行程超过极限开关的设定则工作台停止，按键灯灭。超程释放键如图6.11所示。屏幕显示 NOT READY。超程释放可按以下步骤进行：

(1) 将模式选择旋钮置手摇位置；

(2) 按住超程释放键不放，灯亮；

(3) 按下系统启动按键，重新启动系统；

(4) 使用手轮将过行程的轴移回正确的位置；

(5) 执行原点回归。

6.2.10　刀具号显示

如图 6.12 所示为刀具号显示选择开关及显示,开关扳至右位显示目前刀库待命刀的刀号,开关扳至左位显示目前主轴上的刀号。

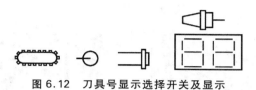

图 6.12　刀具号显示选择开关及显示

6.3　对刀及工件坐标系建立

6.3.1　工件坐标系的建立

6.3.1.1　G92 指令建立工件坐标系

用 G92 指令建立工件坐标系,使刀具上的点(例如刀尖)位于指定的坐标位置。如果在刀具长度偏置期间用 G92 指令建立坐标系,则 G92 用无偏置的坐标值设定坐标系。刀具半径补偿被 G92 指令临时删除。

例 6.1　如图 6.13 所示,用 G92 X260. Y230. Z0.;设置工件坐标系,刀尖所在点为程序起点。

6.3.1.2　使用 CRT/MDI 面板输入

使用 CRT/MDI 面板最多可以设置 1～6 个工件坐标系 G54～G59。加工中可以选择六个中的一个,也可以选用多个,本方式在一个程序中可以设置多个坐标系。在电源接通并返回参考点之后,建立工件坐标系 1～6。当电源接通时,自动选择 G54 坐标系。

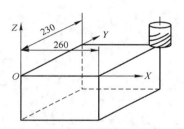

图 6.13　G92 指令建立工件坐标系

例 6.2　一个程序中设置多个坐标系,如图 6.14 所示。

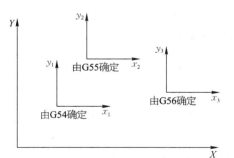

图 6.14　多个坐标系设定

G90 G54 G00 X0. Y0. ;(设置第 1 个坐标系在 O_1 点)
G90 G55 G00 X0. Y0. ;(设置第 2 个坐标系在 O_2 点)
G90 G56 G00 X0. Y0. ;(设置第 3 个坐标系在 O_3 点)

6.3.1.3　G54～G59 指令建立工件坐标系

G54～G59 的数值设定,是将对刀时得到的工件坐标系原点在机床坐标系中的绝对值,存储到数控系统的指定位置的一种操作,其操作步骤如下:

(1) 按键 MENU/OFFSET 进入参数设定页面;

(2) 用 PAGE[↑]或[↓]键在 No1～No3 坐标系页面和 No4～No6 坐标系页面之间切换;

(3) 用 CURSOR[↑]或[↓]选择坐标系;

(4) 按数字键输入地址字(X/Y/Z)和数值到输入区域;

(5) 按 INPUT 键,把输入区域中间的内容输入到所指定的位置。

6.3.2　FANUC 0i－M 对刀

（1）手动模式→使刀具沿 Z 方向与工件上表面接触→按 ▧ 进入参数输入界面,如图 6.15 所示。

图 6.15　参数输入界面

图 6.16　Z 轴对刀

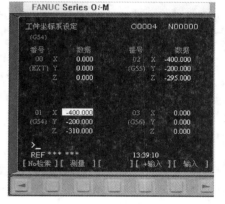

图 6.17　对刀完成

（2）按 ▧坐标系 →移动光标至 G54 坐标系处→输入 Z120→ ▧测量 →Z 轴对刀完毕,如图 6.16 所示。

（3）移动刀具,使刀具在 X 轴的正方向与工件相切→按 ▧ 进入参数输入界面,按 ▧坐标系 →移动光标至 G54 坐标系处→输入主轴中心到所要设定的工件坐标系原点之间的距离值(如 X135)→ ▧测量 →X 轴对刀完毕。

（4）用同样的方法给 Y 轴对刀:移动刀具,使刀具在 Y 轴的正方向与工件相切→按 ▧ 进入参数输入界面(图 6.15)→ ▧坐标系 →移动光标至 G54 坐标系处→输入主轴中心到所要设定的工件坐标系原点之间的距离值(如 Y135)→ ▧测量 →Y 轴对刀完毕。对完刀后如图 6.17 所示。

6.3.3　对刀方法简介

6.3.3.1　用对刀器对刀

对刀器又称 Z 向设定器,有光电对刀器、量表(指针式)对刀器等,光电对刀器的原理与寻边器相同,即接触、回路闭合、指示灯亮,如图 6.18a 所示,指针式对刀器如图 6.18b 所示。对刀器适用于 Z 向精确对刀,若用于水平方向对刀时,一般要将对刀器水平放置,底面应有磁性,便于安装吸住。在数据处理时应注意要将对刀器的高度考虑进去。

6.3.3.2　用杠杆表对刀

用杠杆表对刀适用于以圆柱孔(或圆柱面)的中心点为工件坐标系原点的场合,适用于 X、Y 对刀,其具体步骤如下:

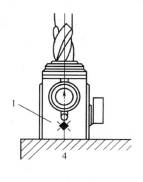
(a) 光电式对刀器

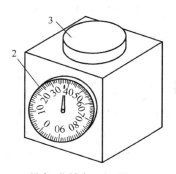
(b) 量表 (指针式) 对刀器

图 6.18　对刀器对刀

1—指示灯；2—量表；3—圆柱接角平台；4—工件

（1）扳动机床主轴端面键能轻松地转动主轴；

（2）将装有杠杆表的磁性表座吸在机床主轴端上,能与主轴一起转动；

（3）手轮移动 Z 轴,使表头靠近但不接触孔口或柱面；

（4）扳动机床主轴端面键主轴转动,配合以手轮移动 X、Y 轴,使主轴轴心线与孔(或柱面)的中心线大致重合；

（5）扳动表的触针或移动表座,再转动主轴使表的触针回转圆与孔(或柱面)直径相当；

（6）手轮移动 Z 轴,使表头压住被测表面,指针转动约 0.2 mm,如图 6.19 所示；

（7）逐渐减小手轮的 X、Y 移动量,使表头旋转一周时,其指针的摆动量在所允许的对刀误差范围内,就认为主轴回转中心与被测孔中心重合,不要再动机床；

（8）将这时机床坐标系中的 X、Y 值输入到零点偏置窗口即可。

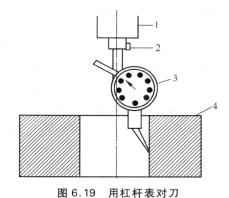

图 6.19　用杠杆表对刀

1—主轴；2—磁性表座；
3—百分表；4—工件

6.4　刀具补偿设定操作

刀具补偿量的设定方法有补偿值直接输入法和对以前的补偿量输入增减的方法两种。

1) 直接输入法

（1）按下 OFFSET/SETTING 键。

（2）如图 6.16 所示,按下(磨耗)H 对应软键。

（3）移动光标至欲输入补偿值的位置。

（4）输入补偿值,小数点输入。

（5）按 INPUT 键或软键"输入"。

　　2）增量值输入　增量值输入时,与直接输入法前 4 步相同,只是输入增减值后,按软键"＋输入"。使用时,为了便于管理常常在 001～020 存储单元上存储半径补偿值,在 021～032 存储单元上存储刀具长度补偿值。

知识拓展

　　数控加工误差由编程误差、机床误差、定位误差、对刀误差等误差综合形成。

　　(1) 编程误差是由逼近误差、圆整误差等组成。逼近误差是用直线段或者圆弧段去逼近非圆曲线产生的。圆整误差是在数据处理时,将坐标值四舍五入圆整成整数脉冲当量值而产生的。脉冲当量指每个单位脉冲对应的坐标轴位移量,普通精度级的脉冲当量一般为 0.01 mm,较精密数控机床的脉冲当量一般为 0.005 mm 或 0.001 mm。

　　(2) 机床误差是由数控系统误差、进给系统误差等原因产生的。

　　(3) 定位误差是当工件在夹具上定位、夹具在机床上定位时产生的。

　　(4) 对刀误差是在确定刀具与工件的相对位置时产生的。

【思考与练习】

1. 数控铣床操作面板上的主要功能键有哪些,作用分别是什么?
2. 数控铣床控制面板上的主要按键有哪些,作用分别是什么?
3. 数控铣床如何建立、编辑、删除程序?
4. 数控铣床如何返回参考点操作?
5. 数控铣床如何检测、运行程序?
6. 数控铣床对刀的操作步骤是什么?
7. 几何偏置和磨耗偏置的作用是什么,如何进行设置?

下篇 >>>> 数控原理与系统

XIA PIAN   SHU KONG YUAN LI YU XI TONG

第7章　计算机数控装置

■ **学习目标**

了解数控系统的主要功能；掌握数控系统硬件结构的分类及其特点；掌握数控系统软件的类型、特点、结构模式；掌握逐点比较插补法、数字积分插补法、时间分割法的基本思想、主要步骤、特点；掌握刀具半径补偿的作用、工作原理；理解CNC对输入的零件程序的处理过程。

7.1　概　　述

7.1.1　CNC装置的组成

数控装置是机床数控系统的核心。从自动控制的角度来看,计算机数控(CNC)系统是一种位置(轨迹)控制系统,其本质是以多执行部件(各运动轴)的位移量为控制对象并使其协调运动的自动控制系统。从外部特征来看,CNC系统由硬件(通用硬件和专用硬件)和软件(专用)两大部分组成,其基本组成如图7.1所示。

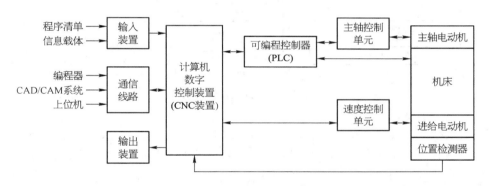

图7.1　数控系统的基本组成

7.1.2　CNC装置的硬件体系结构

7.1.2.1　物理结构

根据其安装形式、板卡布局等硬件物理结构的不同,CNC装置可以分为专用型数控系统和基于个人计算机(PC)的数控系统两大类。

专用型数控系统是针对数控机床的应用专门设计的,如FANUC系统、SIEMENS系统等。

在一台通用的微机上,加装运动控制卡和I/O接口卡并运行CNC系统软件,即可构成基于PC的控制系统。

7.1.2.2　逻辑结构

CNC装置在硬件的支持下,通过系统软件控制进行工作。其控制功能在相当程度上取决于硬件结构。硬件结构按 CNC 装置中各电路板的插接方式可分为大板式和功能模块式结构;按微处理的个数分为单微处理器和多微处理器结构;按硬件的制造方式可分为专用型和通用型结构。

微处理器 CPU 是 CNC 装置的核心,CPU 执行系统程序,首先读取工件加工程序,对加工程序段进行译码和数据处理,然后根据处理后得到的指令,进行对该加工程序段的实时插补和机床位置伺服控制;它还将辅助动作指令通过可编程控制器(PLC)送到机床,同时接收由 PLC 返回的机床各部分信息并予以处理,以决定下一步的操作。

1) 单微处理器结构   单微处理器结构是指整个 CNC 装置只有一个 CPU,它集中控制和管理整个系统资源,通过分时处理的方式来实现各种 NC 功能。某些系统虽然有两个以上的 CPU,但系统中只有一个 CPU(称为主 CPU)对系统的资源有控制和使用权,其他带 CPU 的功能部件只能接收主 CPU 的控制命令或数据,或向主 CPU 发出请求信息以获得所需的数据,即它是处于从属地位的,故称之为主从结构,被归属于单微处理器结构中。

单微处理器结构的 CNC 装置可划分为计算机部分、位置控制部分、数据输入/输出接口及外围设备,其结构框图如图 7.2 所示。

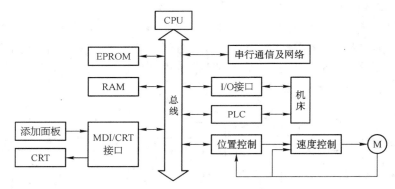

图 7.2   单微处理器结构组成

CNC 装置工作时,在系统程序(存储在 EPROM 中)的控制下,从 MDI/CRT 接口或者串行通信接口输入零件加工程序并将其存储到有后备电池的 RAM 中,然后进行译码、插补等处理,插补结果通过位置控制接口输出,控制各坐标轴运动,并通过 I/O 接口输入/输出开关量信号,实现辅助动作的控制并同步零件程序的执行。

在单微处理器结构中,由于仅由一个微处理器进行集中控制,故其功能将受 CPU 字长、数据字节数、寻址能力和运算速度等因素的限制。如果插补等功能由软件来实现,则数控功能的实现与处理速度就成为突出的矛盾。解决该矛盾的措施有增加浮点协处理器、采用带有 CPU 的 PLC 和 CRT 等智能部件。

单微处理器结构特点如下:

(1) CNC 装置内只有一个微处理器,对存储、插补运算、输入/输出控制、CRT 显示等功能实现集中控制分时处理;

(2) 微处理器通过总线与存储器、输入/输出控制等接口电路相连,构成 CNC 装置;

(3) 结构简单,实现容易。

2) 多微处理器结构   多微处理器结构是指 CNC 装置中有两个或两个以上的 CPU,各

CPU 之间采用紧耦合,资源共享,有集中的操作系统,甚至有两个或两个以上的微处理器功能模块,模块之间采用松耦合,多重操作系统有效地直线并行处理。根据部件间的相互关系又可将其分为多主结构和分布式结构。多主结构是指系统中有两个或两个以上带 CPU 的模块部件对系统资源有控制或使用权,模块间采用紧耦合,有集中的操作系统,通过仲裁器来解决总线争用问题,通过公共存储器进行信息交换。分布式结构是指系统有两个或两个以上带 CPU 的功能模块,各模块有其独立的运行环境,模块间采用松耦合,且采用通信方式交换信息。

7.1.3 CNC 系统软件结构

CNC 系统软件是为实现 CNC 系统的各项功能而编制的专用软件,分为管理软件和控制软件两大部分,如图 7.3 所示。

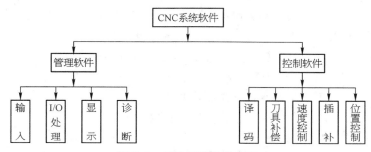

图 7.3 CNC 系统软件框图

CNC 系统是典型的实时控制系统,CNC 装置的系统软件则可看做一个专用实时操作系统。由于其应用于工业控制领域(多任务性、实时性),因此,分析和了解这些要求是至关重要的,因为它既是系统设计和将来软件测试的重要依据,也是确定系统功能和性能指标的过程。同时,这些要求也应是 CNC 系统软件的特点。并行处理的含义是系统在同一时间间隔或同一时刻完成两个或两个以上任务处理的方法。采用并行处理技术的目的是可以合理使用和调配 CNC 系统的资源,提高 CNC 系统的处理速度。并行处理的实现方式有资源分时共享和并发处理(例如流水处理),这些实现方式与 CNC 系统的硬件结构密切相关。CNC 装置各个功能模块之间并行处理的关系如图 7.4 所示。

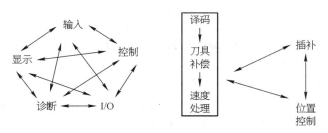

图 7.4 并行处理的关系

结构模式是指系统软件的组织管理方式,即系统任务的划分方式、任务调度机制、任务间的信息交换机制以及系统集成方法等。其功能是组织和协调各个任务的执行,使之满足一定的时序配合要求和逻辑关系,以满足 CNC 系统的各种控制要求。有前后台型软件结构和中断型软件结构两种模式。

　　1) 前后台型结构模式　这种模式将 CNC 系统软件划分成前台程序和后台程序两部分。前台程序主要完成插补运算、位置控制、故障诊断等实时性很强的任务,它是一个实时中断服务程序。后台程序(背景程序)主要完成显示、零件加工程序的编辑管理、系统的输入/输出、插补预处理(译码、刀补处理、速度预处理)等弱实时性的任务,它是一个循环运行的程序,其在运行过程中不断地定时被前台中断程序打断,前后台相互配合来完成零件的加工任务。前后台型结构模式的任务调度机制是优先抢占调度和循环调度,其中前台程序的调度是优先抢占式的,而后台程序的调度是循环调度,前台和后台程序内部各子任务采用的是顺序调度,这种结构模式实时性差。在前台和后台程序内无优先级等级、也无抢占机制,该结构仅适用于控制功能较简单的系统。早期的 CNC 系统大都采用这种结构。

　　2) 中断型结构模式　这种结构是将除了初始化程序之外,整个系统软件的各个任务模块分别安排在不同级别的中断服务程序中,然后由中断管理系统(由硬件和软件组成)对各级中断服务程序实施调度管理。整个软件就是一个大的中断管理系统。

　　中断型结构模式的特点是,其任务调度机制为抢占式优先调度,因此实时性好。由于中断级别较多(最多可达 7 级),强实时性任务可安排在优先级较高的中断服务程序中。但模块间的关系复杂,耦合度大,不利于对系统的维护和扩充。

　　20 世纪 70～90 年代初的 CNC 系统大多采用这种结构。

7.1.4　零件加工程序的处理过程

　　数控加工是由 CNC 装置根据零件加工程序控制数控机床自动完成的。每一个加工程序段都是按照输入→译码→刀具补偿→进给速度处理→插补→位置控制的顺序进行处理的,如图 7.5 所示。

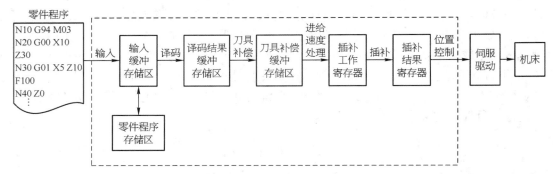

图 7.5　数控零件加工程序的处理过程

　　其各个步骤的主要功能分别介绍如下:

　　1) 输入　通过键盘(也可以是磁盘、纸带阅读机、数据通信接口等)将零件程序输入到 CNC 装置并完成无效代码的删除、代码校验和代码转换等功能。

　　2) 译码　将零件程序中的零件轮廓信息、进给速度信息和辅助开关信息翻译成统一的数据格式,以方便后续处理程序的分析、计算;在译码过程中,还要对程序段进行语法检查。

　　3) 刀具补偿　将编程轮廓轨迹转化为刀具中心轨迹,以保证刀具按其中心轨迹移动,能加工出所要求的零件轮廓,并实现程序段之间的自动转接。

　　4) 进给速度处理　根据编程进给速度确定脉冲源频率或者确定每次插补的位移增量,以保证各坐标方向运动的合成速度满足编程速度的要求。

5）插补　在已知曲线的类型、起点、终点和进给速度的条件下,在曲线的起、止点之间补足中间点的过程,即"数据点的密集化"过程。

6）位置控制　在每个插补周期内,将插补输出的指令位置与实际位置相比较,用差值控制伺服驱动装置带动机床刀具相对工件运动。

7.2　数控加工程序的输入

通过输入装置输入到数控系统中的程序段,一般先存放在 MDI 键盘缓冲器或零件程序缓冲中,然后根据控制要求将其传送到零件程序存储器中,或者直接送译码执行。零件程序输入过程如图 7.6 所示。

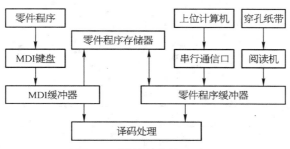

图 7.6　零件程序输入过程

7.2.1　输入工作方式

在自动译码执行零件程序时,根据译码程序段的来源不同,有图 7.7 所示的四种工作方式。

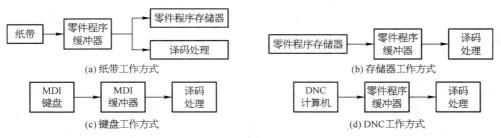

图 7.7　输入工作方式

1）纸带工作方式　在此工作方式下,按下"启动"按钮后纸带机开始工作,一边将纸带上的零件程序逐段读到零件程序缓冲器中,一边从缓冲器中读出,连续自动译码执行,直到程序结束。

2）存储器工作方式　这是最常用的一种工作方式,工作时用键盘命令调出零件存储器中指定的零件程序,逐段装入零件程序缓冲器中供译码执行,直到程序结束。

3）键盘工作方式　键盘工作方式即 MDI 方式,MDI 是手动数据输入（manual data input）的英文缩写。

4）DNC 工作方式　DNC 是直接数字控制(direct numerical control)的简称,即通过 RS-232C 串行接口与上位微型计算机相连,用微机中的零件程序直接控制机床的加工过程,一般用于有较长程序的复杂零件和模具的加工。

7.2.2　数据的存放方式

在零件程序存储器中可以存储多个零件程序,零件程序一般是按顺序存放的。在零件程序存储器中还开辟了目录区,在目录中按固定格式存放相应零件的有关信息,形成目录表。目录表中的每一项对应于一个零件程序,记录了该零件程序的名称、首地址、末地址。

储存在数控系统内的零件程序已不用 ISO 代码和 EIA 代码,而是用具有一定规律的数控内部代码,见表 7.1 和表 7.2。

表 7.1　常用数控代码及其内部代码

字符	EIA 码	ISO 码	内码	字符	EIA 码	ISO 码	内码
0	20H	30H	00H	X	37H	D8H	12H
1	01H	B1H	01H	Y	38H	59H	13H
2	02H	B2H	02H	Z	29H	5AH	14H
3	13H	33H	03H	I	79H	C9H	15H
4	04H	B4H	04H	J	51H	CAH	16H
5	15H	35H	05H	K	52H	4BH	17H
6	16H	36H	06H	F	76H	C6H	18H
7	07H	B7H	07H	M	54H	4DH	19H
8	08H	B8H	08H	LF/CR	80H	0AH	20H
9	19H	39H	09H		40H	2DH	21H
N	45H	4EH	10H	DEL	7FH	FFH	FFH
G	67H	47H	11H	EOR	0BH	A5H	22H

表 7.2　零件程序的存储信息

程序符号	ISO 码	内存地址	内码	程序符号	ISO 码	内存地址	内码
N	4EH	2000H	10H	6	36H	200CH	06H
0	30H	2001H	00H	Y	59H	200DH	13H
5	35H	2002H	05H	—	2DH	200EH	21H
G	47H	2003H	11H	6	36H	200FH	06H
9	39H	2004H	09H	0	30H	2010H	00H
0	30H	2005H	00H	F	C6H	2011H	18H
G	47H	2006H	11H	4	B4H	2012H	04H
0	30H	2007H	00H	6	36H	2013H	06H
1	B1H	2008H	01H	M	4DH	2014H	19H
X	D8H	2009H	12H	0	30H	2015H	00H
1	B1H	200AH	01H	5	35H	2016H	05H
0	30H	200BH	00H	LF	0AH	2017H	20H

7.3　数控加工程序的预处理

7.3.1　数控加工程序的译码

虽然要执行的零件程序的程序段已经转换成了内码形式存储在零件程序缓冲器中,但还不便于后续软件的处理计算,这主要表现在如下几个方面:

(1) 书写格式不统一,如 N10G01X106Y－64F46LF 程序段也可以写成 N10G01Y－64　X106F46LF 的形式;

(2) 各坐标值是 BCD 码形式,不便于刀具补偿和插补计算;

(3) 仅含有本段程序信息,不包括历史数据,对后续程序的处理不利。

7.3.1.1　代码识别

在 CNC 系统中,代码识别由软件完成。代码识别程序按顺序逐个读取字符,与各个文字码的内码相比较。若相等,则说明输入了该字符,于是系统设置相应标志或将字符转给相应的译码处理子程序;如果不是内码表中规定的文字码,则说明程序有错,于是系统置出错标志并返回主程序。

7.3.1.2　功能码的译码

功能码译码子程序将功能码后续的数字码进行代码转换,然后送到该功能码指定的译码结果缓冲器单元中。如果数字码位数不够,则认为程序出错,并置出错标志。N 代码译码子程序的流程图示例如图 7.8 所示。

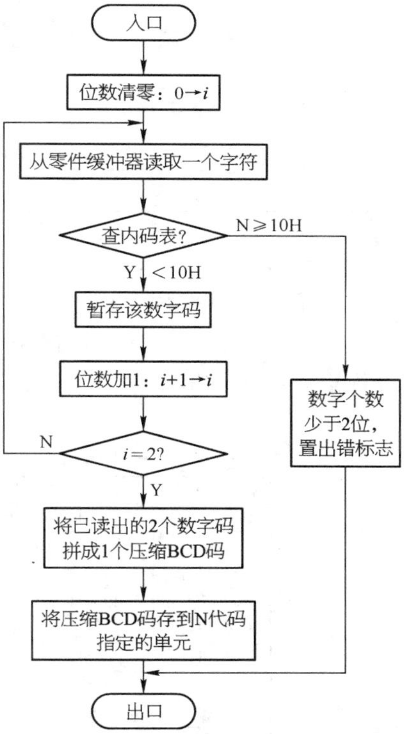

图 7.8　N 代码译码子程序流程图

7.3.1.3　译码结果缓冲器的格式

不同的 CNC 系统,其编程格式各不相同,译码结果缓冲器的格式设计应与零件程序格式相对应。对于某一个具体的 CNC 系统来讲,译码结果缓冲器的规模和格式是固定不变的,它含有所有功能码信息;各个功能码所占字节数视系统的精度、加工行程和码值范围而定;各功能码的数据格式根据后续软件的处理需要而定。某典型 CNC 系统的译码结果缓冲器格式见表 7.3 和表 7.4。

表 7.3　译码结果缓冲器格式

地址码	字节数	数据形式	地址码	字节数	数据形式
N	1	BCD 码	S	2	二进制
X	2	二进制	T	1	BCD 码
Y	2	二进制	MA	1	特征字
Z	2	二进制	MB	1	特征字
I	2	二进制	MC	1	特征字
J	2	二进制	GA	1	特征字
K	2	二进制	GB	1	特征字
F	2	二进制	GC	1	特征字

表 7.4　常用 G 代码、M 代码的分组

G 代码分组	G 代码	功　　能	G 代码分组	G 代码	功　　能
GA	G00	点定位	MA	M00	程序停止
	G01	直线插补		M01	计划停止
	G02	顺时针圆弧插补		M02	程序结束(复位)
	G03	逆时针圆弧插补	MB	M03	主轴正转
	G33	螺纹切削		M04	主轴反转
GB	G04	暂停		M05	主轴停止
GC	G90	绝对坐标编程	MC	M06	换刀
	G91	相对坐标编程			

7.3.1.4　译码过程

图 7.9 是零件程序译码过程示意图,这里假设译码结果缓冲器的起始地址是 4000H。译码软件首先从零件程序缓冲器中读入一个字符,判断出该字符是该程序段的第一个功能码 N,设标志后接着读取下一个字符,判断是数字码 0。

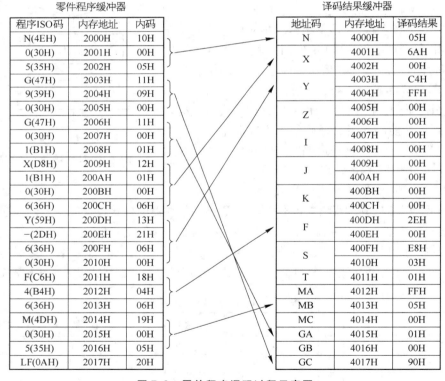

图 7.9　零件程序译码过程示意图

7.3.2　刀具半径补偿原理

刀具半径补偿常用的办法有 B 功能刀具半径补偿(简称 B 刀补)和 C 功能刀具半径补偿(简称 C 刀补)两种计算方法。现代 CNC 数控机床几乎都采用 C 刀补。C 刀补自动处理两个程序段刀具中心轨迹的转接,编程人员可完全按工件轮廓编程。

C 刀补根据前后两段程序及刀补的左右情况,首先判断是缩短型转接、伸长型转接或是插入型转接。根据转接角 α(两个相邻零件轮廓段交点处在非工作侧的夹角,如图 7.10 所示)的不同,可将 C 刀补的转接过渡分为三种类型:①当 $180°\leqslant\alpha<360°$时,属缩短型;②当 $90°\leqslant\alpha<180°$时,属伸长型;③当 $0°\leqslant\alpha<90°$时,属插入型。

图 7.10　C 刀补的过渡转接角 α

图 7.11 所示为直线与直线转接情况。对于缩短型转接,需要算出前后两段程序刀具中心轨迹的交点。插入型转接可插入一段直线,如图 7.11d 所示;也可插入一段圆弧,如图 7.11e 所示。插入直线段的转接情况,要计算出插入段直线的起点和终点。插入圆弧的计算要简单一些,与 B 刀补有些相似:只要插入一段圆心在轮廓交点,半径为刀具圆弧半径的圆弧即可。插入圆弧的方式虽计算简单,但在插补过渡圆弧时刀具始终在刀尖处切削,尖点处的工艺性不如插入直线的方式好。

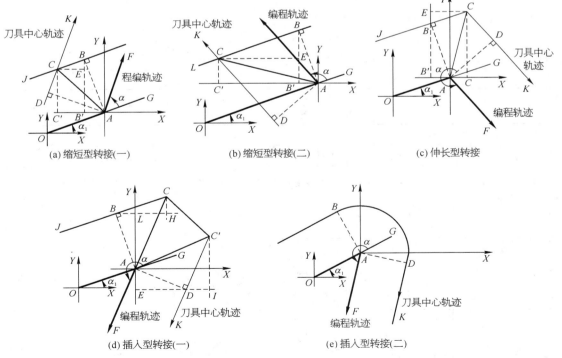

图 7.11　直线与直线转接形式

　　圆弧和直线、圆弧和圆弧转接的刀具补偿,也分为缩短型、伸长型和插入型三种转接情况来处理。C 刀补的计算比较复杂,一般可用解联立方程组的方法或用平面几何方法。离线计算常采用联立方程组的方法;如在加工过程中进行刀具半径补偿计算,则常用平面几何方法。为了便于交点计算以及对各种编程情况进行分析,C 刀补几何算法将所有的编程轨迹、计算中的各种线段都作为矢量。C 刀补程序主要计算转接矢量,所谓转接矢量主要指刀具半径矢量(如图 7.11a 中的 $\overrightarrow{AB}$ 和 $\overrightarrow{AD}$)和前后程序段的轮廓交点与刀具中心轨迹交点的连接线矢量(如图 7.11d 中的 $\overrightarrow{AC}$ 和 $\overrightarrow{AC'}$)。

　　刀具半径补偿功能在实施过程中,各种转接形式和过渡方式的情况,如表 7.5 和表 7.6 所示。表中实线表示编程轨迹;虚线表示刀具中心轨迹;α 为矢量夹角;r 为刀具半径;箭头为走刀方向。表中是以右刀补(G42)为例进行说明的,左刀补(G41)的情况与右刀补相似,就不再重复。

表 7.5　刀补建立和刀补撤销转接形式和过渡方式

转接形式 矢量夹角	刀补建立(G42)		刀补撤销(G40)		过渡方式
	直线—直线	直线—圆弧	直线—直线	圆弧—直线	
$\alpha \geqslant 180°$	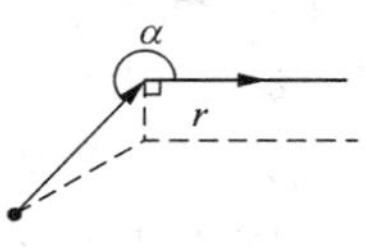	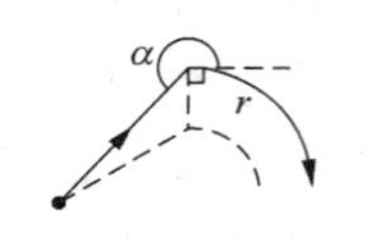	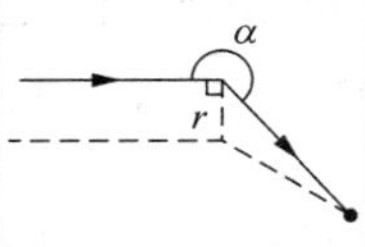	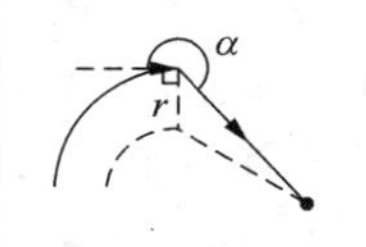	缩短型
$90° \leqslant \alpha < 180°$	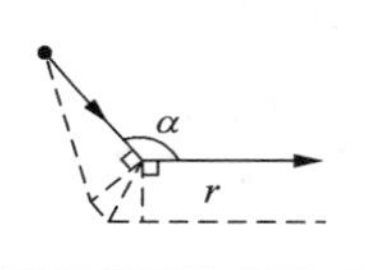	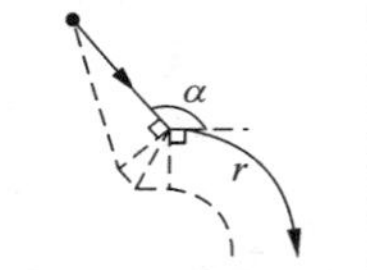	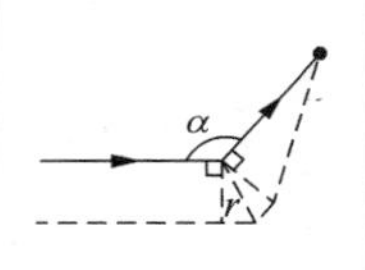	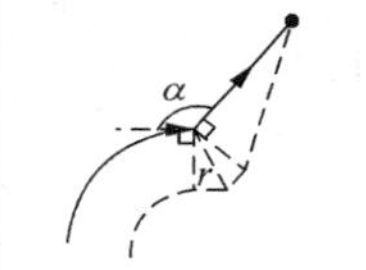	伸长型
$\alpha < 90°$	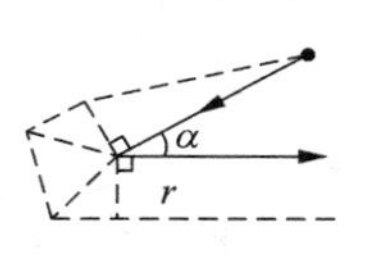	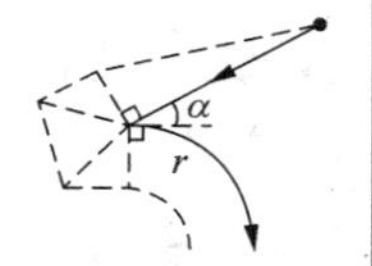	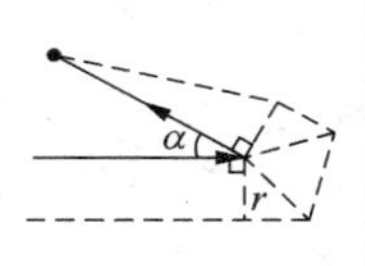	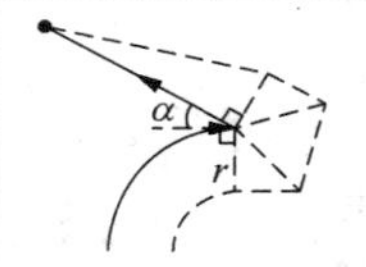	插入型

表 7.6　刀补进行转接形式和过渡方式

转接形式 矢量夹角	刀补进行(G42)				过渡方式
	直线—直线	直线—圆弧	圆弧—直线	圆弧—圆弧	
$\alpha \geqslant 180°$	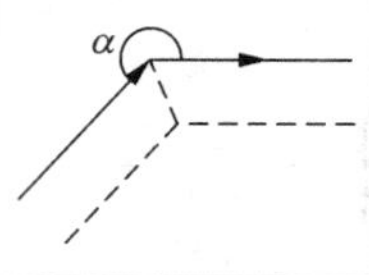	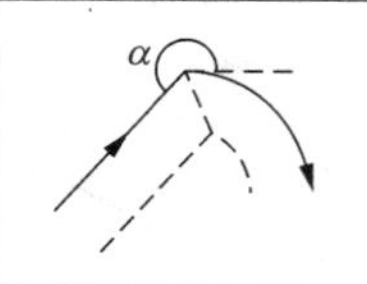	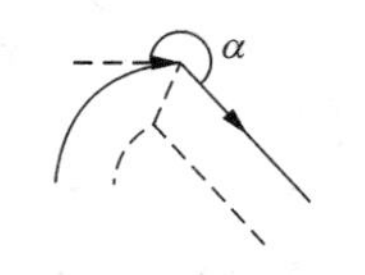	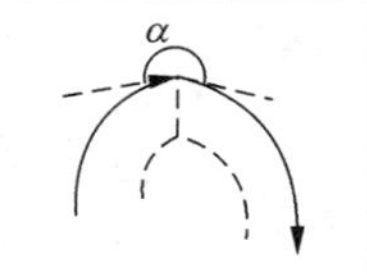	缩短型
$90° \leqslant \alpha < 180°$	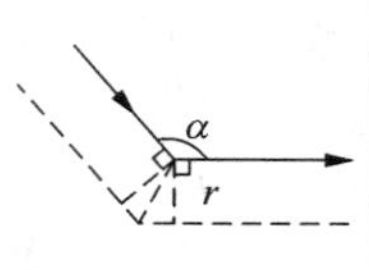	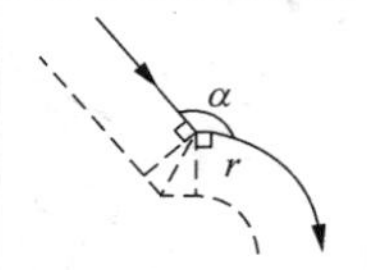	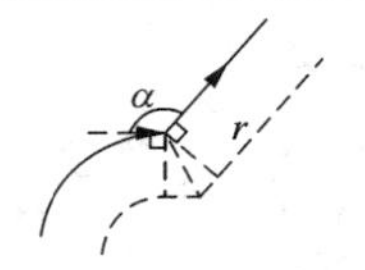	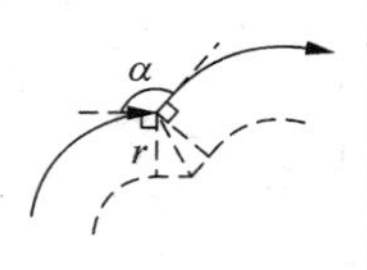	伸长型
$\alpha < 90°$	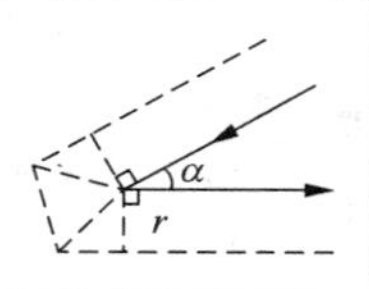	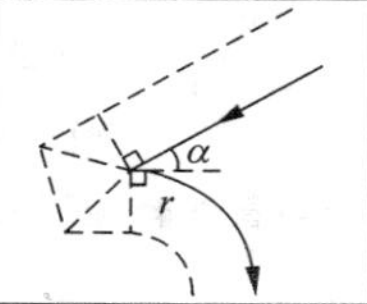	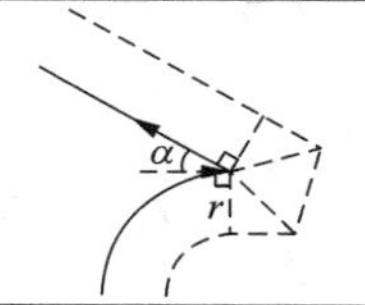	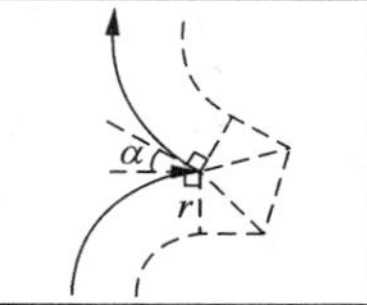	插入型

7.3.3　进给速度处理

进给速度处理就是根据译码缓冲器中 F 的数值进行相应的运算和处理,生成数控系统可以控制的速度信息。

7.3.3.1　脉冲增量插补算法的速度处理

脉冲增量插补的输出形式是脉冲,其脉冲输出频率与进给速度成正比。因此可通过控制插补运算的频率即触发计算的脉冲源的频率来控制进给速度。设编程进给速度为 $F(\text{mm/min})$,触发脉冲源的频率为 $f(\text{Hz})$,数控系统的脉冲当量为 $\delta(\text{mm/步})$,由此可推得触发脉冲源的频率与进给速度的关系为

$$f = \frac{F}{60}\delta$$

7.3.3.2　数据采样插补算法的速度处理

数据采样插补的输出是根据编程进给速度计算出的一个插补周期内合成速度方向上的位置增量。设编程进给速度为 $F(\text{mm/min})$,插补周期为 $T_s(\text{ms})$,机床操作面板上的进给速度倍率为 K,则在一个插补周期内的位置增量 $\Delta L(\text{mm})$ 为

$$\Delta L = KFT_s/(60 \times 1\,000)$$

只要在一个插补周期内完成上式所规定的位置增量,就可以实现所需要的进给速度。

7.4　轮廓插补原理

数控系统的主要任务是对机床运动的轨迹进行控制,复杂形状零件加工是数控加工技术的重要应用对象。轮廓插补的基本原理是已知运动轨迹的起点坐标、终点坐标和轨迹的曲线方程,由数控系统实时地计算出各个中间点的坐标。即轮廓插补是已知线段类型和起点、终点的前提下补足中间点的过程。插补的结果是输出运动轨迹的中间坐标值,机床伺服驱动系统根据这些坐标值控制各坐标轴协调运动,加工出预定的几何形状。

插补工作可以用硬件或软件来实现。早期的硬件数控系统(也就是 NC)都采用硬件的数字逻辑电路来完成插补工作,在以硬件为基础的 NC 系统中,数控装置采用了电压脉冲作为插补点坐标的增量输出,其中每个脉冲都在相应的坐标轴上产生一个基本长度单位,这个基本的长度单位就是脉冲当量,它表示每发送一个脉冲,工作台相对于刀具移动的距离。在计算机数控系统(CNC)中,插补工作一般由软件来完成,也可以由软、硬件配合完成。

软件插补法可分成脉冲增量插补法和数据采样插补法两类。

7.4.1　脉冲增量插补法

脉冲增量插补法适用于以步进电机为驱动元件的开环数控系统。脉冲增量插补法主要为各坐标轴进行脉冲分配计算,其特点是每次插补的结果仅产生一个行程的增量,以一个脉冲的形式输出给各个进给轴的伺服电动机。一个脉冲所产生的进给轴的移动量就是脉冲当量,一般用 δ 或 BLU 表示。对于普通数控机床,一般取 $\delta = 0.01$ mm,比较精密的数控机床可取 $\delta = 0.005$ mm、$0.002\,5$ mm 或 0.001 mm 等。这种插补方法比较简单,通常用加法和移位就可以完成插补。因此,比较容易用硬件来实现,而且用硬件实现的脉冲插补运算的速度很快。随着计算机运算速度的提高,现在大都用软件来完成这类运算。属于脉冲增量插补的具体算法有

数字脉冲乘法器法、逐点比较法、数字积分法、最小偏差法等。下面主要讨论逐点比较法和数字积分法。

7.4.1.1　逐点比较法

逐点比较法的基本原理是：计算机在控制加工过程中，能逐点地计算和判别加工误差，与规定的运动轨迹进行比较，由比较结果决定下一步的移动方向，向误差减小的方向移动，周而复始，直到插补至终点。逐点比较法既可以作直线插补，又可以作圆弧插补。这种算法的特点是，运算直观，插补误差小于一个脉冲当量，输出脉冲均匀，而且输出脉冲的速度变化小，调节方便，因此，在两坐标联动的数控机床中应用较为广泛。

逐点比较法插补要进行偏差判别、坐标进给、偏差计算、终点判别四个步骤。

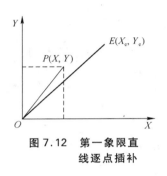

图 7.12　第一象限直线逐点插补

1）逐点比较法直线插补　设加工的轨迹为第一象限中的一条直线 OE，坐标起点为 $O(0, 0)$，终点坐标为 $E(X_e, Y_e)$，如图 7.12 所示。

（1）偏差判别。此处假设刀具瞬时位置为 $P(X, Y)$，直线 OE 的斜率是 $\dfrac{Y_e}{X_e}$，而直线 OP 的斜率为 $\dfrac{Y}{X}$，P 点位置可能有下述三种情况：

若 P 点落在直线 OE 上，则 OP、OE 重合，它们的斜率相等，有 $\dfrac{Y}{X} = \dfrac{Y_e}{X_e}$，即

$$YX_e - Y_e X = 0$$

若 P 点在直线 OE 上方，则 OP 斜率大于 OE 的斜率，有 $\dfrac{Y}{X} > \dfrac{Y_e}{X_e}$，即

$$YX_e - Y_e X > 0$$

若 P 点在直线 OE 下方，则 OP 斜率小于 OE 的斜率，有 $\dfrac{Y}{X} < \dfrac{Y_e}{X_e}$，即

$$YX_e - Y_e X < 0$$

通过上述分析，构造偏差函数，用 F 表示 P 点的偏差函数为

$$F(X, Y) = YX_e - XY_e$$

（2）坐标进给。规定：①当 $F = 0$，P 点在直线 OE 上，刀具向 $+X$ 方向前进一步；②当 $F > 0$，P 点在直线 OE 上方，刀具向 $+X$ 方向前进一步；③当 $F < 0$，P 点在直线 OE 下方，刀具向 $+Y$ 方向前进一步。

（3）偏差计算。刀具每走一步，将刀具新的坐标值代入 $F = YX_e - Y_e X$ 中，求出新的值，以确定下一步的进给方向。偏差计算出进给后的新偏差，作为下一个偏差判别的依据。

用公式计算偏差时，要求积，速度慢，经常变求积为求和、差，以提高速度，变换如下：当 $F_i \geqslant 0$ 时，加工动点向 $+X$ 方向进给一步，即 P_i 加工动点由沿 $+X$ 方向移动到新加工动点 P_{i+1}，P_{i+1} 的偏差为

$$F_{i+1} = X_e Y_{i+1} - X_{i+1} Y_e$$

其中
$$X_{i+1} = X_i + 1; \ Y_{i+1} = Y_i$$

所以
$$F_{i+1} = X_{\mathrm{e}}Y_i - (X_i + 1)Y_{\mathrm{e}} = X_{\mathrm{e}}Y_i - X_iY_{\mathrm{e}} - Y_{\mathrm{e}}$$

即
$$F_{i+1} = F_i - Y_{\mathrm{e}}$$

当 $F_i < 0$ 时,加工动点向 $+Y$ 方向进给一步,同理可得

$$F_{i+1} = F_i + X_{\mathrm{e}}$$

上述公式就是第一象限直线插补偏差的递推公式,即每进给一步,新加工动点的偏差可以用前一加工动点的偏差推算出来。从式中可以看出,偏差计算只用到了终点坐标值,不必计算每一加工动点的坐标值,且只有加法和减法计算,形式简单。

（4）终点判别。终点判别的方法一般有两种：

① 根据 X、Y 两坐标所要走的总步数 N 来判断,即

$$N = (|X_{\mathrm{e}}| - X_0) + (|Y_{\mathrm{e}}| - Y_0) = |X_{\mathrm{e}}| + |Y_{\mathrm{e}}|$$

每走一步 X 或 Y,均进行 $N-1$ 计算,当 N 减到零时到达终点,停止插补。

② 比较 $|X_{\mathrm{e}}|$ 和 $|Y_{\mathrm{e}}|$,取大者为 N 值,当沿该方向进给一步时,进行 $N-1$ 计算,直至 $N=0$ 停止插补。

注:终点判别的两种方法中,均用坐标的绝对值进行计算。

例 7.1　加工第一象限直线 OE,起点坐标为 $O(0,0)$,终点坐标为 $E(3,5)$,试用逐点比较法插补该直线,并画出插补轨迹。

解:总步数 $n = 3 + 5 = 8$。

终点坐标为 $E(3,5)$,即该直线位于第一象限,按第一象限进行插补运算,其运算结果见表 7.7,插补轨迹如图 7.13 所示。

表 7.7　插补运算表

序号	偏差判别	进给	偏差计算	终点判别
起点			$F_0 = 0$	$\Sigma_0 = 8$
1	$F_0 = 0 \geqslant 0$	$+\Delta X$	$F_1 = F_0 - Y_{\mathrm{e}} = 0 - 5 = -5$	$\Sigma_1 = \Sigma_0 - 1 = 7$
2	$F_1 = -5 < 0$	$+\Delta Y$	$F_2 = F_1 + X_{\mathrm{e}} = -5 + 3 = -2$	$\Sigma_2 = \Sigma_1 - 1 = 6$
3	$F_2 = -2 < 0$	$+\Delta Y$	$F_3 = F_2 + X_{\mathrm{e}} = -2 + 3 = 1$	$\Sigma_3 = \Sigma_2 - 1 = 5$
4	$F_3 = 1 \geqslant 0$	$+\Delta X$	$F_4 = F_3 - Y_{\mathrm{e}} = 1 - 5 = -4$	$\Sigma_4 = \Sigma_3 - 1 = 4$
5	$F_4 = -4 < 0$	$+\Delta Y$	$F_5 = F_4 + X_{\mathrm{e}} = -4 + 3 = -1$	$\Sigma_5 = \Sigma_4 - 1 = 3$
6	$F_5 = -1 < 0$	$+\Delta Y$	$F_6 = F_5 + X_{\mathrm{e}} = -1 + 3 = 2$	$\Sigma_6 = \Sigma_5 - 1 = 2$
7	$F_6 = 2 \geqslant 0$	$+\Delta X$	$F_7 = F_6 - Y_{\mathrm{e}} = 2 - 5 = -3$	$\Sigma_7 = \Sigma_6 - 1 = 1$
8	$F_7 = -3 < 0$	$+\Delta Y$	$F_8 = F_7 + X_{\mathrm{e}} = -3 + 3 = 0$	$\Sigma_8 = \Sigma_7 - 1 = 0$,到终点

以上讨论了第一象限直线插补计算方法,对其他象限的直线,可根据相同原理得到其插补计算方法。表 7.8 列出了各象限直线进给方向及偏差计算公式,即将第一象限直线插补偏差计算公式中的 X_{e}、Y_{e} 均取绝对值。

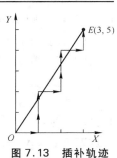

图 7.13　插补轨迹

表 7.8　四个象限的直线插补公式

所在象限	进给方向		偏差计算公式	
	$F \geqslant 0$	$F < 0$	$F \geqslant 0$	$F < 0$
Ⅰ	$+X$	$+Y$		
Ⅱ	$-X$	$+Y$	$F_{+1} = F - \mid y \mid$	$F_{+1} = F + \mid x \mid$
Ⅲ	$-X$	$-Y$		
Ⅳ	$+X$	$-Y$		

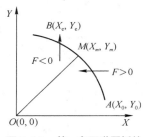

2）逐点比较法圆弧插补

（1）逐点比较法圆弧插补原理。以第一象限逆圆插补为例讨论逐点比较法圆弧插补的过程。

如图 7.14 所示，设需要加工第一象限逆时针圆弧 AB，圆弧的圆心在坐标系原点，已知圆弧的起点为 $A(X_0, Y_0)$，终点为 $B(X_e, Y_e)$，圆弧半径为 R。设瞬时加工点为 $M(X_m, Y_m)$，实际加工时 M 点落下的位置有三种可能：

若 M 点在圆上，则 $R_m = R$，即

$$X_m^2 + Y_m^2 = R^2$$

若 M 点在圆内，则 $R_m < R$，即

$$X_m^2 + Y_m^2 < R^2$$

图 7.14　第一象限逆圆插补

若 M 点在圆外，则 $R_m > R$，即

$$X_m^2 + Y_m^2 > R^2$$

从而构造偏差判别函数 $F = X_m^2 + Y_m^2 - R^2$，根据函数值，可判断加工点的位置。若 $F = 0$，点在圆上；$F > 0$，点在圆外；$F < 0$，点在圆内。

若 $F_m \geqslant 0$，对于第一象限的逆圆，为了逼近圆弧，应沿 $-X$ 方向进给一步到 $m+1$ 点，其坐标值为 $X_{m+1} = X_m - 1$，$Y_{m+1} = Y_m$。新加工点的偏差为

$$F_{m+1} = X_{m+1}^2 + Y_{m+1}^2 - R^2 = F_m - 2X_m + 1$$

若 $F_m < 0$，为了逼近圆弧，应沿 $+Y$ 方向进给一步到 $m+1$ 点，其坐标值为 $X_{m+1} = X_m$，$Y_{m+1} = Y_m + 1$，新加工点的偏差为

$$F_{m+1} = X_{m+1}^2 + Y_{m+1}^2 - R^2 = F_m + 2Y_m + 1$$

终点判别可采用终点坐标与动点坐标比较的方法。若 $X_i - X_e = 0$，则 X 向到达终点；若 $Y_i - Y_e = 0$ 则 Y 向到达终点；当两个坐标同时到达终点，则插补完成。

（2）逐点比较法圆弧插补运算过程。

① 偏差判别。根据加工偏差确定加工点相对于规定圆弧的位置，以确定进给方向。

② 进给控制。电机向误差减小的方向进给一步，逼近给定圆弧。

③ 偏差与坐标计算。计算新动点的偏差和坐标值，为下次判别和计算提供依据。

④ 终点判别。判断是否到达终点，若到达则停止插补；若未到达则重复上述过程。终点判别方法：用 X、Y 方向应走总步数之和 N 计算，每走一步 $N-1$，直至 $N = 0$ 停止插补。

（3）圆弧插补的象限处理。

① N1、N3、S2、S4 四种圆弧为一组，其共同特点是，$F \geqslant 0$ 时，向 X 方向进给；$F < 0$ 时，向 Y 方向进给。偏差计算与第一象限逆圆相同，只是 X、Y 值都取绝对值。这组圆弧的偏差计算和进给方向见表 7.9。

② S1、S3、N2、N4 四种圆弧为一组，其共同特点是，$F \geqslant 0$ 时，向 Y 方向进给；$F < 0$ 时，向 X 方向进给。偏差计算与第一象限顺圆相同，只是 X、Y 值都取绝对值。这组圆弧的偏差计算和进给方向见表 7.9。圆弧插补在四个象限进给方向如图 7.15 所示。

表 7.9　四个象限圆弧插补偏差计算和进给方向

类型	$F \geqslant 0$		$F < 0$	
	偏差计算	坐标进给	偏差计算	坐标进给
S1		$-Y$		$+X$
S3	$F_{i+1} = F_i - 2\|Y_i\| + 1$	$+Y$	$F_{i+1} = F_i + 2\|X_i\| + 1$	$-X$
N2	$\|Y_{i+1}\| = \|Y_i\| - 1$	$-Y$	$\|X_{i+1}\| = \|X_i\| + 1$	$-X$
N4		$+Y$		$+X$
S2		$+X$		$+Y$
S4	$F_{i+1} = F_i - 2\|X_i\| + 1$	$-X$	$F_{i+1} = F_i + 2\|Y_i\| + 1$	$-Y$
N1	$\|X_{i+1}\| = \|X_i\| - 1$	$-X$	$\|Y_{i+1}\| = \|Y_i\| + 1$	$+Y$
N3		$+X$		$-Y$

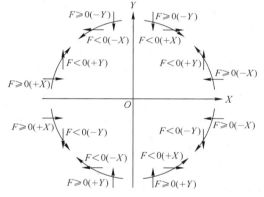

图 7.15　圆弧插补在四个象限进给方向

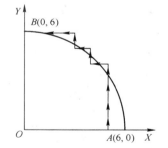

图 7.16　圆弧插补轨迹

例 7.2　设要加工第一象限的逆时针圆弧 AB，起点为 $A(6, 0)$，终点为 $B(0, 6)$，试写出逐点插补运算过程，并画出插补运算轨迹。

解：终点判别值为总步长 $\sum 0 = |6 - 0| + |0 - 6| = 12$。

开始时刀具在起点 A，即在圆弧上，$F_0 = 0$。插补轨迹如图 7.16 所示，插补运算过程见表 7.10。

表 7.10　插补运算过程

序号	偏差判别	进给	偏差计算	坐标计算	终点判别
1	$F_0 = 0$	$-\Delta X$	$F_1 = F_0 - 2X_0 + 1$ $= 0 - 2 \times 6 + 1 = -11$	$X_1 = 6 - 1 = 5$ $Y_1 = 0$	$\Sigma_1 = \Sigma_0 - 1$ $= 12 - 1 = 11$

序号	偏差判别	进给	偏差计算	坐标计算	终点判别
2	$F_1 = -11 < 0$	$+\Delta Y$	$F_2 = F_1 + 2Y_1 + 1$ $= -11 + 2 \times 0 + 1 = -10$	$X_2 = 5$ $Y_2 = 0 + 1 = 1$	$\Sigma_2 = \Sigma_1 - 1$ $= 11 - 1 = 10$
3	$F_2 = -10 < 0$	$+\Delta Y$	$F_3 = F_2 + 2Y_2 + 1$ $= -10 + 2 \times 1 + 1 = -7$	$X_3 = 5$ $Y_3 = 1 + 1 = 2$	$\Sigma_3 = \Sigma_2 - 1$ $= 10 - 1 = 9$
4	$F_3 = -7 < 0$	$+\Delta Y$	$F_4 = F_3 + 2Y_3 + 1$ $= -7 + 2 \times 2 + 1 = -2$	$X_4 = 5$ $Y_4 = 2 + 1 = 3$	$\Sigma_4 = \Sigma_3 - 1$ $= 9 - 1 = 8$
5	$F_4 = -2 < 0$	$+\Delta Y$	$F_5 = F_4 + 2Y_4 + 1$ $= -2 + 2 \times 3 + 1 = 5$	$X_5 = 5$ $Y_5 = 3 + 1 = 4$	$\Sigma_5 = \Sigma_4 - 1$ $= 8 - 1 = 7$
6	$F_5 = 5 > 0$	$-\Delta X$	$F_6 = F_5 - 2X_5 + 1$ $= 5 - 2 \times 5 + 1 = -4$	$X_6 = 5 - 1 = 4$ $Y_6 = 4$	$\Sigma_6 = \Sigma_5 - 1$ $= 7 - 1 = 6$
7	$F_6 = -4 < 0$	$+\Delta Y$	$F_7 = F_6 + 2Y_6 + 1$ $= -4 + 2 \times 4 + 1 = 5$	$X_7 = 4$ $Y_7 = 4 + 1 = 5$	$\Sigma_7 = \Sigma_6 - 1$ $= 6 - 1 = 5$
8	$F_7 = 5 > 0$	$-\Delta X$	$F_8 = F_7 - 2X_7 + 1$ $= 5 - 2 \times 4 + 1 = -2$	$X_8 = 4 - 1 = 3$ $Y_8 = 5$	$\Sigma_8 = \Sigma_7 - 1$ $= 5 - 1 = 4$
9	$F_8 = -2 < 0$	$+\Delta Y$	$F_9 = F_8 + 2Y_8 + 1$ $= -2 + 2 \times 5 + 1 = 9$	$X_9 = 3$ $Y_9 = 5 + 1 = 6$	$\Sigma_9 = \Sigma_8 - 1$ $= 4 - 1 = 3$
10	$F_9 = 9 > 0$	$-\Delta X$	$F_{10} = F_9 - 2X_9 + 1$ $= 9 - 2 \times 3 + 1 = 4$	$X_{10} = 3 - 1 = 2$ $Y_{10} = 6$	$\Sigma_{10} = \Sigma_9 - 1$ $= 3 - 1 = 2$
11	$F_{10} = 4 > 0$	$-\Delta X$	$F_{11} = F_{10} - 2X_{10} + 1$ $= 4 - 2 \times 2 + 1 = 1$	$X_{12} = 2 - 1 = 1$ $Y_{11} = 6$	$\Sigma_{11} = \Sigma_{10} - 1$ $= 2 - 1 = 1$
12	$F_{11} = 1 > 0$	$-\Delta X$	$F_{12} = F_{11} - 2X_{11} + 1$ $= 1 - 2 \times 1 + 1 = 0$	$X_{12} = 1 - 1 = 0$ $Y_{12} = 6$	$\Sigma_{12} = \Sigma_{11} - 1$ $= 0$，到终点

7.4.1.2　数字积分法

1）数字积分法基本原理　从几何意义上讲，函数 $Y = f(t)$ 的积分运算就是求出此函数曲线与横坐标所围成的面积，如图 7.17 所示，则

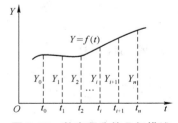

图 7.17　数字积分的几何描述

$$S = \int_0^n Y \mathrm{d}t = \int_0^n f(t)\mathrm{d}t \approx \sum_{i=0}^{n-1} Y_i (t_{i+1} - t_i) = \sum_{i=0}^{n-1} Y_i \Delta t$$

当取 $\Delta t =$ "1" 单位时，上式可表示为

$$S \approx \sum_{i=0}^{n-1} Y_i$$

称为函数 $Y = f(t)$ 在区间 $[t_0, t_n]$ 内对 t 的数字积分。

将其推广到数控系统的轮廓插补中，则有

$$位移 = \int 速度\, \mathrm{d}t \approx \sum 速度 \cdot \mathrm{d}t$$

2) DDA 法直线插补　　如图 7.18 所示,第一象限直线 OE,起点 O 为坐标原点,终点为 $E(X_e, Y_e)$,刀具进给速度在两个坐标轴上的速度分量为 V_X、V_Y,从而可求得刀具在 X、Y 方向上的位移增量分别为 $\Delta X = V_X \Delta t$, $\Delta Y = V_Y \Delta t$。

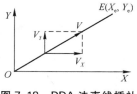

图 7.18　DDA 法直线插补

根据几何关系可以得出

$$\frac{V}{OE} = \frac{V_X}{X_e} = \frac{V_Y}{Y_e} = K$$

$$\begin{cases} \Delta X = KX_e \Delta t \\ \Delta Y = KY_e \Delta t \end{cases}$$

经过 m 次插补后,到达 (X_m, Y_m)

$$X_m = \sum_{i=1}^{m} \Delta X_i = \sum_{i=1}^{m} KX_e \Delta t$$

$$Y_m = \sum_{i=1}^{m} \Delta Y_i = \sum_{i=1}^{m} KY_e \Delta t$$

取 $\Delta t = $ "1" 单位,则

$$X_m = KX_e \sum_{i=1}^{m} 1 = mKX_e$$

$$Y_m = KY_e \sum_{i=1}^{m} 1 = mKY_e$$

设经过 n 次插补,到达终点 $E(X_e, Y_e)$,则

$$X_e = nKX_e$$

$$Y_e = nKY_e$$

从而 $nK = 1$ 或 $n = 1/K$。

为了保证坐标轴上每次分配的进给脉冲不超过一个脉冲当量单位,则

$$\Delta X = KX_e \leqslant 1, \ \Delta Y = KY_e \leqslant 1$$

若系统字长为 N 位,则 X_e、Y_e 的最大数为 $2N - 1$,代入上式可得

$$K(2N - 1) \leqslant 1$$

即 $K \leqslant 1/(2N - 1)$,取 $K = 1/(2N)$,则 $n = 1/K = 2N$。

DDA 法直线插补原理图如图 7.19 所示。

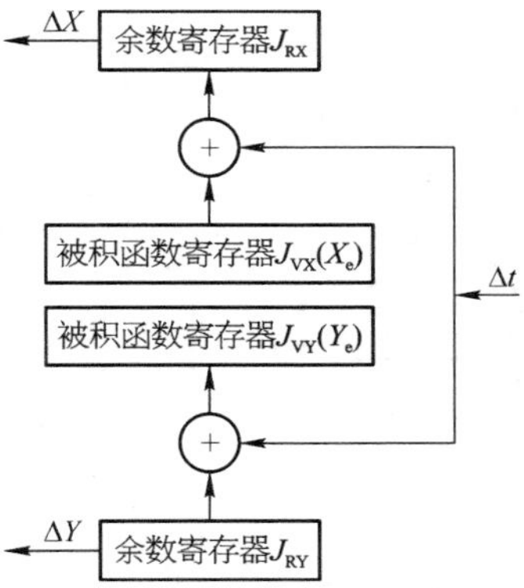

图 7.19　DDA 直线插补器

例 7.3　设要插补第一象限直线 OE,起点在原点,终点在 $E(4, 6)$,设寄存器位数为 3 位,试用 DDA 法进行插补。

解: 寄存器位数 $N = 3$,则累加次数 $n = 2^N = 7$;插补前 $J_\Sigma = J_{RX} = J_{RY} = 0$, $J_{VX} = X_e = 4$, $J_{VY} = Y_e = 6$。其插补运算过程见表 7.11,插补轨迹如图 7.20 所示。

表 7.11　DDA 法直线插补运算过程

累加次数 n	X 积分器		Y 积分器		终点判别 J_Σ
	$J_{RX}+J_{VX}$	溢出$(+\Delta X)$	$J_{RY}+J_{VY}$	溢出$(+\Delta Y)$	
开始	0	0	0	0	8
1	0+4=4	0	0+6=6	0	7
2	4+4=8	1	6+6=12	1	6
3	0+4=4	0	4+6=10	1	5
4	4+4=8	1	2+6=8	1	4
5	0+4=4	0	0+6=6	0	3
6	4+4=8	1	6+6=12	1	2
7	0+4=4	0	4+6=10	1	1
8	4+4=8	1	2+6=8	1	0(终点)

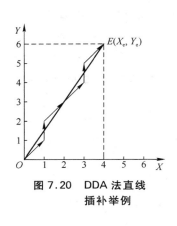

图 7.20　DDA 法直线
插补举例

3) DDA 法圆弧插补　以第一象限逆圆 NR1 为例,如图 7.21 所示,圆心在坐标原点 O,起点为 $S(X_s,Y_s)$,终点为 $E(X_e,Y_e)$,圆弧半径为 R,进给速度为 V,在两坐标轴上的速度分量为 V_X 和 V_Y,动点为 $N(X_i,Y_i)$,则根据图中几何关系,有如下关系式:

$$\frac{V}{R}=\frac{V_X}{Y_i}=\frac{V_Y}{X_i}=K(\text{常数})$$

在时间 Δt 内,X、Y 轴上的位移增量分别为

$$\Delta X=-V_X\Delta t=-KY_i\Delta t$$
$$\Delta Y=V_Y\Delta t=KX_i\Delta t$$

式中,由于第一象限逆圆对应 X 轴坐标值逐渐减小,因而 ΔX 表达式中取负号。也就是说,V_X 和 V_Y 均取绝对值,不带符号运算。

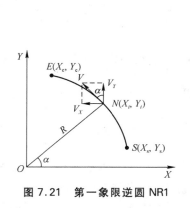

图 7.21　第一象限逆圆 NR1

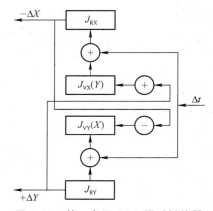

图 7.22　第一象限 DDA 圆弧插补器

DDA 法圆弧插补原理框图如图 7.22 所示。

(1) 被积函数寄存器 J_{VX}、J_{VY} 的内容不同。圆弧插补时 J_{VX} 对应 Y 轴坐标,J_{VY} 对应 X 轴坐标。

（2）被积函数寄存器中存放的数据形式不相同。

（3）DDA 法圆弧插补终点判别须对 X、Y 两个坐标轴同时进行。

7.4.2　数据采样插补法

7.4.2.1　基本概念

数据采样插补法又称时间分割插补法，它以系统的位置反馈采样周期 T_C 的整数倍为插补时间间隔，即插补周期 T_s，根据编程进给速度将零件轮廓曲线分割成一系列微小直线段 ΔL，然后计算出每次插补与微小直线段 ΔL 对应的各坐标位置增量 ΔX、ΔY，并分别输出到各坐标轴的伺服系统，用以控制各坐标轴的进给，完成整个轮廓段的插补。

1）插补周期 T_s 与采样周期 T_C

（1）插补周期 T_s。插补周期是相邻两个微小直线段之间的插补时间间隔。

（2）采样周期 T_C。采样周期是每两次位置采样的时间间隔，即数控系统中位置控制环的采样控制周期。

（3）T_s 和 T_C 的关系。对于给定的某个数控系统而言，T_s 和 T_C 是两个固定不变的时间参数。

2）步长 ΔL 的计算　现假设编程进给速度为 F，系统的插补周期为 T_s，则可求得每次插补分割的微小直线段长度为 $\Delta L = FT_s$。

3）插补精度　直线插补时，插补所形成的每段小直线与编程直线重合，不会造成插补轮廓误差。圆弧插补时，一般用弦线来逼近圆弧，这些微小直线段不可能完全与圆弧互相重合，从而会造成轮廓误差。通过分析，可推导出其最大径向误差为

$$e_r \approx \frac{(FT_s)^2}{8R}$$

式中，F 为编程进给速度；T_s 为插补周期；R 为圆弧半径。

7.4.2.2　数据采样法直线插补

1）基本原理　如图 7.23 所示，在 XOY 平面内的直线 OE，其起点为 $O(0，0)$，终点为 $E(X_e，Y_e)$，动点为 $N_{i-1}(X_{i-1}，Y_{i-1})$，编程进给速度为 F，插补周期为 T_s。根据数据采样插补法的有关定义，每个插补周期的进给步长为 $\Delta L = FT_s$。

根据几何关系，可求得插补周期内刀具在各坐标轴方向上的位移增量分别为

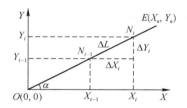

图 7.23　数据采样法直线插补

$$\Delta X_i = \frac{\Delta L}{L}X_e = KX_e$$

$$\Delta Y_i = \frac{\Delta L}{L}Y_e = KY_e$$

新动点 N_i 的坐标为

$$X_i = X_{i-1} + \Delta X_i = X_i + KX_e$$

$$Y_i = Y_{i-1} + \Delta Y_i = Y_i + KY_e$$

2）插补流程　通过前面的分析可以看出，利用数据采样法来插补直线的算法比较简单，一般可分为以下三个步骤：

(1) 插补准备。完成一些常量的计算工作,求出 $\Delta L = FT_s(\mathrm{mm})$ 和 $K = \Delta L/L$ 等的值,一般对每个零件轮廓段仅执行一次。

(2) 插补计算。每个插补周期均执行一次,求出该周期对应坐标增量值$(\Delta X_i , \Delta Y_i)$以及新的动点坐标值$(X_i , Y_i)$。

(3) 终点判别。

7.4.2.3　数据采样法圆弧插补

1) 基本原理　数据采样法圆弧插补的基本思想是在满足加工精度的前提下,用弦线或割线来代替弧线实现进给,即用直线逼近圆弧。下面以内接弦线(以弦代弧)法为例,介绍数据采样法圆弧插补算法。

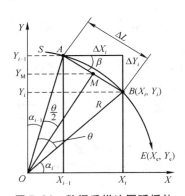

如图 7.24 所示,由于图中 $| X_{i-1} | \leqslant | Y_{i-1} |$,因而先求 ΔX_i。根据几何关系可得

$$\Delta X_i = \Delta L \cos \beta$$

$$\beta = \alpha_i + \frac{\theta}{2}$$

$$\cos \beta = \cos\left(\alpha_i + \frac{\theta}{2}\right) = \frac{Y_M}{OM}$$

$$\approx \frac{Y_{i-1} - \dfrac{\Delta Y_i}{2}}{R} \approx \frac{Y_{i-1} - \dfrac{\Delta Y_{i-1}}{2}}{R}$$

$$\Delta Y_i = \frac{\Delta L}{R}\left(Y_{i-1} - \frac{1}{2}Y_{i-1}\right)$$

图 7.24　数据采样法圆弧插补

又由于 B 点在圆弧上,因而

$$X_i^2 + Y_i^2 = R^2$$

即

$$(X_{i-1} + \Delta X_i)^2 + (Y_{i-1} - \Delta Y_i)^2 = R^2$$

因此有

$$\Delta Y_i = -\left[Y_{i-1} - \sqrt{R^2 - (X_{i-1} + \Delta X_i)^2}\,\right]$$

起点处

$$\begin{cases} \Delta X_0 = \Delta L\cos\left(\alpha_0 + \dfrac{\theta}{2}\right) \approx \Delta L\cos\alpha_0 = \Delta L\,\dfrac{Y_s}{R} \\ \Delta Y_0 = \Delta L\sin\left(\alpha_0 + \dfrac{\theta}{2}\right) \approx \Delta L\sin\alpha_0 = \Delta L\,\dfrac{X_s}{R} \end{cases}$$

当 $| X_{i-1} | > | Y_{i-1} |$ 时,先求 ΔY_i,后求 ΔX_i,可得

$$\begin{cases} \Delta Y_i = -\dfrac{\Delta L}{R}\left(X_{i-1} + \dfrac{1}{2}X_{i-1}\right) \\ \Delta X_i = \sqrt{R^2 - (Y_{i-1} + \Delta Y_i)^2} - X_{i-1} \end{cases}$$

2) 插补流程　与直线插补相似,数据采样法圆弧插补流程也分为三个步骤。

(1) 插补准备。计算 $\Delta L = FT_s$, $\Delta X_0 = \Delta L\,(Y_s/R)$, $\Delta Y_0 = \Delta L\,(X_s/R)$。

(2) 插补计算。当 $| X_i - 1 | \leqslant | Y_i - 1 |$ 时有

$$\begin{cases} \Delta X_i = \dfrac{\Delta L}{R}\left(Y_{i-1} - \dfrac{1}{2}\Delta Y_{i-1}\right) \\ \Delta Y_i = -\left[Y_{i-1} - \sqrt{R^2 - (X_{i-1} + \Delta X_i)^2}\right] \end{cases}$$

并计算

$$\begin{cases} X_i = X_{i-1} + \Delta X_i \\ Y_i = Y_{i-1} + \Delta Y_i \end{cases}$$

(3) 终点判别。如果 $(X_e - X_i)^2 + (Y_e - Y_i)^2 \leqslant \Delta L^2$，则即将到达终点，将剩余增量 $\Delta X_i = X_e - X_i$、$\Delta Y_i = Y_e - Y_i$ 输出后，插补结束。

知识拓展

　　开放式体系结构是数控发展的趋势。开放式数控系统的主要目的是解决复杂变化的市场需求与控制系统专一的固定模式之间的矛盾，使数控系统易变、紧凑、廉价，并具有很强的适应性和二次开发性。

　　参照美国电气和电子工程师协会(IEEE)对开放式系统的规定，开放式体系结构 CNC 系统必须提供不同应用程序协调地运行于系统平台之上的能力，提供面向功能的动态重构工具，同时提供统一标准化的应用程序界面，根据这样的定义，开放式 CNC 系统应具有以下特点：开放性、可移植性、扩展性、相互替代性、相互操作性。

　　开放式数控系统基本上有三种结构形式：专用 CNC＋PC 主板，通用 PC＋开放式运动控制器和完全 PC 型的全软件形式的数控系统。

　　(1) 专用 CNC＋PC 主板采用传统数控专用模板(包括内置式 PLC 单元、带有光电隔离的开关量 I/O 单元、多功能模块)嵌入通用的 PC 机构成数控系统。使得系统可以共享计算机的一部分软件、硬件资源，计算机的作用在于辅助编程、监控、编排工艺等工作。与传统的 CNC 系统相比，具有硬件资源的通用性以及软件的再生性。

　　(2) 通用 PC＋开放式运动控制器数控系统是一种完全采用以 PC 为硬件平台的数控系统，其主要部件是计算机和运动控制器。机床的运动控制和逻辑控制功能由独立的运动控制器完成。具有开放性的运动控制器是该系统的核心部分，它是以 PC 硬件插件而构成系统的。

　　运动控制器以美国 DT 公司的 PMAC 多轴运动控制器最具代表性，控制器本身具有 CPU，同时开放通信端口和结构的大部分地址空间，实现通用的 DLL 同 PC 相结合。

　　(3) 完全 PC 型的全软件形式的数控系统目前正处于研究阶段，还未形成产品。这种全软件数控以应用软件的形式实现运动控制。

　　欧盟的 OSACA (open system architecture for control within automation system)计划在第二期工程提出"分层的系统平台＋结构化的功能单元 AO (architecture object)"的体系结构。系统平台包括系统软件和系统硬件(处理器、I/O 板等)。AO 之间的相互操作有赖于 OSACA 的通信系统，通过 API 接口运行于不同的系统平台上。该体系结构保证了各种应用系统与操作平台的无关性及相互操作性，明确规定不同的开放层次：应用层开放、核心层开放、全部开放。

【思考与练习】

1. CNC 系统主要由哪几部分组成？CNC 装置主要由哪几部分组成？

2. 试述 CNC 装置的工作过程。

3. 单微处理器结构的 CNC 装置与多微处理器结构的 CNC 装置有何区别？

4. 共享总线结构的 CNC 装置与共享存储器结构的 CNC 装置各有何特点？

5. 试分析现代 CNC 装置的硬件结构的特点。

6. CNC 装置的软件结构可分为哪两类，各有何特点？

7. 零件加工程序的输入数据处理主要包括哪些内容？

8. 何谓刀具长度补偿、刀具半径补偿？其执行过程如何？

9. 什么是插补？目前应用较多的插补算法有哪些？

10. 欲加工第一象限直线 OE，起点坐标为 $O(0,0)$，终点坐标为 $E(11,7)$，脉冲当量 $\delta=1$，试用逐点比较法插补并画出插补轨迹。

11. 欲加工第一象限逆圆 AB，起点 $A(7,0)$，终点 $E(0,7)$，脉冲当量 $\delta=1$，试用逐点比较法插补并画出插补轨迹。

12. 数据采样插补与脉冲增量插补有什么区别？

13. 试述数字积分法的工作原理。

第8章　伺服系统与检测装置

■ 学习目标

了解位置控制系统的基本要求、特点和组成；掌握开环、半闭环、全闭环系统的特点、应用场合及各功能组件的作用；掌握步进电机环形分配器的基本原理及其硬、软件的实现方法；掌握直流伺服、交流伺服、步进电机不同类型的驱动电路及其优缺点；了解幅值、相位、脉冲比较和全数字伺服系统的控制方式；了解位置检测装置的要求，掌握各种检测装置的特点和工作原理。

8.1　伺服系统概述

伺服系统亦称随动系统，是一种能够跟踪输入的指令信号进行动作，从而获得精确的位置、速度或力矩输出的自动控制系统。它是以机械位置或角度作为控制对象的自动控制系统。数控机床的进给伺服系统是以机床移动部件的位置和速度为控制量，接收来自插补装置或插补软件生成的进给脉冲指令，经过一定的信号变换及电压、功率放大、检测反馈，再驱动各加工坐标轴按指令脉冲运动。这些轴有的带动工作台，有的带动刀架，通过各个坐标轴的综合联动，使刀具相对于工件产生各种复杂的机械运动，加工出所要求的复杂形状工件。

数控机床的进给伺服系统是数控装置和机床运动部件的联系环节，是数控机床的重要组成部分。它涵盖了机械、电子、电机(早期产品还包括液压)等各种部件，并涉及强电与弱电控制，是一个比较复杂的控制系统。要使它成为一个既能使各部件互相配合协调工作，又能满足相当高的技术性能指标的控制系统，的确是一个相当复杂的任务。其性能很大程度上决定了数控机床的性能，因此研究与开发性能优良的进给伺服系统是现代数控机床的关键技术之一。

从自动控制理论的角度来分析，无论多么复杂的伺服系统，都是由一些功能组件组成的，如图 8.1 所示，各功能组件的作用如下：

1) 比较元件　指将输入的指令信号与系统的反馈信号进行比较，以获得控制系统动作的偏差信号的环节，通常可通过电子电路或计算机软件来实现。

2) 调节元件　又称控制器，是伺服系统的一个重要组成部分，其作用是对比较元件输出的偏差信号进行变换、放大，以控制执行元件按要求动作。调节元件的质量对伺服系统的性能有着重要的影响，其功能一般由软件算法加硬件电路实现，或单独由硬件电路实现。

3) 执行元件　其作用是在控制信号的作用下，将输入的各种形式的能量转换成机械能，驱动被控对象工作，数控机床中伺服电动机是常用的执行元件。

4) 被控对象　指伺服系统中被控制的设备或装置，是直接实现目的功能的主体，其行为质量反映整个伺服系统的性能，数控机床中被控对象主要是机械装置，包括传动机构和执行机构。

5) 测量反馈元件　是指传感器及其信号检测装置，用于实时检测被控对象的输出量并将其反馈到比较元件。

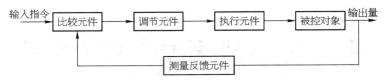

图 8.1　伺服系统的基本结构框图

8.1.1　对机床伺服系统的基本要求

进给伺服系统的高性能在很大程度上决定了数控机床的高效率、高精度。因此,数控机床对进给伺服系统的位置控制、速度控制、伺服电动机、机械传动等方面都有很高的要求。

8.1.1.1　高精度

为了满足数控加工精度的要求,关键是保证数控机床的位移精度和定位精度。

1) 位移精度　进给伺服系统的位移精度是指指令脉冲要求机床进给的位移量和该指令脉冲经伺服系统转化为工作台实际位移量之间的符合程度。目前,数控机床伺服系统的位移精度可以达到在全程范围内 $\pm 5\ \mu m$,一般数控机床的脉冲当量为 $0.01 \sim 0.005$ mm/脉冲,高精度的数控机床其脉冲当量可达 0.001 mm/脉冲,甚至更高。

2) 定位精度　进给伺服系统的定位精度是指输出量能复现输入量的精确程度。进给伺服系统的定位精度一般要求能达到 $1\ \mu m$,甚至 $0.1\ \mu m$。

精度是对伺服系统的一项重要的性能要求,影响伺服系统精度的因素很多,如系统组成组件本身的误差、系统本身的结构形式以及输入指令信号的形式等,人们主观上总是希望伺服系统在任何情况下运行时,其输出量的误差都为零,但实际上是不可能的,只要保证系统的误差满足精度指标即可。

8.1.1.2　稳定性

进给系统的稳定性是指当作用在系统上的扰动信号消失后,系统能够恢复到原来的稳定状态下运行,或者在输入的指令信号作用下,系统能够达到新的稳定状态的能力。稳定性是系统本身的一种特性,取决于系统的结构及组成组件的参数(如惯性、刚度、阻尼、增益等),与外界作用信号(包括指令信号和扰动信号)的性质或形式无关。对进给伺服系统要求有较强的抗干扰能力,保证进给速度均匀、平稳。稳定性直接影响数控加工的精度和表面粗糙度。

8.1.1.3　快速响应无超调

快速响应性是衡量伺服系统动态性能的一项重要性能指标,它反映了系统的跟踪精度。为了保证轮廓切削精度和低的加工表面粗糙度,对进给伺服系统除要求有较高的定位精度外,还要求有良好的快速响应特性,即要求跟踪指令信号的响应要快。一方面,在伺服系统处于频繁启动、制动、加速、减速等动态过程中,要求加、减速度足够大,以缩短过渡过程时间,一般在200 ms 以内,甚至小于几十毫秒,且速度变化不应有超调;另一方面,当负载突变时,过渡过程恢复时间要短且无振荡。

8.1.1.4　宽调速范围

调速范围是指机械装置要求电动机能提供的最高转速和最低转速之比。数控加工过程中,为保证在任何情况下都能得到最佳切削条件,就要求伺服系统具有足够宽的调速范围和优异的调速特性。经过机械传动后,电动机转速的变化范围即可转化为进给速度的变化范围。对一般数控机床而言,进给速度范围在 $0 \sim 24$ m/min 时,即可满足加工要求。

8.1.1.5　低速大转矩

数控机床加工的特点是在低速时进行重切削。因此,要求进给伺服系统在低速时要有大的转矩输出,以满足切削加工的要求。

8.1.2　伺服系统的分类

伺服进给系统按其结构可分为开环数控系统、半闭环数控系统和闭环数控系统。

开环控制系统机床的伺服进给系统中没有位移检测反馈装置,其驱动元件主要是功率步进电机或液压脉冲马达。如图 8.2 所示,通常使用步进电机作为执行元件。数控装置发出的控制指令直接驱动装置控制步进电机的运转,然后通过机械传动系统转化成工作台的位移,这两种驱动元件的工作原理的实质是数字脉冲到角度位移的变换,它不用位置检测元件实现定位,而是靠驱动装置本身,转过的角度正比于指令脉冲的个数;运动速度由进给脉冲的频率决定。开环数控系统的结构简单,易于控制,但精度差,低速不平稳,驱动力矩不大。开环控制系统由于没有位置检测、反馈及校正功能,位置控制精度一般不高,但其工作稳定、调试方便、价格低廉、使用维修方便,在中国广泛用于经济型数控机床或旧设备的数控改造中。

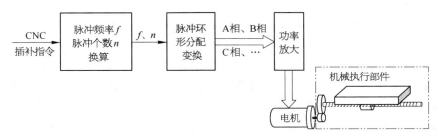

图 8.2　开环数控系统的结构图

半闭环数控系统的位置采样点如图 8.3 所示,采用装在丝杠或伺服电动机上的角位移测量元件间接测量工作台的移动量,半闭环是将电动机轴或丝杠的转动量与数控装置的命令相比较,而另一部分丝杠—螺母—工作台的移动量不受闭环控制,故称半闭环。

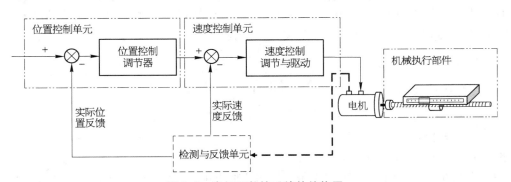

图 8.3　半闭环数控系统的结构图

位置检测元件不直接安装在进给坐标的最终运动部件上,而是中间经过机械传动部件的位置转换,称为间接测量。亦即坐标运动的传动链有一部分在位置闭环以外,在环外的传动误差没有得到系统的补偿,因而这种伺服系统的精度低于闭环系统。半闭环数控系统不包括或只包括少量机械传动环节,因此有稳定的控制性能。其稳定性虽不如开环系统,但比闭环要好,由于通过采样旋转角度而不是采样运动部件的实际位置进行测量,因此,丝杠的螺距误差和齿轮间隙引起的误差难以消除,为了获得满意的精度,可采用误差补偿的方法。半闭环数控系统精度低于闭环,但它结构简单、调试方便、稳定性好、角位移测量元件价廉,所以配备传动精度较高的齿轮、丝杠的半闭环数控系统在现代 CNC 机床中得到了广泛应用。

全闭环数控系统直接对运动部件的实际位置进行检测,采用的是直线位移测量元件,如图8.4 所示。

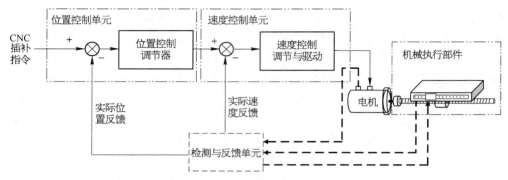

图 8.4　闭环数控系统的结构图

从理论上讲,全闭环系统可以消除整个驱动和传动环节的误差、间隙和失动量。闭环伺服系统是误差控制随动系统。数控机床进给系统的误差是 CNC 输出的位置指令和机床工作台(或刀架)实际位置的差值。闭环系统运动执行元件不能反映运动的位置,因此需要有位置检测装置。该装置测出实际位移量或实际所处的位置,并将测量值反馈给 CNC 装置,与指令进行比较,求得误差,依次构成闭环位置控制。

闭环伺服系统的精度取决于测量元件的精度,具有很高的位置控制精度。但实际上位置环内的许多机械传动环节的摩擦特性、刚性和间隙都是非线性的,故很容易造成系统的不稳定,影响系统的精度,使闭环系统的设计、安装和调试都相当困难。这类系统由于闭环伺服系统是反馈控制,反馈测量装置精度很高,所以系统传动链的误差、环内各元件的误差以及运动中造成的误差都可以得到补偿,从而大大提高了位移精度和定位精度,主要用于精度要求很高的数控镗铣床、超精车床、超精磨床以及较大型的数控机床等。

8.2　伺 服 电 动 机

8.2.1　步进电机

8.2.1.1　步进电机简介

步进电机是将电脉冲信号转换成角位移的变换驱动部件。例如,一个脉冲使电机转1.5°,连续地按一定方式供给脉冲电流,它就可以一步一步地连续转动。由它传动滚珠丝杠,即可把旋转运动变为工作台的直线运动。位移量与指令脉冲数成正比,位移速度与指令脉冲频率成正比,运动方向取决于步进电机的通电相序。步进电机是较早使用的典型的机电一体化组件。步进电机本体、步进电机驱动器和控制器构成步进电机系统不可分割的三大部分。

步进电机具有自身的特点,归纳起来如下:

(1) 可以用数字信号直接进行开环控制,整个系统造价低;

（2）位移与输入脉冲信号相对应,步距误差不长期积累,可以组成结构较为简单而又具有一定精度的开环控制系统,也可以在要求高精度时组成闭环控制系统;

（3）无刷,电动机本体部件少,可靠性高;

（4）易于启动,停止,正反转及变转;

（5）停止时,可以通电自锁;

（6）速度可在相当宽的范围内平滑调节,同时用一台控制器控制几台电动机,可使它们完全同步运行;

（7）步进电机带惯性负载能力差;

（8）由于存在失步和低频共振,因此步进电机的加减方法根据其应用状态的不同而复杂化。步进电机主要应用于开环控制系统中。

8.2.1.2 步进电机的结构

步进电机的类型很多,通常可以分为反应式步进电机、永磁式步进电机和混合式步进电机三种。图 8.5 所示是一种典型的单定子径向分相的三相反应式步进电机的结构原理图。定子上有 6 个均布的磁极,在直径相对的两个极上的线圈串联,构成一相控制绕组。极与极之间的夹角为 60°,每个定子磁极上均布 5 个齿,齿槽距相等,齿间夹角为 8°。转子上无绕组,只有均布的 40 个齿,齿槽等宽,齿间夹角也是 8°。三相(A、B、C)定子磁极和转子上相应的齿依次错开 1/3 齿距。这样,若按三相六拍方式给定子绕组通电,即可控制步进电机以 1.5° 的步距角作正向或反向旋转。步距角是步进电机每步的转角。

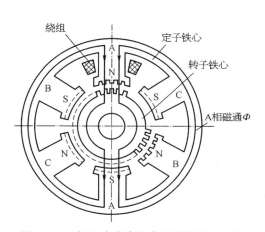

图 8.5 三相反应式步进电机的结构原理图

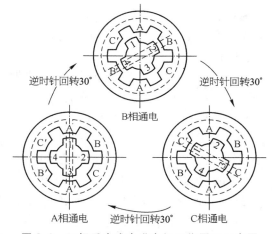

图 8.6 三相反应式步进电机工作原理示意图

8.2.1.3 步进电机的工作原理

步进电机的通电方式有三种:单拍、双拍、单双拍。在各相轮流通电过程中只有一相通电,称为单拍;采用双相轮流通电方式,即每拍都有两相通电,称为双拍;采用单双相轮流通电,称为单双拍。图 8.6 所示是三相反应式步进电机工作原理示意图。

三相反应式步进电机的工作方式可分为三相单三拍、三相双三拍、三相六拍等。

1）三相单三拍

第一拍。A 相绕组通电,B、C 相不通电。由于在磁场作用下,转子总是力图旋转到磁阻最小的位置,故在这种情况下,转子必然转到左图所示位置:1、3 齿与 A、A′ 极对齐。

第二拍。同理,B 相通电时,转子会转过 30°角,2、4 齿和 B、B′磁极轴线对齐。

第三拍。当 C 相通电时,转子再转过 30°角,1、3 齿和 C′、C 磁极轴线对齐。

这种工作方式下,三个绕组依次通电一次为一个循环周期,一个循环周期包括三个工作脉冲,所以称为三相单三拍工作方式。

按 A→B→C→A→…的顺序给三相绕组轮流通电,转子便一步一步转动起来。每一拍转过 30°(步距角),以此类推。

三相单三拍的特点如下:

(1) 每来一个电脉冲,转子转过 30°。

(2) 转子的旋转方向取决于三相绕组通电的顺序,改变通电顺序即可改变方向,正转:A→B→C→A 顺序通电;反转:A→C→B→A 顺序通电。

(3) 三相单三拍由于每次只有一相通电,因此在切换瞬间失去自锁转矩,容易失步。此外只有一相绕组通电吸引转子,易在平衡位置附近产生振荡。

所以实际上往往不采用单三拍方式,而采用双三拍方式,即三相双三拍通电方式。

2) 三相双三拍　按 AB→BC→CA 的顺序给三相绕组轮流通电。每拍有两相绕组同时通电。

与单三拍方式相似,双三拍驱动时每个通电循环周期也分为三拍。每拍转子转过 30°(步距角),一个通电循环周期(三拍)转子转过 80°(齿距角);正转:AB→BC→CA→AB,反转:AC→CB→BA→AC。

3) 三相六拍　按 A→AB→B→BC→C→CA 的顺序给三相绕组轮流通电。这种方式可以获得更精确的控制特性。当 A 相通电时,转子 1、3 齿与 A、A′对齐;当 A、B 相同时通电时,A、A′磁极拉住 1、3 齿,B、B′磁极拉住 2、4 齿,转子转过 15°;当 B 相通电时,转子 2、4 齿与 B、B′对齐,又转过 15°;当 B、C 相同时通电时,C′、C 磁极拉住 1、3 齿,B、B′磁极拉住 2、4 齿,转子再转过 15°。

三相反应式步进电机的一个通电循环周期为 A→AB→B→BC→C→CA,每个循环周期分为六拍。每拍转子转过 15°(步距角),一个通电循环周期(六拍)转子转过 80°(齿距角)。正转:A→AB→B→BC→C→CA→A;反转:A→AC→C→CB→B→BA→A;与单三拍相比,六拍驱动方式的步距角更小,更适用于需要精确定位的控制系统中。

控制步进电机一步步转动,控制它的旋转方向和快慢,都是由绕组的脉冲电流决定的,即由指令脉冲决定。指令脉冲数决定它的转动步数,即角位移的大小;频率决定它的旋转速度,只要改变指令脉冲频率,就可以使步进电机的旋转速度在很宽范围内连续调节,改变绕组的通电顺序,可以改变它的旋转方向。可见,对步进电机的控制十分方便。步进电机的缺点是效率低、带惯量负载能力差,尤其是在高速时容易失步。

8.2.1.4　驱动控制系统组成

步进式伺服系统主要由驱动控制电路和步进电机两部分组成,系统原理框图如图 8.7 所示。驱动控制电路接收来自数控系统的进给脉冲信号,并把此信号转换成控制步进电机各相

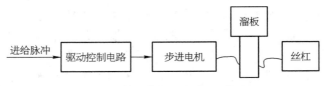

图 8.7　步进式伺服系统原理框图

定子绕组依次通电、断电的信号,使步进电机运转。步进电机的转子与数控机床丝杠连接在一起,转子带动丝杠转动。

1)工作台位移量的控制　　数控系统发出 n 个进给脉冲,经驱动控制电路放大之后,使步进电机定子绕组通电状态变化 n 次。由步进电机的工作原理可知,定子绕组通电状态的变化次数 n 决定了步进电机的角位移 θ($\theta = n\alpha$,α 为步距角)。该角位移经丝杠、螺母之后转变为工作台的位移量 L($L = \theta P/360°$,P 为丝杠螺距)。因此进给脉冲的数量 n 决定了工作台位移量 L。

2)工作台进给速度的控制　　数控机床控制系统发出的进给脉冲的频率,经驱动控制电路之后,表现为定子绕组通电状态变化频率。而通电状态的变化频率决定了步进电机转子的转速,该转速经丝杠、螺母之后表现为工作台的进给速度,即进给脉冲的频率决定了工作台的进给速度。

3)工作台运动方向的控制　　改变步进电机定子绕组的通电顺序,可以使步进电机正转或反转,从而改变工作台的进给方向。因此,进给脉冲的方向决定了工作台的运动方向。

8.2.1.5　提高步进系统精度的措施

步进系统通常采用开环控制,在此系统中,步进电机的质量、机械传动部分的结构和质量以及控制电路的完善与否,均影响系统的工作精度。要提高系统的工作精度,应从改善步进电机的性能,减小步距角;采用精密传动副,减小传动链中的传动间隙等方面考虑。但这些因素往往由于结构工艺而受到一定的限制。在这种情况下,还可以从控制方法上采取一些措施,弥补其不足。

1)细分电路　　通过细分电路,可将步进电机的步距角进一步细分,在进给速度不变的情况下,可使脉冲当量缩小,从而提高控制精度。

2)反向间隙和螺距误差补偿　　根据实际的传动间隙或螺距误差的大小,每当出现反向间隙或移动到有螺距误差的位置时,可用硬件电路来补偿一定的进给脉冲。

3)混合伺服系统　　在实际使用过程中,由于设备的刚性、环境的温度、负载的变化都可能带来一定的传动误差。对于精度要求高的大型数控机床,可以采用反馈补偿型开环控制系统,通过检测装置的反馈作用校正机械误差。

还有近年发展起来的恒流斩波驱动、PWM 驱动、微步驱动、超微步驱动技术,使得步进电机的高、低频特性得到了很大的提高,特别是随着智能超微步驱动技术的发展,将步进伺服的性能提高到了一个新的水平。

8.2.2　直流伺服电动机

因为直流伺服电动机容易调速,尤其是他励直流伺服电动机具有较硬的机械特性,所以自 20 世纪 70 年代以来,直流伺服系统在数控机床中得到了广泛的应用。

常用的直流伺服电动机有小惯量直流伺服电动机和大惯量宽调速直流伺服电动机。

小惯量直流伺服电动机的特点:电枢无槽,绕组直接黏接、固定在电枢铁心上,因而转动惯量小,反应灵敏,动态特性好,适用于要求快速响应和频繁启动的伺服系统。但其过载能力低,电枢惯量与机械传动系统匹配较差。

大惯量宽调速直流伺服电动机的特点:输出转矩高,动态特性好,既具有一般直流电动机的各项优点,又具有小惯量直流电动机的快速响应性能,易与较大的负载惯量匹配,能较好地满足伺服驱动的要求。

8.2.2.1　直流伺服电动机的基本结构及工作原理

直流伺服电动机主要由磁极、电枢、炭刷及换向片等组成。其中磁极在工作中固定不动,故又称定子,用于产生磁场。电枢是直流伺服电动机中转动的部分,故又称转子,它由硅钢片叠加而成,表面嵌有线圈,通过炭刷和换向片与外加电枢电源相连。

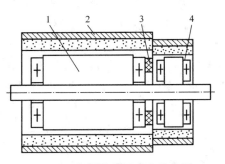

图 8.8   大惯量宽调速直流伺服电动机结构图

1—转子;2— 定子(永磁体);
3—炭刷;4—低纹波测速发电机

当电枢绕组中通过直流电时,在定子磁场的作用下就会产生带动负载旋转的电磁转矩,驱动转子旋转。通过控制电枢绕组中电流的方向和大小,就可以控制直流伺服电动机的旋转方向和速度。当电枢绕组中电流为零时,直流伺服电动机则静止不动。

在现代数控中,绝大部分的直流伺服电动机采用大惯量宽调速直流伺服电动机。基本结构和工作原理与普通直流电动机基本相同,但为满足快速响应的要求,结构上做得细长些。如图 8.8 所示,定子 2 为永磁材料,转子 1 直径大并且有槽,因而热容量大,结构上又采用了凸极式和隐极式永磁电动机磁路的组合,电动机气隙磁密高。尾部通常装有低纹波(纹波系数一般在 2%以下)的测速发电机。

8.2.2.2   直流伺服电动机的速度控制

1)直流伺服电动机调速原理   直流伺服电动机的速度控制方式有两种:电枢电压控制和励磁磁场控制。电枢电压控制是在定子磁场不变的情况下,通过施加在电枢绕组两端的电压信号来控制电动机的转速和输出转矩;励磁磁场控制是通过改变励磁电流的大小来改变定子磁场强度,以控制电动机的转速和输出转矩。

直流伺服电动机的电枢电压控制,由于磁场保持不变,其电枢电流可以达到额定值,相应的输出转矩也可以达到额定值,因而电枢电压控制又称为恒转矩调速。

直流伺服电动机的励磁磁场控制,由于电动机在额定运行条件下磁已接近饱和,只能通过减弱磁场的方法来改变电动机的转速。又由于电枢电流不允许超过额定值,而随着磁场的减弱,电动机转速增加,但输出转矩下降,输出功率不变,故励磁磁场控制又称为恒功率调速。

数控机床的进给伺服系统中通常采用永磁式直流伺服电动机,采用具有恒转矩调速特点的电枢电压控制,这与伺服系统所要求的负载特性相吻合。

2)直流伺服电动机的静态特性   电动机在稳态情况工作时,其转子转速、电磁力矩和电枢控制电压三者之间的关系为其静态特性。直流伺服电动机采用电枢电压控制时的电枢原理图和电枢等效电路图如图8.9 所示。

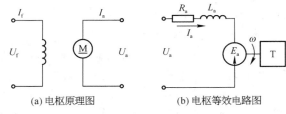

(a) 电枢原理图   (b) 电枢等效电路图

图 8.9   电枢电压控制原理图

根据电机学的基本知识,有

$$E_a = U_a - I_a R_a \tag{8.1}$$

$$E_a = C_e \Phi \omega \tag{8.2}$$

$$T_m = C_m \Phi I_a \tag{8.3}$$

式中,E_a 为电枢反电动势;U_a 为电枢电压;I_a 为电枢电流;R_a 为电枢电阻;C_e 为转矩常数(仅与电动机结构有关);Φ 为定子磁场中每极气隙磁通量;ω 为转子在定子磁场中切割磁力线的角速度;T_m 为电枢电流切割磁力线所产生的电磁转矩;C_m 为转矩常数。

根据式(8.1)~式(8.3)可得到直流伺服电动机运行特性的一般表达式

$$\omega = \frac{U_a}{C_e \Phi} - \frac{R_a}{C_e C_m \Phi^2} T_m \tag{8.4}$$

在采用电枢电压控制时,磁通 Φ 是一常量。如果使电枢电压 U_a 保持恒定,则式(8.4)可写成

$$\omega = \omega_0 - k T_m \tag{8.5}$$

其中
$$\omega_0 = \frac{U_a}{C_e \Phi}, \; k = \frac{R_a}{C_e C_m \Phi^2}$$

式(8.5)被称为电枢控制时,直流伺服电动机的静态特性方程。

根据静态特性方程,可得出直流伺服电动机的两种特殊运行状态。

(1) $T_m = 0$,即空载,则

$$\omega = \omega_0 = \frac{U_a}{C_e \Phi} \tag{8.6}$$

ω_0 称为理想空载速度,其值与电枢电压成正比。

(2) $\omega = 0$,即启动或堵转,则

$$T_m = T_d = \frac{C_m \Phi}{R_a} U_a \tag{8.7}$$

T_d 称为启动转矩或堵转转矩,其值也与电枢电压成正比。

在静态特性方程中,如果把角速度看做电磁转矩的函数,即 $\omega = f(T_m)$,则可得到直流伺服电动机的机械特性表达式

$$\omega = \omega_0 - \frac{R_a}{C_e C_m \Phi^2} T_m \tag{8.8}$$

在静态特性方程中,如果把角速度看做电枢电压的函数,即 $\omega = f(U_a)$,则可得到直流伺服电动机的调节特性表达式

$$\omega = \frac{U_a}{C_e \Phi} - k T_m \tag{8.9}$$

根据式(8.8)和式(8.9),给定不同的 U_a 和 T_m 值,可分别绘出直流伺服电动机的机械特性曲线(图 8.10)和调节特性曲线(图 8.11)。

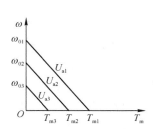

图 8.10　机械特性曲线

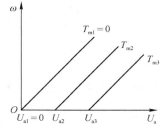

图 8.11　调节特性曲线

由图 8.10 可见,直流伺服电动机机械特性是一组斜率相同的直线,从中可以知道:

(1) 每条机械特性与一种电枢电压对应;

(2) 与 ω 轴交点为该电压下的理想空载角速度;

(3) 与 T_m 轴交点为该电枢电压下的启动转矩;

(4) 机械特性的斜率为负,说明在电枢电压不变时,电动机转速随负载转矩增加而降低。

由图 8.11 可见,直流伺服电动机调节特性是一组斜率相同的直线,从中可以知道:

(1) 每条调节特性和一种电磁转矩相对应;

(2) 与 U_a 轴交点是启动时的电枢电压;

(3) 调节特性的斜率为正,说明在一定负载下,电动机转速随电枢电压的增加而增加。

上述对直流伺服电动机静态特性的分析是在理想条件下进行的,实际上电动机的功放电路、电动机内部的摩擦及负载的变动等因素都会对直流伺服电动机的静态特性产生不容忽视的影响。

3) 直流伺服电动机的动态特性   指当给电动机电枢加上阶跃电压时,转子转速随时间的变化规律。动态特性的本质是由对输入信号响应的过渡过程来描述的。直流伺服电动机产生过渡过程的原因在于电动机存在有两种惯性:机械惯性和电磁惯性。机械惯性是由直流伺服电动机和负载的转动惯量引起的,是造成机械过渡过程的原因;电磁惯性是由电枢回路中的电感引起的,是造成电磁过渡过程的原因。

一般而言,电磁过渡过程比机械过渡过程要短得多。在直流伺服电动机动态特性分析中,可忽略电磁过渡过程,而把直流伺服电动机简化为一机械惯性环节。

8.2.2.3   直流伺服电动机的控制与驱动

数控机床的进给伺服系统多采用永磁式直流伺服电动机作为执行元件,通过控制电枢电压来控制输出转速和转矩。下面介绍常用的晶闸管调速系统和晶体管脉宽调制(PWM)调速系统。

1) 晶闸管(SCR)调速系统   如图 8.12 所示为晶闸管直流调速的原理框图。由晶闸管组成的主回路在交流电源电压不变的情况下,通过控制电阻可方便地改变直流输出电压的大小,该电压作为直流伺服电动机的电枢电压 U_a,即可达到直流伺服电动机调速的目的。

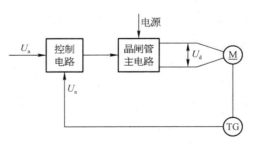

图 8.12   晶闸管直流调速的原理框图

整流回路中把晶闸管从承受正压起到导通之间的电角度称为控制角 α,晶闸管在一个周期内导通的电角度称为导通角 θ。

图 8.13a 所示为晶闸管单相全桥整流电路,在 ωt_1 时刻,VT_1、VT_4 承受 u_2 正压,同时 VT_1、VT_4 门极加触发脉冲,VT_1、VT_4 导通,此时控制角为 α,电源加于负载上,形成电枢电压 U_d 及电枢电流 i_d。当 u_2 过零变负时,由于电枢绕组上电感的反电动势的作用,通过 VT_1、VT_4 的维持电流继续流通,VT_1、VT_4 流通的导通角为 θ。直至下半周期同一控制角 α 所对应的时刻 ωt_2,触发 VT_1、VT_4 导通,VT_1、VT_4 因承受反压而关断,电枢电流 i_d 改由 VT_2、VT_3 供给,如图 8.13b 所示。

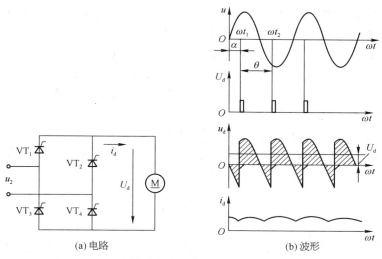

图 8.13　晶体管单相全桥整流电路及电压、电流波形

图 8.14 所示为在不同控制角 α 作用下的电枢电压、电流波形。控制角 $\alpha = 0° \sim 80°$，随着 α 的增大，电枢电压 U_d 的平均值下降，电流 i_d 连续；当 $\alpha = 80°$ 时，U_d 的平均值为零，电流 i_d 接近断续；当 $\alpha > 80°$ 时，$U_d = 0$，电流 i_d 很小并断续。所以，该整流回路触发脉冲的移相范围为 $0° \sim 80°$，每个晶闸管轮流导通 $180°$。

由以上可以看出，晶闸管直流调速的实质是通过改变控制角 α 的大小来改变电枢电压值，从而实现直流伺服电动机的电枢调压调速的目的。

2）晶体管脉宽调制（PWM）调速系统　该系统由电压-脉宽变换器和开关功率放大器两部分组成，如图 8.15 所示。

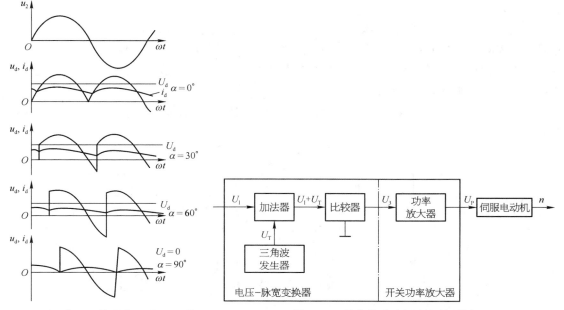

图 8.14　在不同控制角 α 作用下的
电枢电压、电流波形

图 8.15　晶体管脉宽调制调速系统

　　电压-脉宽变换器的作用是根据控制指令信号对脉冲宽度进行调制,以便用宽度随指令变化的脉冲信号去控制大功率晶体管的导通时间,实现对直流伺服电动机电枢绕组两端电压的控制,它由三角波发生器、加法器和比较器组成。指令信号 U_I 和一定频率的三角波 U_T 经加法器产生信号 $U_I + U_T$,然后送入比较器(一个工作在开环状态下的运算器)。一般情况下,比较器负输入端接地,$U_I + U_T$ 从正端输入。当 $U_I + U_T > 0$ 时,比较器输出满幅度的正电平;当 $U_I + U_T < 0$ 时,比较器输出满幅度的负电平。

　　电压-脉宽变换器对信号波形的调制过程如图 8.16 所示。可见,由于比较器的限幅特性,输出信号 U_S 的幅度不变,但脉冲宽度随 U_I 变化。U_S 的频率由三角波的频率决定。

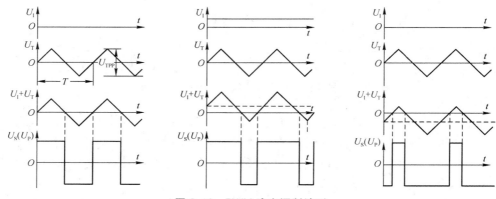

图 8.16　PWM 脉宽调制波形

　　当指令信号 $U_I = 0$ 时,输出信号 U_S 为正负脉冲宽度相等的矩形脉冲;当指令信号 $U_I > 0$ 时,U_S 的正脉冲宽度大于负脉冲宽度;当指令信号 $U_I < 0$ 时,U_S 的正脉冲宽度小于负脉冲宽度。

　　当 $U_I \geqslant U_{TPP}/2$(U_{TPP} 是三角波的峰-峰值)时,U_S 为一正直流信号;当 $U_I < U_{TPP}/2$ 时,U_S 为一负直流信号。

　　目前集成化的电压-脉宽变换器芯片有 LM3524 等。此外,80C552、8088 等单片机本身也具有 PWM 的输出功能,其输出脉冲宽度及频率可由编程确定,应用方便。

　　开关功率放大器的作用是对电压-脉宽变换器输出的信号 U_S 进行放大,输出具有足够功率的信号 U_P,以驱动直流伺服电动机。

　　如图 8.17 所示,大功率管 $VT_1 \sim VT_4$ 组成 H 型桥式结构的开关功放电路,续流二极管

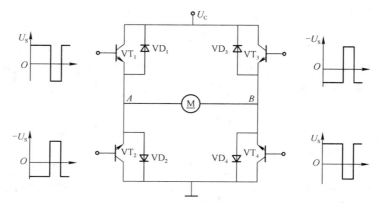

图 8.17　H 型桥式 PWM 晶体管功率放大器的电路原理

$VD_1 \sim VD_4$ 构成在晶体管关断时直流伺服电动机绕组中能量的释放回路。U_S 来自电压-脉宽变换器的输出，$-U_S$ 可通过对 U_S 反相获得。当 $U_S > 0$ 时，VT_1 和 VT_4 导通；$U_S < 0$ 时，VT_2 和 VT_3 导通。根据控制指令 U_1 的不同情况，该功放电路及其所控制的直流伺服电动机有以下四种工作状态：

（1）当 $U_1 = 0$ 时，U_S 的正、负脉冲宽度相等，直流分量为零，VT_1 和 VT_4 的导通时间与 VT_2 和 VT_3 的导通时间相等，流过电枢绕组中的电流平均值等于零，直流伺服电动机不转。但在交流分量作用下，直流伺服电动机在原位置处微振，这种微振有动力润滑作用，可消除直流伺服电动机启动时的静摩擦，减小启动电压。

（2）当 $U_1 > 0$ 时，U_S 的正脉宽大于负脉宽，直流分量大于零，VT_1 和 VT_4 的导通时间长于 VT_2 和 VT_3 的导通时间，流过电枢绕组中的电流平均值大于零，直流伺服电动机正转。且随着 U_1 的增加，转速增加。

（3）当 $U_1 < 0$ 时，U_S 的正脉宽小于负脉宽，直流分量小于零，VT_1 和 VT_4 的导通时间短于 VT_2 和 VT_3 的导通时间，流过电枢绕组中的电流平均值小于零，直流伺服电动机反转。且随着 U_1 的减小，转速增加。

（4）当 $U_1 \geqslant U_{TPP}/2$ 或 $U_1 < U_{TPP}/2$ 时，U_S 为正或负的直流信号，VT_1 和 VT_4 或 VT_2 和 VT_3 始终导通，直流伺服电动机在最高速下正转或反转。

与晶闸管调速单元相比，PWM 速度控制单元有如下特点：

（1）电动机损耗和噪声小。晶体管开关频率很高，远比转子能跟随的频率高，也避开了机械的共振。由于开关频率高，使得电枢电流仅靠电枢电感或附加较小的电抗器便可连续，所以电动机损耗小，发热小。

（2）系统动态性好，响应频带宽。PWM 控制方式的速度控制单元与较小惯量的电动机相匹配时，可以充分发挥系统的性能，从而获得很宽的频带。频带越宽，伺服系统校正瞬态负载的能力就越高。

（3）低速时电流脉动和转速脉动都很小，稳速精度高。

（4）功率晶体管工作在开关状态，其损耗小，电源利用率高，并且控制方便。

（5）响应很快。PWM 控制方式具有四象限的运动能力，即电动机既能驱动负载，也能抑制负载，所以响应快。

（6）功率晶体管承受高峰值电流能力差。

8.2.3　交流伺服电动机

由于直流电动机具有优良的调速性能，因此长期以来，在要求调速性能较高的场合，直流伺服电动机一直占据主导地位，但直流电动机却存在一些固有的缺点，如炭刷和换向片易磨损，需经常维修，换向片换向时易产生火花，使电动机的最高转速及应用环境受到限制，并且直流电动机的结构复杂，制造成本高。交流电动机则无上述缺点，且转子惯量较直流电动机小，动态响应好，它能在较宽的调速范围内产生理想的转距，结构简单，运行可靠，在同样体积下，交流电动机的输出功率可比直流电动机提高 10%～70%，另外交流电动机的容量比直流电动机大，可达到更高的电压和转速，因此现代伺服系统中更多采用交流伺服电动机。近年来用交流异步电动机作伺服驱动装置，因交流异步电动机的结构简单，成本低廉，无炭刷和换向片磨损问题，使用可靠，基本上无需维修，是一种理想的伺服电动机。

交流伺服电动机一般有异步型交流伺服电动机和同步型交流伺服电动机。当用变频电源供电时，对于电动机可方便地获得与频率成正比的可变转速，可得到非常硬的机械特性和很宽的调速范围。在数控的伺服系统中多采用永磁同步型交流伺服电动机。

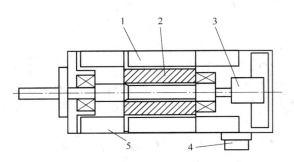

图 8.18　永磁交流伺服电动机结构

1—定子；2—转子；3—脉冲编码器；
4—接线盒；5—定子三相绕组

8.2.3.1　永磁交流伺服电动机的结构原理

永磁交流伺服电动机的结构剖面图如图 8.18 所示。它主要由定子、转子和检测元件三部分组成。定子具有齿槽，内有三相绕组，形状与普通交流电动机的定子相同，但其外形多呈多边形，且无外壳，利于散热。转子由多块永久磁铁和冲片组成。这种结构的优点是气隙磁密较高，极数较多。

永磁交流伺服电动机的工作原理类似于电磁式同步电动机的工作原理，只是将转子中的励磁绕组换成永久的磁铁。定子三相绕组接上交流电源后会产生一个旋转磁场，该旋转磁场的转速为 n_s。在磁场力的作用下，磁场带着转子一起旋转，使转子也以同步转速 n_s 旋转。

当转子加上负载后，将造成定子磁场轴线与转子磁极轴线不重合，其夹角为 θ，负载越大，θ 也越大，但只要不超过一定的限度，转子始终跟着定子的旋转磁场以恒定的同步转速 n_s 旋转。转子转速为

$$n = n_s = 60f/p \quad (\text{r/min})$$

式中，f 为电源频率；p 为磁极对数。

永磁交流伺服电动机的机械特性比直流伺服电动机的机械特性要硬，在正常工作区，转速-转矩曲线更接近水平线。断续工作区的范围扩大，高速性能优越，有利于提高电动机的加、减能力。

8.2.3.2　交流伺服电动机的速度控制单元

据电机学知，交流异步电动机的转速表达式为

$$n = \frac{60f_1}{p}(1-s) \quad (\text{r/min}) \tag{8.10}$$

式中，f_1 为定子电源频率(Hz)；p 为磁极对数；s 为转差率。

由式(8.10)可知异步电动机的调速方法有变转差率、变极对数及变频三种。靠改变转差率对异步电动机进行调速时，低速时转差率大，转差损耗功率也大，效率低。变极调速只能产生两种或三种转速，不可能实现无级调速，应用范围较窄。变频调速则从高速到低速都可以保持有限的转差率，故具有高效率、宽范围和高精度的调速性能，可以认为是一种理想的调速方法。

由上述分析可知改变频率 f，电动机的转速 n 与 f 成比例变化。但在实际调速时，只改频率是不够的，现在来说明变频时电动机机械特性的变化情况，由电机学知

$$E = 4.44fwK\Phi \tag{8.11}$$

式中，E 为感应电势(异步电动机中，定子绕组的反电势)；w 为同步角速度；K 为感应系数；Φ 为每极气隙磁通量。

当略去定子阻抗压降时,则端电压 U 为

$$U \approx E = 4.44 fwK\Phi \tag{8.12}$$

由式(8.12)可见,端电压不变时,随 f 的上升,气隙磁通 Φ 将减小。又从转矩公式

$$M = C_m \Phi I_2 \cos \varphi \tag{8.13}$$

式中,C_m 为转矩常数;I_2 为折算到定子上的转子电流;$\cos \varphi$ 为转子电路功率因数。

可以看出,Φ 减小导致电动机允许输出转矩 M 下降,则电动机利用率下降,其最大转矩也将降低,严重时可能发生负载转矩超过最大转矩,电动机就带不动了,即所谓堵转现象。又当电压 U 不变,减小 f 时,Φ 上升会造成磁路饱和,励磁电流会上升,铁心过热,功率因数下降,电动机带负载能力降低。故在变频调速中,要求在变频的同时改变定子端电压 U,以维持 Φ 接近不变,可见交流伺服电动机变频调速的关键问题是获得变频调压的交流电源。由 U、f 不同的相互关系,而得出不同的变频调速方式和不同的调速机械特性。

8.2.3.3　交流电动机的变频调速

交流电动机调速种类很多,应用最多的是变频调速。变频调速的主要环节是能为交流电动机提供变频电源的变频器。变频器的功用是,将频率固定(电网频率为 50 Hz)的交流电,变换成频率连续可调(0~400 Hz)的交流电。变频器可分为交-直-交变频器和交-交变频器两大类。交-直-交变频器是先将频率固定的交流电整流成直流电,再把直流电逆变成频率可变的交流电。交-交变频器不经过中间环节,把频率固定的交流电直接变换成频率连续可调的交流电。因只需一次电能转换,效率高,工作可靠,但是频率的变化范围有限。交-直-交变频器,虽需两次电能的变换,但频率变化范围不受限制,目前应用得比较广泛。

图 8.19 所示是脉宽调制变频器的主电路。它由担任交-直变换的二极管整流器和担任直-交变换、同时完成调频和调压任务的脉冲宽度调制逆变器组成。图中续流二极管 VD1~VD6 为负载的滞后电流提供一条反馈到电源的通路,逆变管(全控式功率开关器件)VT1~VT6 组成逆变桥,A、B、C 为逆变桥的输出端。电容器 C_d 的功能是,滤平全波整流后的电压波纹;当负载变化时,使直流电压保持平稳。

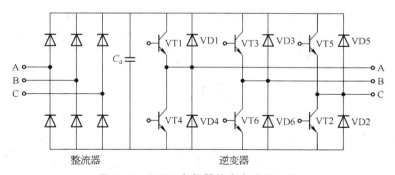

图 8.19　PWM 变频器的主电路原理图

交流电动机变频调速系统中的关键部件之一就是逆变器,由于调速的要求,逆变器必须具有频率连续可调以及输出电压连续可调,并与频率保持一定比例关系等功能。

8.3　位置检测装置

对位置精度要求不高的数控机械,开环系统即可满足要求。而对位置精度要求高的,一般均应是闭环系统。位置闭环系统是用位移传感器测出工作机构的实际位置,并输入计算机和预先给定的理想位置比较,得到差值,再根据此差值向伺服机构发出相应的控制指令。伺服机构带动工作机构向理想位置趋近,直到差值为零为止。

8.3.1　概述

8.3.1.1　位置检测系统

位置检测系统是 CNC 系统中较重要的一个环节,它与控制部分一样决定了机床的精度。因此无论是从事 CNC 的开发或是 CNC 的应用,都必须掌握位置检测系统的基本原理。

对于现代 CNC 的位置检测系统,它的基本组成可以分为基本传感器→正交信号及放大→细分电路→整形判向→可逆计数等几个部分。

位置检测装置是数控机床的重要组成部分。在闭环系统中,其主要作用是检测位移量,并发出反馈信号与数控装置发出的指令信号相比较,若有偏差,经放大后控制执行部件,使其向着消除偏差的方向运动,直至偏差等于零为止。为了提高数控机床的加工精度,必须提高检测元件和检测系统的精度,不同类型的数控机床,对元件和检测系统的精度要求允许的最高移动速度各不相同。一般要求检测元件的分辨度(检测元件能检测的最小位移量)为 0.000 1～0.01mm,测量精度为 0.001～0.02 mm/m,运动速度为 0～24 m/min。

数控机床对位置检测装置的要求如下:

(1) 受温度、湿度的影响小,工作可靠,能长期保持精度,抗干扰能力强;

(2) 在机床执行部件移动范围内,能满足精度和速度的要求;

(3) 使用维护方便,适应机床工作环境;

(4) 成本低。

8.3.1.2　检测装置的分类

数控机床检测装置的种类很多,按被测的几何量可分为回转型和直线型;按检测信号的类型可分为数字式和模拟式;按检测量的基准可分为增量式和绝对式,见表 8.1。按工作条件和测量要求不同,可采用不同的测量方式。

表 8.1　位置检测装置分类

分　类	数　字　式		模　拟　式	
	增量式	绝对式	增量式	绝对式
回转型	圆光栅、增量式脉冲编码器	绝对式脉冲编码器	旋转变压器、圆感应同步器、圆形磁栅	多级旋转变压器、三速圆感应同步器
直线型	激光干涉仪、计量光栅	多通道透射光栅	直线感应同步器、磁尺	三速直线感应同步器、绝对值式磁尺

1) 数字式测量和模拟式测量

(1) 数字式测量。数字式测量是将被测的量以数字的形式来表示。测量信号一般为电脉冲,可以直接把它送到数控装置进行比较、处理,如光栅位置检测装置。数字式测量装置的特点是：①被测的量转换为脉冲个数，便于显示和处理；②测量精度取决于测量单位，与量程基本无关(但存在累积误差)；③测量装置比较简单，脉冲信号抗干扰能力较强。

(2)模拟式测量。模拟式测量是将被测的量用连续变量来表示，如电压变化、相位变化等，数控机床所用模拟式测量主要用于小量程的测量，如感应同步器的一个线距(2 mm)内的信号相位变化等。在大量程内作精确的模拟式测量时，对技术要求较高。模拟式测量的特点是：①直接测量被测的量，无需变换；②在小量程内实现较高精度的测量，技术上较为成熟，如用旋转变压器、感应同步器等。

2)增量式测量和绝对式测量

(1)增量式测量。增量式测量的特点是：只测位移量，如测量单位为 0.01 mm，则每移动 0.01 mm 就发出一个脉冲信号。其优点是测量装置较简单，任何一个对中点都可作为测量的起点。在轮廓控制的数控机床上大都采用这种测量方式。典型的测量元件有感应同步器、光栅、磁尺等。在增量式检测系统中，移距是由测量信号计数读出的，一旦计数有误，之后的测量结果则完全错误。

因此，在增量式检测系统中，基点特别重要。此外，由于某种事故(如停电、刀具损坏)而停机，当事故排除后不能再找到事故前执行部件的正确位置，这是由于这种测量方式没有一个特定的标记，必须将执行部件移至起始点重新计数才能找到事故前的正确位置。

(2)绝对式测量。绝对式测量装置对于被测量的任意一点位置均由固定的零点标起，每一个被测点都有一个相应的测量值。装置的结构较增量式复杂，如编码盘中，对应于编码盘的每一个角度位置都有一组二进制位数。显然，分辨精度要求越高，量程越大，则所要求的二进制位数也越多，结构也就越复杂。

3)直接测量和间接测量

(1)直接测量。直接测量是将检测装置直接安装在执行部件上，如光栅、感应同步器等用来直接测量工作台的直线位移，其缺点是测量装置要和工作台行程等长，因此，不便于在大型数控机床上使用。

(2)间接测量。间接测量是将检测装置安装在滚珠丝杠或驱动电动机抽上，通过检测转动件的角位移来间接测量执行部件的直线位移。间接测量方便可靠，无长度限制，其缺点是测量信号中增加了由回转运动转变为直线运动的传动链误差，从而影响了测量精度。

8.3.2　脉冲编码器

脉冲编码器又称编码盘或码盘，是一种回转式数字测量元件，通常装在被检测轴上，随被测轴一起转动，它把机械转角转换成电脉冲，以测出轴的旋转角度、位置和速度的变化，是一种常用的角位移测量装置。

8.3.2.1　脉冲编码器的分类

根据内部结构和检测方式，脉冲编码器可分为接触式、电磁感应式和光电式三种。

接触式编码器是一种绝对值式的检测装置，可直接把被测转角用数字代码表示出来，每一个角度位置均有唯一对应的代码。即使断电或切断电源，也能读出转动角度。其优点是结构简单、体积小、输出信号强；缺点是炭刷磨损造成寿命降低，转速不能太高(每分钟几十转)，精度受码道数限制，使用范围有限。

电磁感应式编码器是在导磁性好的软铁和坡莫合金圆盘上，用腐蚀的方法做成相应码制的凸凹图形，当磁通通过码盘时，由于磁导大小不一样，其感应电势也不同，因而可区分"0"和"1"，达到测量的目的。其优点是无接触码盘，寿命长，转速高等。

光电式编码器可分为增量式和绝对式，这种编码器精度高和可靠性好，因而广泛应用于数控机床上。

8.3.2.2　光电式编码器结构和工作原理

1）增量式光电脉冲编码器

（1）增量式光电脉冲编码器的结构和工作原理。增量式光电脉冲编码器能够把回转件的旋转方向、旋转角度和旋转速度准确测量出来。它由光源、聚光镜、光电盘、圆盘、光电元件和信号处理电路等组成，如图 8.20 所示。光电盘是用玻璃材料研磨抛光制成，玻璃表面在真空中镀上一层不透光的铬，然后用照相腐蚀法在上面制成向心透光窄缝。透光窄缝在圆周上等分，其数量从几百条到几千条不等。圆盘也用玻璃材料研磨抛光制成，其透光窄缝为两条，每一条后面安装有一只光电元件。光电盘与工作轴连在一起，光电盘转动时，每转过一个缝隙就发生一次光线的明暗变化，光电元件把通过光电盘和圆盘射来的忽明忽暗的光信号转换为近似正弦波的电信号，经过整形、放大和微分处理后，输出脉冲信号。通过记录脉冲的数目，就可以测出转角。测出脉冲的变化率即单位时间脉冲的数目，就可以求出速度。图 8.21 所示是增量式光电脉冲编码器测量系统原理图。

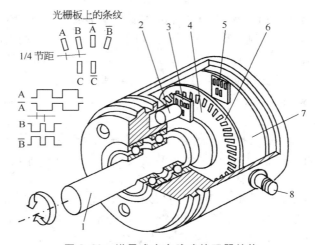

图 8.20　增量式光电脉冲编码器结构

1—转轴；2—发光；3—光栅；4—零标；
5—光敏；6—光栅；7—炭刷；8—电源

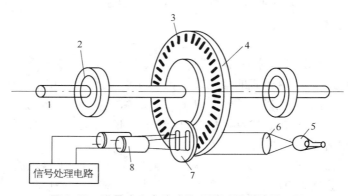

图 8.21　增量式光电脉冲编码器测量系统原理图

1—旋转轴；2—轴承；3—透光狭缝；4—光栅盘；
5—光源；6—聚光镜；7—光栅板；8—光敏元件

（2）增量式光电脉冲编码器的正反转判别。当圆光栅旋转时,光线透过两个光栅的线纹部分,形成明暗相间的条纹。光电元件接收时断时续的光信号,并转换为交替变化的近似于正弦波的电流信号 A 和 B,信号 A 和信号 B 相差 80°,经过放大和整形后变成方波,如图 8.22 所示。

根据信号 A 和信号 B 的发生顺序,即可判断光电编码器轴的正反转。若 A 相超前于 B 相,则对应正转;若 B 相超前于 A 相,则对应反转。数控系统正是利用这一相位关系来判断方向的。还有一个"一转脉冲",称为 Z 脉冲,该脉冲也是通过上述处理得来的。脉冲编码器输出信号有六相,分别为 A、$\overline{A}$、B、$\overline{B}$、Z、$\overline{Z}$。

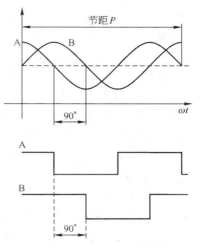

图 8.22　脉冲编码器输出波形

A、B 两相的作用:根据脉冲的数目可得出被测轴的角位移;根据脉冲的频率可得出被测轴的转速;根据 A、B 两相的相位超前滞后关系可判断被测轴旋转方向;后续电路可利用 A、B 两相的 80°相位差进行细分处理(四倍频电路实现)。

Z 相的作用:被测轴的周向定位基准信号;被测轴的旋转圈数计数信号。

$\overline{A}$、$\overline{B}$、$\overline{Z}$的作用:后续电路可利用 A、B 两相实现差分输入,以消除远距离传输的共模干扰。

（3）增量式光电脉冲编码器在数控机床中的应用。在数控机床上,作为位置检测装置,光电脉冲编码器将检测信号反馈给数控装置。光电脉冲编码器将位置检测信号反馈给 CNC 装置,有两种方式:一是使用带加减计数要求的可逆计数器,形成加计数脉冲和减计数脉冲;二是使用有计数控制和计数要求的计数器,形成方向控制信号和计数脉冲。

2）绝对式光电脉冲编码器　绝对式光电脉冲编码器是一种直接编码和直接测量的检测装置。它能指示绝对位置,没有累积误差,电源切断后,位置信息不丢失。常用的编码器有编码盘和编码尺,统称为码盘。从编码器使用的计数制来分类,可分为二进制编码、二进制循环码(格雷码)、二-十进制码等;从结构原理来分,可分为接触式、光电式和电磁式等几种,最常用的是光电式二进制循环码编码器。

图 8.23 所示为光电式二进制循环码编码器的二进制编码盘,图中空白的部分透光,表示

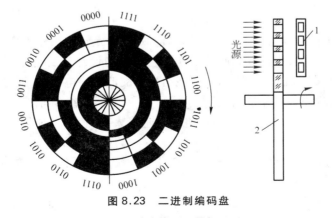

图 8.23　二进制编码盘

1—光电管；2—码盘

"0";加点(阴影)的部分不透光,表示"1"。按照圆盘上形成的二进位的每一环配置光电变换器,即图中用黑点所示位置,隔着圆盘从后侧用光源照射。此编码盘共有四环,每一环配置的光电变换器对应为 2^0、2^1、2^2、2^3。图中,内侧是二进制的高位,即 2^3;外侧是二进制的低位,如"1101",读出的是十进制"13"的角度坐标值。

绝对式编码器比增量式编码器具有较多优点:坐标值可从绝对编码盘中直接读出,不会有累积进程中的误计数;运转速度可以提高,编码器本身具有机械式存储功能,即便因停电或其他原因造成坐标值清除,通电后,仍可找到原绝对坐标位置。其缺点是,当进给转数大于一转时,需作特别处理,如用减速齿轮将两个以上的编码器连接起来,组成多级检测装置,但其结构复杂、成本高。

8.3.3 旋转变压器

旋转变压器是一种常用的角位移检测装置,由于它结构简单,动作灵敏、工作可靠,且精度能满足一般的检测要求,因此被广泛应用于半闭环控制的数控机床。

8.3.3.1 旋转变压器的结构与工作原理

旋转变压器是一种角位移测量装置,由定子和转子组成。励磁电压接到定子绕组上,其频率通常为 400 Hz、500 Hz、1 000 Hz 和 5 000 Hz。

旋转变压器分为有刷旋转变压器(图 8.24)和无刷旋转变压器(图 8.25)。

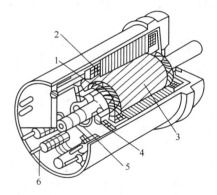

图 8.24　有刷旋转变压器

1—转子绕组;2—定子绕组;3—转子;
4—换向器;5—炭刷;6—接线柱

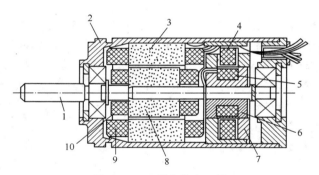

图 8.25　无刷旋转变压器

1—电机轴;2—外壳;3—分解器定子;4—变压器定子绕组;
5—变压器转子绕组;6—变压器转子;7—变压器定子;8—分解器转子;
8—分解器定子绕组;10—分解器转子绕组

旋转变压器的工作原理与普通变压器基本相似,其中定子绕组作为变压器的一次侧,转子绕组作为变压器的二次侧,根据互感原理工作。它的结构设计与制造保证了定子与转子之间的空气隙内的磁通分布呈正弦规律,当定子绕组上加交流励磁电压时,通过互感在转子绕组中产生感应电动势,其输出电压的大小取决于定子与转子两个绕组轴线在空间的相对位置(θ 角)。两者平行时互感最大,二次侧的感应电动势也最大;两者垂直时互感为零,感应电动势也为零。

旋转变压器通过测量电动机或被测轴的转角来间接测量工作台的位移。旋转变压器分为单极和多极形式。

如图 8.26 所示,单极型旋转变压器的定子和转子各有一对磁极,假设加到定子绕组的励磁电压为 $u_1 = U_m \sin \omega t$,则转子通过电磁耦合,产生感应电压。当转子转到使它的磁轴和定

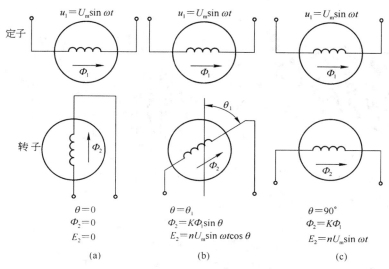

图 8.26 旋转变压器的工作原理

子绕组磁轴垂直时转子绕组感应电压为 0;当转子绕组的磁轴自垂直位置转过一定角度时,转子绕组中产生的感应电压为

$$u_2 = Ku_1 \sin \theta = KU_m \sin \omega t \sin \theta$$

式中,K 为变压比(即绕组匝数比);U_m 为励磁信号幅值;ω 为励磁信号角频率;θ 为旋转变压器转角。

当转子转过 80°,两磁轴平行,此时转子绕组中感应电压最大,即

$$u_2 = Ku_1 \sin \theta = KU_m \sin \omega t$$

8.3.3.2 旋转变压器的应用

检测旋转变压器的二次绕组感应电动势 E_2 的幅值或相位的变化,即可知转角 θ 的变化。如果将旋转变压器安装在数控机床的滚珠丝杠上,当滚珠丝杠转动使 θ 角从 0°变化到 360°时,表示滚珠丝杠上的螺母进给了滚珠丝杠的一个螺距值,这样就间接地测出了数控机床移动部件的直线位移量。

8.3.4 光栅与磁栅

8.3.4.1 光栅

光栅是一块刻有大量平行等宽、等距狭缝(刻线)的平面玻璃或金属片。光栅的狭缝数量很大,一般每毫米几十至几千条。

通常意义上讲,光栅按用途分有两大类:物理光栅和计量光栅。物理光栅主要是利用光的衍射现象,常用于光谱分析和光波波长测定;计量光栅主要是利用光的透射和衍射现象,常用于检测系统。

光栅是由光栅尺和光栅读数头两部分组成。光栅尺一般固定在机床活动部件上(如工作台上),光栅读数头装在机床固定部件上,指示光栅装在光栅读数头中。当光栅读数头相对于光栅尺移动时,指示光栅便在光栅尺上相对移动。光栅尺和指示光栅的平行度以及两者之间的间隙(0.05~0.1 mm)要严格保证,如图 8.27 所示。

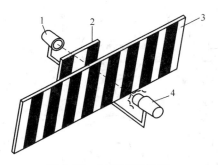

图 8.27　光栅测量原理

1—光电接收元件；2—指示光栅；
3—光栅尺(标尺光栅)；4—光源

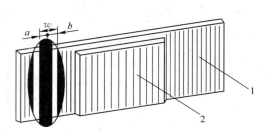

图 8.28　光栅尺

1—标尺光栅；2—指示光栅

1) 光栅尺　光栅尺是指标尺光栅和指示光栅,如图 8.28 所示,它们是用真空镀膜的方法在透明玻璃片或长条形金属镜面光刻上均匀密集线纹。光栅的线纹相互平行,线纹之间的距离(栅距)相等。对于圆光栅,这些线纹是等栅距角的向心条纹。栅距和栅距角是光栅的重要参数。

2) 光栅读数头　光栅读数头又称光电转换器,它把光栅叠栅条纹变成电信号。光栅读数头都是由光源、透镜、指示光栅、光敏元件和驱动电路组成,如图 8.29 所示。光栅读数头还有分光读数头、反射读数头和镜像读数头等几种。

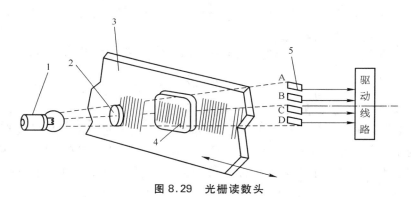

图 8.29　光栅读数头

1—光源；2—透镜；3—标尺光栅；4—指示光栅；5—光敏元件

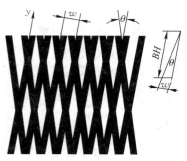

图 8.30　叠栅条纹现象

3) 工作原理　光栅用于测量的基本原理是利用叠栅条纹。当指示光栅和标尺光栅的线纹相交一个微小夹角时,由于挡光效应(对线纹密度≤50 条/mm 的光栅)或光的衍射作用(对线纹密度≥100 条/mm 的光栅),在光栅线纹大致垂直的方向上,产生明暗相间的条纹,这些条纹称为叠栅条纹,如图 8.30 所示。

光敏元件把叠栅条纹光强度变化转换成相应的电压信号(脉冲信号),根据电压信号的变化,可以检测出光栅尺的相对移动及移动速度。

叠栅条纹有如下特点:

(1) 当光栅在横向沿刻线的垂直方向移动时,叠栅条纹在刻线方向移动。两光栅相对移动一个栅距 W 时,叠栅条纹也同步移动一个间距 B_H,固定点上的光强则变化一周,而且在光栅反向移动时,叠栅条纹的移动方向也随之反向。

(2) 叠栅条纹的间距与两光栅线纹夹角 θ 之间的关系为

$$B_H = \frac{\omega}{2\sin\dfrac{\theta}{2}} \approx \frac{\omega}{\theta}$$

式中,B_H 为叠栅条纹间距;ω 为光栅栅距;θ 为两光栅刻线间的夹角(rad)。

(3) 起平均误差作用。叠栅条纹是由若干光栅线纹干涉形成,例如 100 条/mm 的光栅,10 mm 宽的叠栅条纹就由 1 000 条线纹组成,这样栅距之间的相邻误差就被平均化了,消除了栅距不均匀造成的误差。

(4) 叠栅条纹的移动与栅距之间的移动成比例。当光栅移动一个栅距时,叠栅条纹也相应移动一个叠栅条纹宽度;若光栅移动方向相反,则叠栅条纹移动方向也相反。叠栅条纹移动方向与光栅移动方向垂直,这样测量光栅水平方向移动的微小距离就用检测垂直方向的宽大的叠栅条纹的变化代替。

8.3.4.2　磁栅

磁栅(磁尺)是一种高精度的位置检测装置,可用于长度和角度的测量,具有精度高、安装调试方便,以及对使用条件要求较低等一系列优点。在油污、粉尘较多的工作环境下使用稳定性较好。

磁尺是由磁性标尺、拾磁磁头和检测电路组成,其结构如图 8.31 所示。它是利用录磁原理工作的,先用录磁磁头将按一定周期变化的方波、正弦波或电脉冲信号录制在磁性标尺上,作为测量基准。检测时,用拾磁磁头将磁性标尺上的磁信号转化成电信号,再送到检测电路中,把磁头相对于磁性标尺的位移量用数字显示出来,并传输给数控系统。

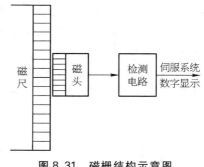

图 8.31　磁栅结构示意图

1) 磁性标尺　磁性标尺常采用不导磁材料作基体,并镀上高导磁材料,形成均匀磁膜;用录磁磁头在尺上记录相等节距的周期性磁化信号,以作为测量基准,信号可为正弦波、方波等。在磁尺表面涂上一层保护层,以防磁头与磁尺频繁接触而形成磁膜磨损。

2) 拾磁磁头　用来把磁尺上的磁化信号检测出来变成电信号送给检测电路,分为动态磁头与静态磁头。

(1) 动态磁头(速度响应型磁头)。只有一组输出绕组,只有当磁头和磁尺有一定相对速度时才能读取磁化信号,并有电压信号输出。

(2) 静态磁头(磁通响应型磁头)。当磁尺与磁头相对运动速度很低或处于静止时亦能测量位移或位置。

3) 检测电路　磁栅检测电路包括磁头励磁电路,读取信号的放大、滤波及辨向电路,细分内插电路,显示和控制电路等。

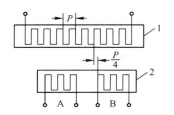

图 8.32　直线式感应同步器绕组

1—定尺；2—滑尺

8.3.5　感应同步器

感应同步器是根据电磁耦合原理将位移信号转换成电信号，一般分为直线式和旋转式两种。直线式感应同步器由定尺和滑尺两部分组成，定尺和滑尺均用钢板作基体，用绝缘黏结剂将铜箔粘贴在基体上，用照相腐蚀的方法制成锯齿形平面绕组，如图 8.32 所示。在滑尺的铜箔绕组上面用绝缘的黏结剂贴一层铝箔，以防止静电感应。标准式直线式感应同步器的定尺长为 250 mm，当被测位移较长时，可用多个定尺连接起来。

定尺上的绕组是节距为 2 mm 的单相连续绕组。滑尺比定尺短一些，它有两个节距为 2 mm 的绕组 A 和绕组 B，分别称为正弦绕组和余弦绕组，它们相对于定尺绕组错开 1/4 节距。

旋转式感应同步器由转子和定子组成。定子和转子都用不锈钢、硬铝合金等材料作基板，呈环形辐射状。定子和转子相对的一面均有导电绕组，绕组由铜箔构成(厚 0.05 mm)。基板和绕组之间有绝缘层，绕组表面还要加一层和绕组绝缘的屏蔽层(材料为铝箔或铝膜)。转子绕组为连续绕组；定子上有两相正交绕组(正弦绕组和余弦绕组)，做成分段式，两相绕组交差分布，成 80°相位角。属于同一相的各相绕组用导线串联起来，绕组排列成辐射状，如图 8.33 所示。转子绕组是单向均匀连续的，定子绕组亦分为 A 和 B，相对于定子绕组错开 1/4 节距。

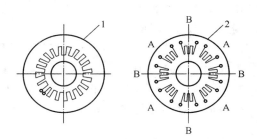

图 8.33　旋转式感应同步器绕组

1—转子；2—定子

由于感应同步器具有一系列的优点，所以广泛用于位移检测。感应同步器安装时，要注意定尺与滑尺之间的间隙，一般在(0.25±0.05)mm 范围内，间隙变化也必须控制在 0.01 mm 之内，如间隙过大，将影响测量信号的灵敏度。其特点如下：

1) 精度高　感应同步器的极对数多，平均效应所产生的测量精度要比制造精度高，且输出信号是由滑尺和定尺之间相对移动产生的，中间无机械转换环节，所以测量结果只受本身精度的影响。

2) 测量长度不受限制　当测量长度大于 250 mm 时，可以采用多块尺接长，相邻定尺间隔可用量块或激光测长仪进行调整，使总长度上的累积误差不大于单块定尺的最大偏差。

3) 对环境的适应性强　直线式感应同步器的金属基尺与安装部件的材料的膨胀系数相似，当环境温度变化时，两者的变化规律相同，从而不影响测量精度。

4) 维护简单、寿命长　定尺、滑尺之间无接触磨损，在机床上安装简单。但使用时需要加防护罩，防止切屑进入定尺、滑尺之间划伤导片。

📝 知识拓展

当进给伺服系统出现故障时，通常有三种表现方式：在 CRT 或操作面板上显示报警内容或报警信息；在进给伺服驱动单元上用报警灯或数码管显示驱动单元的故障；进给运动不正常，但无任何报警信息。

进给驱动单元除了速度控制信号外，还有使能控制信号，一般为 DC＋24 V 继电器线圈电

压。当伺服电动机不转时,需要检查以下项目:

　　(1) 检查数控系统是否有速度控制信号输出;

　　(2) 检查使能信号是否接通。通过 CRT 观察 I/O 状态,分析机床 PLC 梯形图(或流程图),以确定进给轴的启动条件,如润滑、冷却等是否满足;

　　(3) 对带电磁制动的伺服电动机,应检查电磁制动是否释放;

　　(4) 进给驱动单元故障;

　　(5) 伺服电动机故障。

【思考与练习】

1. 数控机床对进给伺服系统的要求是什么?

2. 简述数控机床伺服系统的作用和组成。

3. 说明步进电机的工作原理。

4. 提高开环伺服系统精度的措施有哪些?

5. 直流电动机调速方式有哪几种?

6. 交流电动机调速方式有哪几种? 通常采用哪种调频调压的方法?

7. 数控机床伺服系统对位置检测元器件的主要要求是什么?

8. 简述叠栅条纹测量位移的工作原理。

第 9 章　主轴的驱动与进给运动位置控制

■ **学习目标**

　　了解数控机床主轴控制的基本原理和方法;掌握数控加工程序中 S 代码的实现方法;了解主轴准停和主轴分段无级调速的作用及实现方法;了解闭环位置控制系统的组成原理;掌握位置控制各个环节对位置误差的影响方式。

9.1　主轴的驱动与控制

　　数控主轴驱动系统是数控机床的大功率执行机构,用来实现机床主运动。其功能是接收数控系统(CNC)的 S 码速度指令及 M 码辅助功能指令,驱动主轴进行切削加工。主轴驱动系统通过传动机构将主电动机的原动力转变成主轴上安装的刀具或工件的切削力矩和切削速度,配合进给运动,加工出理想的零件。

9.1.1　数控机床对主轴驱动系统的要求

　　机床的主轴驱动和进给驱动有较大的差别,数控机床通常通过主轴的回转与进给轴的进给实现刀具与工件的快速相对切削运动。现代数控机床对主轴传动提出了更高的要求。

　　1) 调速范围宽并实现无级调速　为保证加工时选用合适的切削用量,以获得最佳的生产率、加工精度和表面质量,特别对于具有自动换刀功能的数控加工中心,为适应各种刀具、工序和各种材料的加工要求,对主轴的调速范围要求更高,要求主轴能在较宽的转速范围内根据数控系统的指令自动实现无级调速,并减少中间传动环节,简化主轴箱。

　　目前主轴驱动装置的恒转矩调速范围已可达 1∶90,由于主轴电动机与驱动装置的限制,主轴在低速段均为恒转矩输出。为满足数控机床低速、强力切削的需要,常采用分级无级变速的方法(即在低速段采用机械减速装置),以扩大输出转矩。提高恒功率调速范围使主轴在全速范围内均能提供切削所需功率,并尽可能在全速范围内提供主轴电动机的最大功率。恒功率调速范围也可达 1∶30,一般过载 1.5 倍时可持续工作达 30 min。

　　主轴变速分为有级变速、无级变速和分段无级变速三种形式,其中有级变速仅用于经济型数控机床,大多数数控机床均采用无级变速或分段无级变速。在无级变速中,变频调速主轴一般用于普及型数控机床,交流伺服主轴则用于中、高档数控机床。

　　2) 具有四象限驱动能力　要求主轴在正、反向转动时均可进行自动加、减速控制,并且加、减速时间要短。目前一般伺服主轴可以在 1 s 内从静止加速到 6 000 r/min。

　　3) 具有位置控制能力　即进给功能(C 轴功能)和定向功能(准停功能),以满足加工中心自动换刀、刚性攻螺纹、螺纹切削以及车削中心的某些加工工艺的需要。

　　4) 实现恒切削速度加工　在加工端面时,为了保证端面稳定的加工质量,要求工件端面的各部位能保持恒定的线切削速度。假设主轴的恒定的旋转速度为 N,线速度 $V = N\pi D$,即随着直径的减小,V 也在减小,为了获得稳定的线速度,随着加工的进行,通过调节主轴的转速

N 使得保持恒定的线切削速度。

5）实现刀具的快速或自动装卸　主运动是刀具旋转运动的数控机床,由于机床可以进行多工序加工,工序变换时刀具也要更换,因此要求能够自动换刀。

6）具有较高的精度与刚度,传动平稳,噪声低　数控机床加工精度的提高与主轴系统的精度密切相关。为了提高传动件的制造精度与刚度,采用齿轮传动时齿轮齿面应采用高频感应加热淬火工艺以增加耐磨性。最后一级一般用斜齿轮传动,使传动平稳。采用带传动时应采用齿形带。应采用精度高的轴承及合理的支撑跨距,以提高主轴组件的刚性。在结构允许的条件下,应适当增加齿轮宽度,提高齿轮的重叠系数。变速滑移齿轮一般都用花键传动,采用内径定心。侧面定心的花键对降低噪声更为有利,因为这种定心方式传动间隙小,接触面大,但加工需要专门的刀具和花键磨床。

7）良好的抗振性和热稳定性　数控机床加工时,可能由于持续切削、加工余量不均匀、运动部件不平衡以及切削过程中的自振等原因引起冲击力和交变力,使主轴产生振动,影响加工精度和表面粗糙度,严重时甚至可能损坏刀具和主轴系统中的零件,使其无法工作。主轴系统的发热使其中的零部件产生热变形,降低传动效率,影响零部件之间的相对位置精度和运动精度,从而造成加工误差。因此,主轴组件要有较高的固有频率、较好的动平衡,且要保持合适的配合间隙,并要进行循环润滑。

9.1.2　主轴驱动特点

全功能数控机床的主传动系统大多采用无级变速。目前,无级变速系统根据控制方式的不同主要有变频主轴系统和伺服主轴系统两种,一般采用直流或交流主轴电动机,通过带传动带主轴旋转,或通过带传动和主轴箱内的减速齿轮(以获得更大的转矩)带动主轴旋转。另外根据主轴速度控制信号的不同可分为模拟量控制的主轴驱动装置和串行数字控制的主轴驱动装置两类。模拟量控制的主轴驱动装置采用变频器实现主轴电动机控制,有通用变频器控制通用电动机和专用变频器控制专用电动机两种形式。目前大部分的经济型机床均采用数控系统模拟量输出＋变频器＋感应(异步)电动机的形式,性价比很高,这时也可以将模拟主轴称为变频主轴。串行主轴驱动装置一般由各数控公司自行研制并生产,如西门子公司的 611 系列、日本 FANUC 公司的 α 系列等。

就电气控制而言,机床主轴的控制是有别于机床伺服轴的。一般情况下,机床主轴的控制系统为速度控制系统,而机床伺服轴的控制系统为位置控制系统。换句话说,主轴编码器一般情况下不是用于位置反馈的(也不是用于速度反馈的),而仅作为速度测量元件使用,从主轴编码器上所获取的数据,一般有两个用途,一是用于主轴转速显示;二是用于主轴与伺服轴配合运行的场合(如螺纹切削加工、恒线速加工、G95 转进给等)。

主轴驱动系统按变速方式分可以分为有级调速驱动、无级调速驱动、分段无级调速驱动三种方式。其中有级调速驱动系统目前使用越来越少,其他两种方式的使用更加普遍。

9.1.3　数控机床主轴驱动变频控制

9.1.3.1　应用变频器调速时要考虑的基本问题

(1)变频调速的调节范围很广,一般通用型变频器都可以实现 $0 \sim 400\ \text{Hz}$ 范围内无级调速。

(2)考虑到机床要求具有较硬的机械特性,符合变频器＋普通电动机(或变频电动机)传动具有机械特性硬的特点。一般在低频下都可以提供 150％负载转矩的能力。

(3)考虑到机床需要在低速时具有强大过载能力。变频器可以提供 150％的过载保护(60 s),能够满足设备的要求。

(4) 使用变频调速后,可以简化齿轮变速箱等原有复杂的机械拖动机构,自动化程度高,操作简单,维修方便。

(5) 变频器具有电压(DC0～9 V)、电流模拟输入接口,可以与数控系统的控制信号很好地匹配。

9.1.3.2　主轴变频控制的基本原理

由异步电动机理论可知,主轴电动机的转速公式为

$$n = (60f/p) \times (1-s)$$

式中,n 为电动机的转速;f 为供电电源的频率;p 为电动机的极对数;s 为转差率。

从上式可看出,电动机转速与频率近似成正比,改变频率即可以平滑地调节电动机转速,而对于变频器而言,其频率的调节范围很宽,可在 0～400 Hz(甚至更高频率)之间任意调节,因此主轴电动机转速即可以在较宽的范围内调节。

9.1.3.3　主轴变频器的基本选型

所谓矢量控制,最通俗的讲是为使鼠笼式异步电动机像直流电动机那样,具有优异的运行性能及很高的控制性能,通过控制变频器输出电流的大小、频率及其相位,用以维持电动机内部的磁通为设定值,产生所需要的转矩。矢量控制相对于标量控制而言,其优点有:

(1) 控制特性非常优良,可与直流电动机的电枢电流加励磁电流调节相媲美;

(2) 能适应要求高速响应的场合;

(3) 调速范围大(1∶90);

(4) 可进行转矩控制。

无速度传感器的矢量变频器目前包括西门子、艾默生、东芝、日立、LG、森兰等厂家,都有成熟的产品推出,总结各自产品的特点,它们都具有以下特点:

(1) 电动机参数自动辨识和手动输入相结合;

(2) 过载能力强,如 50％额定输出电流 2 min、180％额定输出电流 9 s;

(3) 低频高输出转矩,如 150％额定转矩 1 Hz;

(4) 各种保护齐全(通俗地讲,就是不容易炸模块)。

无速度传感器的矢量控制变频器,不仅改善了转矩控制的特性,而且改善了针对各种负载变化产生的不特定环境下的速度可控性。对于数控车床的主轴电动机,使用了无速度传感器的变频调速器的矢量控制后,具有以下显著优点:大幅度降低维护费用,甚至是免维护的;可实现高效率的切割和较高的加工精度;实现低速和高速情况下强劲的力矩输出。

9.1.4　分段无级调速的控制

9.1.4.1　主轴转速自动变换

1) 主轴转速自动变换过程　在采用调速电动机的主传动无级变速系统中,主轴的正、反启动与停止制动是直接控制电动机来实现的,主轴转速的变换则由电动机转速的变换与分挡变速机构的变换相配合来实现。由于主轴转速的二位 S 代码最多只有 99 种,即使是使用四位 S 代码直接指定主轴转速,也只能按一转递增,而且分级越多指令信号的个数越多,则越难以实现。因此,实际上将主轴转速按等比数列分成若干级,根据主轴转速的 S 代码发出相应的有级级数与电动机的调速信号来实现主轴的主动换速。电动机的驱动信号由电动机的驱动电路根据转速指令信号来转换。

例如,某数控车床的主运动变速系统采用交流变频调速电动机,通过分挡变速机构驱动主

轴。为获得主轴的某一转速必须接通相应的分挡变速级数和调节电动机的运行频率。主轴转速范围为9~1 400 r/min。S代码转换计算实例见表9.1。

表9.1 S代码转换计算实例

挡位/传动比	S(转速代码)(r/min)	转换计算	对应输出频率(Hz)
Ⅰ/8	9~350	5＋95/(350－9)×(S－9)	9~90
Ⅱ/4	351~700	50＋50/(700－351)×(S－351)	50~90
Ⅲ/2	701~1 400	50＋50/(1 400－701)×(S－701)	50~90

变速过程如下：

(1) 读入S值，判断速度对应哪一挡，并判断是否需要换挡，如不需要换挡，则在该挡转速范围内按线性插值求出新的速度值，输出至电动机变频驱动装置，调节电动机的转速；

(2) 如需要换挡，发降速指令，即换挡时对应$f=5$ Hz，经延时等速度稳定后，发换挡请求信号，换挡继电器动作，然后检测判断换挡结束信号，即等齿轮到位后，在新挡位内，根据S值按新的直线插值方法，求出新的转速值并输出至电动机变频驱动装置。

2) 变速机构的自动变挡装置 常用的有通过液压拨叉变挡和用电磁离合器变挡两种形式。

(1) 液压拨叉变挡。液压拨叉是一种用一只或几只液压缸带动齿轮移动的变速机构。最简单的二位液压缸可实现双联齿轮变速。对于三联或三联以上的齿轮换挡则需要使用差动液压缸。图9.1所示为三位液压拨叉的工作原理图，三位液压拨叉由液压缸1与5、活塞2、拨叉3和套筒4组成，通过电磁阀改变不同的通油方式可获得三个位置。

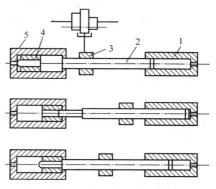

图9.1 三位液压拨叉的工作原理

1、5—液压缸；2—活塞；3—拨叉；4—套筒

当液压缸1通入液压油而液压缸5卸压时，活塞2便带动拨叉3向左移至极限位置；当液压缸5通入液压油而液压缸1卸压时，活塞2和套筒4一起移至右极限位置；当液压缸1、5同时通入液压油时，由于活塞2两端直径不同使其向左移动，而由于套筒4和活塞2截面直径不同，而使套筒4压向液压缸的右端，而活塞2紧靠套筒4的右面，拨叉处于中间位置。

要注意的是，每个齿轮的到位需要有到位检测元件(如感应开关)检测，该信号有效说明变挡已经结束。对主轴驱动无级变速的场合，可采用数控系统控制主轴电动机慢速转动或振动来解决液压拨叉可能产生的顶齿问题。对于纯有级变速的恒速交流电动机驱动场合，通常在传动链上安置一台微电动机。

正常工作时，离合器脱开；齿轮换挡时，主轴M_1停止工作而离合器吸合，微电动机M_2工作，带动主轴慢速转动。同时，液压缸移动齿轮从而顺利啮合，如图9.2所示。液压拨叉需要附加一套液压装置，将电信号转换为电磁阀动作，再将压力油分至相应的液压缸，因而增加了复杂性。

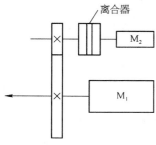

图9.2 微电动机工作齿轮变挡示意图

（2）电磁离合器变挡。电磁离合器是应用电磁效应接通切断运行的元件。它便于实现自动化操作。它的缺点是体积大,磁通易使机械零件磁化。在数控车床主传动中,使用电磁离合器可以简化变速机构,通过安装在各传动轴上离合器的吸合与分离,形成不同的运动组合传动路线,实现主轴变速。

在数控机床中常使用无滑环摩擦片式电磁离合器和牙嵌式电磁离合器。由于无滑环摩擦片式电磁离合器采用摩擦片传递转矩,所以允许不停车变速。但如果速度过高,会由于滑差运动产生大量的摩擦热。牙嵌式电磁离合器由于在摩擦面上制成一定的牙形,提高了传递转矩,减小了离合器的径向、轴向尺寸,使主轴结构更加紧凑,摩擦热减小。但牙嵌式电磁离合器必须在低速时(每分钟数转)变速。

9.1.4.2　主轴旋转与进给轴的同步控制

1）主轴旋转与轴向进给的同步控制　在螺纹加工中,为保证切削螺纹的螺距,必须有固定的起刀点和退刀点。螺纹螺距多数为常数,但有规律地递增或递减的变螺距螺纹的使用越来越多。加工螺纹时,应使带动工件旋转的主轴转速与坐标轴进给量保持一定的关系,即主轴每转一转,按所要求的螺距沿工件的轴向坐标进给相应的脉冲量。

通常,采用光电脉冲编码器作为主轴的脉冲发生器,并将其装在主轴上,与主轴一起旋转,检测主轴的转角、相位、零位等信号。常用的主轴脉冲发生器,每转的脉冲数为 1 024,与坐标轴进给位置编码器一样,输出相位差为 90°的两相信号。这两相信号经 4 倍频后,每转变成 4 096 个脉冲送给 CNC 装置。

主轴旋转时,编码器即发出脉冲。这些脉冲送给数控装置作为坐标轴进给的脉冲源,经过对节距计算后,发给坐标轴位置伺服系统,使进给量与主轴转速保持所要求的比率。通过改变主轴的旋转方向可以加工出左螺纹或右螺纹,而主轴方向是通过脉冲编码器发出正交的两相脉冲信号相位的先后顺序判别出来的。脉冲编码器还输出一个零位脉冲信号,对应主轴旋转的每一转,可以用于主轴绝对位置的定位。例如,在多次循环切削同一螺纹时,该零位信号可以作为刀具的切入点,以确保螺纹螺距不出现乱扣现象。也就是说,在每次螺纹切削进给前,刀具必须经过零位脉冲定位后才能切削,以确保刀具在工件圆周上按同一点切入。

另外,在加工螺纹时还应注意主轴转速的恒定性,以免因主轴转速的变化而引起跟踪误差的变化,影响螺纹的正常加工。

2）主轴旋转与径向进给的同步控制　数控机床在端面切削时,为了保证加工端面的平整光洁,就必须使该表面的表面粗糙度小于或等于某值。由加工工艺知识可知,要使表面粗糙度为某值,需保证工件与切削刃接触点处的切削速度为一恒定值,即恒线速度加工。由于在车削端面时,刀具要不断地作径向进给运动,从而使刀具的切削直径逐渐减小。由切削速度与主轴转速的关系 $v = 2\pi n d$ 可知,若保持切削速度 v 恒定不变,当切削直径 d 逐渐减小时,主轴转速必须逐渐增大,但也不能超过极限值。因此,数控装置必须设计相应的控制软件来完成主轴转速的调整。

车削端面过程中,切削直径变化的增量为

$$\Delta d_i = 2f\Delta t_i$$

式中,Δd_i 为切削直径变化量;f 为径向进给速度;Δt_i 为切削时间。则切削直径为

$$d_i = d_{i-1} - \Delta d_i$$

根据切削速度与主轴转速的关系,可以实时计算出主轴转速为

$$n_i = \frac{v}{2\pi d_i}$$

应注意,计算出的主轴转速不能超过其允许的极限转速。

将计算出的主轴转速值送至主轴伺服系统,以保证主轴旋转与刀具径向进给之间的协调关系。

9.1.5　主轴准停控制

主轴准停功能又称主轴定位功能,即当主轴停止时,控制主轴停于固定的位置。现代数控机床为了满足自动换刀及某些加工工艺的需要,要求主轴具有高精度的准停控制。主轴准停装置有机械式准停装置和电气式准停装置。电气式准停装置又分为磁传感器型主轴准停装置、编码器型主轴准停装置和数控系统控制主轴准停装置。现代数控系统采用电气式准停装置较多。图 9.3 所示为编码器型主轴准停装置。

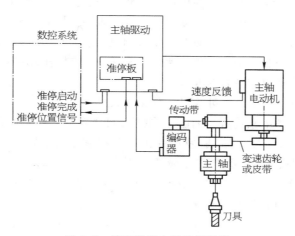

图 9.3　编码器型主轴准停装置

这种方法是通过主轴电动机内置安装的位置编码器或在机床主轴箱上安装一个与主轴 1∶1 同步旋转的位置编码器来实现准停控制,准停角度可任意设定。主轴驱动装置内部可自动转换,使主轴驱动处于速度控制或位置控制状态。

9.1.6　常用的主轴驱动系统

9.1.6.1　FANUC 公司主轴驱动系统

目前公司三个系列交流主轴电动机为:①S 系列电动机,额定输出功率范围 1.5～37 kW;②H 系列电动机,额定输出功率范围 1.5～22 kW;③P 系列电动机,额定输出功率范围 3.7～37 kW。

该公司交流主轴驱动系统的特点为:①采用微处理器控制技术,进行矢量计算,从而实现最佳控制;②主回路采用晶体管 PWM 逆变器,使电动机电流非常接近正弦波形;③具有主轴定向控制、数字和模拟输入接口等功能。

9.1.6.2　SIEMENS 公司主轴驱动系统

SIEMENS 公司生产的直流主轴电动机有 1GG5、1GF5、1GL5 和 1GH5 四个系列,与这四个系列电动机配套的 6RA24、6RA27 系列驱动装置采用晶闸管控制。

1PH5 和 1PH6 两个系列的交流主轴电动机,功率范围为 3～90 kW。驱动装置为 6SC650

系列交流主轴驱动装置或 6SC611A (SIMODRIVE 611A)主轴驱动模块,主回路采用晶体管 SPWM 变频器控制的方式,具有能量再生制动功能。另外,采用微处理器 80186 可进行闭环转速、转矩控制及磁场计算,从而完成矢量控制。通过选件实现 C 轴进给控制,在不需要 CNC 的帮助下,实现主轴的定位控制。

9.1.6.3 DANFOSS(丹佛斯)公司系列变频器

目前应用于数控机床上的变频器系列常用的有:VLT2800,可并列式安装方式,具有宽范围配接电动机功率(0.37~7.5 kW, 200/400 V);VLT5000,可在整个转速范围内进行精确的滑差补偿,并在 3 ms 内完成。在使用串行通信时,VLT5000 对每条指令的响应时间为 0.1 ms,可使用任何标准电动机与 VLT5000 匹配。

9.1.6.4 HITACHI(日立)公司系列变频器

HITACHI 公司的主轴变频器应用于数控机床上通常有:L90 系列通用型变频器,额定输出功率范围为 0.2~7.5 kW, V/f 特性可选恒转矩/降转矩,可手动/自动提升转矩,载波频率 0.5~16 Hz 连续可调;日立 SJ90 系列变频器,是一种矢量型变频,额定输出功率范围为 0.2~7.5 kW,载波频率在 0.5~16 Hz 内连续可调,加减速过程中可分段改变加减速时间,可内部/外部启动直流制动;日立 SJ200/300 系列变频器,额定输出功率范围为 0.75~132 kW,具有 2 台电动机同时无速度传感器矢量控制运行且电动机常数在/离线自整定。

9.1.6.5 HNC(华中数控)公司系列主轴驱动系统

HSV-20S 是武汉华中数控股份有限公司推出的全数字交流主轴驱动器。该驱动器结构紧凑、使用方便、可靠性高。采用的是最新专用运动控制 DSP、大规模现场可编程逻辑阵列 (FPGA)和智能化功率模块(IPM)等当今最新技术设计,具有 025、050、075、90 多种型号规格,具有很宽的功率选择范围。用户可根据要求选配不同型号驱动器和交流主轴电动机,形成高可靠、高性能的交流主轴驱动系统。

9.2 进给运动的位置控制

9.2.1 开环进给系统性能分析

由于开环进给系统中没有位置反馈检测装置,因而其前向通道中的各种误差无法通过反馈信息来加以补偿,会引起输出位置误差。因此,需要找出造成输出位置误差的主要因素并采取一些必要的措施来提高系统的控制性能。

9.2.1.1 影响进给精度的主要因素

在开环系统中,影响工作台位移精度的主要因素包括:

(1) 步进电机的步距误差。数控机床用的步进电机其步距误差一般为 $\pm 9''\sim\pm 25''$。

(2) 步进电机的动态误差。当步进电机进行单步运行时,存在明显的振荡现象,其超调量为步距角的 20%~30%;并且当工作于较低频率区时(300~500 Hz),还会出现共振现象。

(3) 齿隙误差。引起齿隙误差的间隙包括减速齿轮的传动间隙、滚珠丝杠和螺母之间的传动间隙等。

(4) 滚珠丝杠的螺距误差。

(5) 滚珠丝杠、螺母支架、轴承等机械部件的受力变形和热变形引起的误差。

(6) 工作台导轨的误差。

9.2.1.2　提高进给精度的主要措施

针对上述造成工作台位移误差的主要因素,分别可以采取以下措施来提高进给精度:

(1) 选用高质量的步进电机。为了减小因步进电机步距误差、动态误差引起的位置误差,可选择布距角较小、精度较高、稳定性好的步进电机。

(2) 选用高性能的驱动装置。选用性能好、与步进电机匹配的驱动装置可有效地改善步进电机的动态性能,防止"失步"和振荡。此外,也可选用带细分的驱动装置以提高进给分辨率。

(3) 合理地进行补偿。根据齿隙误差的特点,当工作台运动方向改变时可利用 CNC 装置的间隙补偿功能进行补偿;对于滚珠丝杠的螺距误差,可利用 CNC 装置的螺距误差补偿功能进行校正。

(4) 增加位置测量装置,采用混合式控制。对于精度要求较高的大型数控机床,针对开环系统的不足,可在其基础上增设一套工作台位移检测装置,如直光栅或感应同步器等,用以监视并补偿前向通道的误差,构成混合步进系统。当系统中没有传动误差时,反馈电路部分相当于不工作,只有开环部分工作;当出现传动误差时,由反馈电路发出一定数目的附加脉冲,用以补偿步进电机多走或少走的步数。可见,在该系统中机床本身并不包含在定位伺服系统中,而处于补偿回路中,这使得系统易于调试,类似于开环系统,但系统精度又接近闭环系统。

9.2.2　闭环进给位置控制系统的结构分析

9.2.2.1　闭环进给位置控制系统的结构

闭环进给位置控制系统带有位置检测反馈装置,采用直流或交流伺服驱动系统,位置检测元件安装在机床工作台或电动机的轴端,其结构框图如图 9.4 所示。

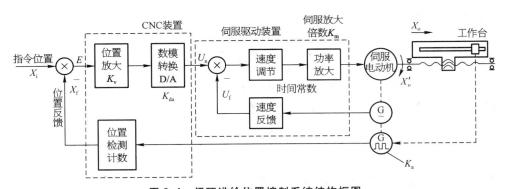

图 9.4　闭环进给位置控制系统结构框图

安装在工作台上的位置传感器(在半闭环中为安装在电动机轴上的角度传感器)将机械位移转移为数字脉冲,该脉冲送至数控装置的位置测量接口,由计数器进行计数。计算机以固定的时间周期对该反馈值进行采样,将采样值与插补输出结果相比较,得到位置误差。该误差经软件位置放大,输出给数模转换器(D/A),从而为伺服装置提供控制电压,驱动工作台向减小误差的方向移动。如果插补输出不断有进给量产生,工作台就不断跟随该进给量运动。只有在位置误差为零时,工作台才停止在要求的位置上。

9.2.2.2　闭环进给位置控制系统的数学模型

根据闭环进给位置控制系统的结构,可画出系统的数学模型,如图 9.5 所示。

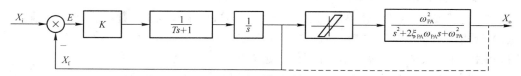

图 9.5 闭环进给位置控制系统的数学模型

（1）跟随误差 E。跟随误差 E 实际上就是指令位置 X_i 差值。

（2）开环增益 K。K 为整个系统的开环增益，$K = K_v K_{da} K_m K_a (1/s)$，其中：$K_v$ 为位置放大系数（软件增益），它是由 CNC 内部的参数设置的，单位为数字/数字，可通过 K_v 值来调整整个回路的开环增益。K_{da} 为数模转换系数，CNC 装置通过 DAC 数模转换器输出 $-9 \sim +9$ V 的电压来控制伺服电动机的运动。K_{da} 的单位为 V/数字，它描述 CNC 内每一个数值"1"对应的电压值。K_m 为伺服装置的放大倍数，单位为(r/s)/V，它描述了在伺服装置的控制端加 1 V 电压信号时电动机对应的输出转速。K_a 为位置传感器的转换系数，单位为数字/r，它描述了电动机每转一转数控装置通过位置传感器所检测到的数值。

开环增益 K 是决定整个系统性能的重要参数，在机床调试时需进行调整。当设备选定后，调整开环增益的唯一方法就是调整软件增益 K_v 和伺服放大倍数 K_m。

（3）在图 9.5 中，伺服驱动系统是一个复杂的双闭环系统，属于二级振荡。考虑到 CNC 内部的 DAC 转换以及驱动死区特性，传递函数为

$$F(s) = \frac{\omega_p^2 \mathrm{e}^{-\tau s}}{s^2 + 2\xi_p \omega_p s + \omega_p^2}$$

式中，ξ_p、ω_p 为二阶系统阻尼和自然振荡角频率；τ 为死区延时时间常数。

当忽略死区特性影响时，可简化为

$$F(s) = \frac{\omega_p^2}{s^2 + 2\xi_p \omega_p s + \omega_p^2}$$

一般情况下，为使进给系统稳定，把伺服驱动系统调整在临界阻尼(ξ)附近，超调量较小，可近似看做一阶惯性环节，从而可将传递函数进一步简化为

$$F(s) = \frac{K}{Ts + 1}$$

式中，K 为开环增益；T 为时间常数。这种传递函数更能突出关键参数。

（4）积分环节描述了伺服驱动输出的速度量经位置反馈计数转换成为位置量的过程。

（5）间隙非线性环节描述了典型的机械传动反向间隙对整个系统的影响。

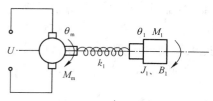

图 9.6 机械传动等效动力模型

（6）最后一个环节描述了机械传动机构的动力学模型。如图 9.6 所示，电动机的输出转矩为 M_m，传动机构承受的外力（包括切削转矩、摩擦转矩等）等有效至电动机轴端的负转载转矩为 M_1；J_1 为等效至电动机轴端的转动惯量，B_1 为黏性阻尼系数。设 k_1 为等效轴的传输扭转刚度，θ_m 为电动机轴转过的角度，θ_1 为负载位移等效到电机轴端的角度，则根据转矩平衡方程可得

$$M_m - M_1 = J_1 \frac{d^2 \theta_1}{dt^2} + B_1 \frac{d^2 \theta_1}{dt}$$

根据弹性变形方程

$$M_m = k_1(\theta_m - \theta_1)$$

对上述两式进行拉普拉斯变换可得

$$M_m(s) = (J_1 s^2 + B_1 s)\theta_1(s) + M_1(s)$$

$$M_m(s) = k_1[\theta_m(s) - \theta_1(s)]$$

整理后可得

$$\theta_1(s) = \frac{k_1 \theta_m(s) - M_1}{J_1 s^2 + B_1 s + k_1}$$

当外部扰动 $M_1 = 0$ 时,传递函数为

$$G(s) = \frac{\theta_1(s)}{\theta_m(s)} = \frac{k_1}{J_1 s^2 + B_1 s + k_1}$$

令

$$\sqrt{k_1/J_1} = \omega_{PA}, \quad B_1/2(\sqrt{k_1/J_1}) = \xi_{PA}$$

则

$$G(s) = \frac{\omega_{PA}^2}{s^2 + 2\xi_{PA}\omega_{PA} s + \omega_{PA}^2}$$

式中,ω_{PA} 为机械传动机构的振荡角频率;ξ_{PA} 为阻尼比。

位置控制系统是典型的采样控制系统,但考虑到位置采样周期很短(1~9 ms),故可将其简化为连续系统分析。

9.2.3　电气传动部分对位置误差的影响

暂且不考虑机械传递刚度等引起的误差并假定驱动死区以及数字化死区很小,可以忽略不计,则整个系统可以简化为图 9.7 所示的数学模型。

9.2.3.1　对定位误差的影响

简化位置闭环控制系统的开环传递函数为

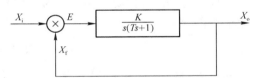

图 9.7　电气传动部分数学模型

$$G_K(s) = \frac{K}{s(Ts+1)}$$

由此看出,该系统为典型的 I 型系统,因此不存在位置定位稳态误差。其闭环传递函数为

$$G_B(s) = \frac{1}{\frac{T}{K}s^2 + \frac{1}{K}s + 1}$$

根据典型二阶振荡环节的特性,其阻尼比与振荡角频率为

$$\xi = \frac{1}{2}\Big/ \sqrt{\sqrt{\frac{1}{KT}}}, \quad \omega_n = \sqrt{\frac{K}{T}}$$

图 9.8 所示是当伺服系统的时间常数 T 一定时增加 K 值位置响应曲线的变化情况,图 9.9 所示是当 K 一定时改变伺服系统的时间常数 T 值位置曲线的变化情况,图中 $\omega_0 = 1/T$。

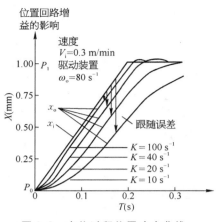

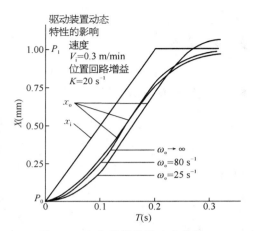

图 9.8　定位过程位置响应曲线一　　　　图 9.9　定位过程位置响应曲线二

由图可以看出,当 $T = 0.125\,\mathrm{s}$ 时,如果开环增益 K 超过 $20(1/\mathrm{s})$,则位置响应曲线就会产生超调。这与理论上二阶系统当时无超调是相符的。同理当 $K = 20(1/\mathrm{s})$ 时,如果伺服驱动的时间常数过大,则位置响应曲线也会产生超调。由此可以得出以下结论:

(1) 要想提高位置增益(较高的位置增益可以减小跟随误差,缩短过渡过程时间,对减小轮廓误差也是重要的),必须有较小的伺服时间常数,也就是说伺服驱动装置的快速性要好,否则提高位置增益会产生超调。而在数控机床上超调意味着过切,这是不允许的。

(2) 如果仅选择了快速性好的伺服驱动,而不提高位置增益,则整个系统的瞬态响应并不能得到明显改善,因此 K 与 T 的配合是很重要的。一般取 $KT = 0.2 \sim 0.3$ 是比较合适的,这样既可以保证很小的超调,又可以保证很好的快速性。

(3) 由于位置控制传递函数为 I 型系统,因此在定位过程中(在恒速运动中)存在一个恒定的跟随误差

$$E(s) = X_{\mathrm{i}}(s) - X_{\mathrm{o}}(s)$$

跟随误差对输入的传递函数(误差传函)为

$$G_{\mathrm{e}}(s) = \frac{E(s)}{X_{\mathrm{i}}(s)} = \frac{1}{1 + G_{\mathrm{K}}(s)}$$

当以进给速度为 V 且恒速运动时,相当于斜坡输入,则

$$X_{\mathrm{i}}(s) = \frac{V}{s^2}, \ E(s) = G(s)X_{\mathrm{i}}(s) = \frac{1}{1 + G_{\mathrm{K}}(s)} \cdot \frac{V}{s^2}$$

稳态跟随误差为

$$E = \lim_{s \to 0} sE(s) = \lim_{s \to 0} \frac{V}{s[1 + G_{\mathrm{K}}(s)]} = \lim_{s \to 0} \frac{V(Ts + 1)}{Ts^2 + s + K} = \frac{V}{K}$$

例如,当某轴开环放大倍数为 $30(1/\mathrm{s})$,以 $200\,\mathrm{mm/min}$ 运动,在任意时刻命令位置与实际位置的差 $E = V/K = 0.11\,\mathrm{mm}$。

9.2.3.2　对直线加工轮廓误差的影响

由于不存在无限大功率的电动机,而且驱动对象总存在负载,因而跟随误差是客观存在

的。如够使用或调整不当,则单个轴的跟随误差会造成轮廓运动的误差。

当数控机床进行 X、Y 轴直线联动插补时,其 X、Y 轴分别以恒速 V 运动,即 $X = V_x t$,$Y = V_y t$,此时各轴的跟随误差分别为 $E_x = V_x/K_x$,$E_y = V_y/K_y$,如图 9.10 所示。

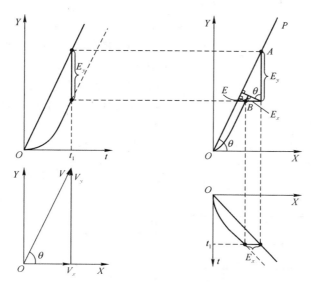

图 9.10　直线插补轮廓误差与跟随误差的关系

两坐标的合成运动构成实际加工轮廓轨迹,实际轮廓与编程轮廓之间的垂直偏差距离就是轮廓误差,记为 E,与 E_x、E_y 的关系如图 9.10 所示。图中,A 为指令位置,B 为实际位置。由几何关系可得

$$E = E_y \cos \theta - E_x \sin \theta$$

$$= \frac{V_y}{K_y} \frac{V_x}{V} - \frac{V_x}{K_x} \frac{V_y}{V}$$

$$= \frac{V \cos \theta V \sin \theta}{K_y V} - \frac{V \sin \theta V \cos \theta}{K_x V}$$

$$= V \sin \theta \cos \theta \left(\frac{1}{K_y} - \frac{1}{K_x} \right)$$

$$= \frac{V \sin 2\theta}{2} \left(\frac{1}{K_y} - \frac{1}{K_x} \right)$$

$$= \frac{V \sin 2\theta}{2} \frac{K_x - K_y}{K_x K_y}$$

由此可见:

(1) 当 $K_x = K_y$,即两轴位置增益相同时,由于两轴跟随误差相抵消,因而轮廓误差 $E = 0$。

(2) 当 $\sin 2\theta = 0$(即 $\theta = 0°$ 或 $90°$)时,$E = 0$,即当沿 X 轴或 Y 轴单轴运动时,不存在轮廓误差。

(3) 使用中很难保证 K_x 与 K_y 完全相等,由 E 的表达式可以看出,K_x 与 K_y 越大、越接

近,所产生的轮廓误差就越小。因此,使两轴位置增益匹配并尽可能提高是很有必要的。需注意的是,暂态过渡过程在数百毫秒内迅速完成,这里仅讨论稳态误差,与对定位过程的分析相同,过高的位置增益会对暂态过程产生不利影响。

（4）轮廓误差与编程进给速度成正比。

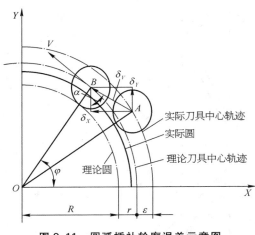

图 9.11　圆弧插补轮廓误差示意图

9.2.3.3　对圆弧直线加工轮廓误差的影响

圆弧插补轮廓误差分析如图 9.11 所示。其中 R 为工件半径；r 为刀具半径；ε 为圆弧加工误差；V 为切削进给速度；K_x、K_y 为 X、Y 轴位置增益；δ_x、δ_y 为 X、Y 轴跟随误差；φ 为 OB 与 X 轴的夹角。

由图可知

$$V_y = V\cos\varphi$$

$$V_x = V\sin\varphi$$

因此

$$\delta_x = \frac{V_x}{K_x} = \frac{V\sin\varphi}{K_x}$$

$$\delta_y = \frac{V_y}{K_y} = \frac{V\cos\varphi}{K_y}$$

在 $\triangle AOB$ 中,由余弦定理得

$$(R+r+\varepsilon)^2 = (R+r)^2 + \delta_V^2 - 2(R+r)\delta_V\cos(90°-\varphi+\alpha)$$

即

$$(R+r)^2 + 2\varepsilon(R+r) + \varepsilon^2$$
$$= (R+r)^2 + \delta_V^2 + 2(R+r)\delta_V\sin(\alpha-\varphi)$$

$$2\varepsilon(R+r) + \varepsilon^2 = \delta_V^2 + 2(R+r)\delta_V\sin(\alpha-\varphi)$$

由于 ε 很小,ε^2 更小,可忽略不计,故

$$\varepsilon = \frac{\delta_V^2}{2(R+r)} + \delta_V\sin(\alpha-\varphi)$$

$$= \frac{\delta_V^2}{2(R+r)} + \delta_V\sin\alpha\cos\varphi - \delta_V\cos\alpha\sin\varphi$$

$$= \frac{\delta_V^2}{2(R+r)} + \delta_x\cos\varphi - \delta_y\sin\varphi$$

由于

$$\delta_x\cos\varphi - \delta_y\sin\varphi = \frac{V\sin\varphi}{K_x}\cos\varphi - \frac{V\cos\varphi}{K_y}\sin\varphi$$

$$= \frac{V\sin 2\varphi}{2}\left(\frac{1}{K_x} - \frac{1}{K_y}\right)$$

$$\delta_V^2 = \delta_x^2 + \delta_y^2 = V^2 \left[\left(\frac{\sin\varphi}{K_x} \right)^2 + \left(\frac{\cos\varphi}{K_y} \right)^2 \right]$$

$$\varepsilon = \frac{V^2 \left[\left(\dfrac{\sin\varphi}{K_x} \right)^2 + \left(\dfrac{\cos\varphi}{K_y} \right)^2 \right]}{2(R+r)} + \frac{V\sin\varphi}{2} \left(\frac{1}{K_x} - \frac{1}{K_y} \right)$$

所以,可得出如下结论:

(1) 当 $K_x = K_y$ 时,上式可简化为

$$\varepsilon = \frac{V^2}{2(R+r)K^2}$$

即当两轴增益匹配时,所加工出的实际轮廓仍为圆弧,为一恒值,与 φ 无关,误差仅与圆弧半径的大小有关。当要求加工精度高时,可通过编程时修正圆弧来解决。同时由以上分析可知,误差与进给速度成正比,与位置增益成反比,因此提高位置增益对减小圆弧加工误差也是很重要的。

(2) 当 $K_x \neq K_y$ 时,ε 随着 φ 发生变化,所加工的圆弧将产生形状误差。当 K_x 与 K_y 差别不是很大时,可忽略第一项中 φ 对 ε 的影响。而第二项的大小与 $\sin 2\varphi$ 成正比,因此当 $K_x \neq K_y$ 时,所加工的圆弧将变成长轴位于 $45°$ 或 $135°$ 处的椭圆,如图 9.12 所示。

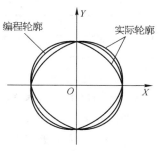

图 9.12　增益不匹配时的圆弧轮廓误差

9.2.3.4　对拐角轮廓误差的影响

数控机床在进行加工时,在两个轮廓(直线或圆弧)的交接处会产生误差,此误差称为拐角轮廓误差。最简单和最容易理解的例子是沿着两个正交坐标轴加工拐角为直角的零件,如图 9.13 所示。当 X 轴的位置指令到达后,Y 轴立即开始从零加速到指定速度运动。但是由于 X 轴指令位置与实际位置之间有滞后量,因而当 Y 轴开始运动时,X 轴尚在 B 点,形成了图中所示的拐角误差。

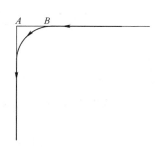

图 9.13　直线加工拐角轮廓误差

当位置增益较低时,若为外拐角则会切去一个小圆弧;若为内拐角则会出现欠切削。当位置增益过高时,若为外拐角则会在拐角处留下鼓包,若为内拐角则会出现过切削。

拐角轮廓交接的情况很复杂,但只要注意以下几点,就可以有效地控制拐角误差的大小:

(1) 选取动态性能尽可能好的伺服驱动装置,这样就可以选取较高的位置增益而不会产生超调。

(2) 如果对拐角误差要求较高,要尽可能降低切削速度,因为跟随误差与切削进给速度是成正比的。

(3) 可在要求较高的轮廓交接处加入一条 G04 延时指令,延时数十至数百毫秒,在这段时间里前段轮廓加工时的跟随误差会迅速得以修正。

(4) 采用尖角过渡指令(有些数控系统的指令为 G07)。此指令通常为一模态量,执行此指令后,数控系统在每一轮廓进给完成时,均要检查跟随误差是否小于一定的值(该值可由用

户在参数区中设置）。只有跟随误差足够小后，数控系统才会认为该段轮廓进给结束（即到位），下段轮廓的进给才能进行。

（5）使用数控系统的自动升降速功能有利于在较小的增益时减小超调量，从而让使用动态性能较差的驱动装置可达到使用动态性能较好的驱动装置的精度。除改善轮廓交接处的精度外，自动升降速功能还降低了加速度值，从而减小了对精密机械传动部件的冲击，有利于机床精度的保持。

知识拓展

参考点是数控机床上重要的特征点，不同的 CNC 系统，其返回参考点的作用细节会有所不同，但一般来说都是先通过减速行程开关粗定位，然后再由精定位开关或编码器零位脉冲定位，通常需要设定五个参数返回参考点方式、返回参考点方向、返回参考点速度、寻找零脉冲速度、参考点坐标。

（1）返回参考点方式。根据返回参考点的动作步骤不同，可大致分为以下三种返回参考点方式：①按下返回参考点操作按钮后，按设定的运动方向快速返回，在挡块压下参考点开关（粗定位开关）后立即减速，以低速继续返回，直至挡块释放才开始寻找零脉冲，零脉冲到来时立即停止；②按下返回参考点操作按钮后，按设定的运动方向快速返回，压下参考点开关后立即减速并改变方向，低速退出挡块，再反向寻找零脉冲，零脉冲到来时立即停止；③按下返回参考点操作按钮后，按设定的运动方向快速返回，压下参考点开关后立即减速，无需等待挡块释放，当速度降为设定低速后即开始寻找零脉冲，零脉冲到来时立即停止。

（2）返回参考点方向。参考点粗定位开关一般安装在丝杠的末端；返回参考点方向一般为远离工件的方向。

（3）返回参考点速度。返回参考点速度即返回参考点粗定位速度。为了提高效率，一般设定比较高的返回速度。

（4）寻找零脉冲速度。为了定位准确，必须以较低速度趋近。

（5）参考点坐标。参考点坐标即参考点相对机床零点的坐标值，可在机床出厂调试时测量并输入到 CNC 中。返回参考点操作完成后，显示器即显示出机床参考点在机床坐标系中的坐标值。在西门子 802S 中，由 MD34090 设定参考点坐标。

【思考与练习】

1. 数控机床对主轴驱动系统有哪些要求？
2. 主轴驱动系统有哪几种调速方式？
3. 简述主轴分段无级调速的优越性。
4. 常用的齿轮变速自动换挡操纵机构有哪几种，各有何特点？
5. 常用主轴准停控制方式有哪些？
6. 影响开环进给精度的主要因素有哪些？
7. 如何提高进给精度？
8. 跟随误差对加工轮廓误差有何影响，如何克服？

第 10 章　辅助功能与可编程控制器

■ 学习目标

　　了解可编程控制器的特点、结构和工作过程;掌握数控机床中可编程控制器的功能、特点、作用;理解数控机床中可编程控制器 M、S、T 功能的处理。

10.1　可编程控制器的概念

　　可编程控制器(programmable logic controller, PLC)是一种数字运算操作的电子系统,专为在工业环境下应用而设计。它采用了可编程序的存储器,用来在其内部存储执行逻辑运算、顺序控制、定时、计数和算术操作等面向用户的指令,并通过数字式或模拟式的输入/输出,控制各种类型的机械或生产过程。可编程控制器及其有关外围设备,都按易于工业系统连成一个整体、易于扩充其功能的原则设计。

　　现代数控系统中采用可编程控制器来实现开关量及其逻辑关系的控制。PLC 是由计算机简化而来的,为了适应顺序控制的要求,PLC 省去了计算机的一些数字运算功能,强化了逻辑运算功能,是一种介于继电器控制和计算机控制之间的自动控制装置。PLC 的最大特点是,其输入输出量之间的逻辑关系是由软件决定的,因此改变控制逻辑时,只要修改控制程序即可,是一种柔性的逻辑控制装置。另外 PLC 能够控制的开关量数量要比一般继电器——接触器控制多,能实现复杂的控制逻辑。由于减少了硬件线路,控制系统的可靠性大大提高。

10.2　可编程控制器的配置形式

　　根据所用 PLC 与 CNC 之间的关系不同,数控系统中的 PLC 分为以下两种。

　　1) 独立型 PLC　所谓独立型 PLC,实际上就是一个通用型 PLC,它完全独立于 CNC 装置,具有完备的硬件和软件,能够独立完成逻辑顺序控制任务。它与 CNC 装置、数控机床之间的关系如图 10.1 所示。

　　2) 内装型 PLC　内装型 PLC 也称内置型 PLC,其全部功能包含在 CNC 装置内,从属于 CNC 装置,与 CNC 装置集成于一体,如图 10.2 所示。

　　在内装型 PLC 数控系统中,PLC 的硬件和软件作为 CNC 装置的基本功能统一设计,并且其性能指标也由 CNC 系统来统一确定。内装型 PLC 与 CNC 装置之间的信号传送均在系统内部进行,无需另外接线;预备控制机床开关量信号的传送通过 CNC 装置的 I/O 电路完成。

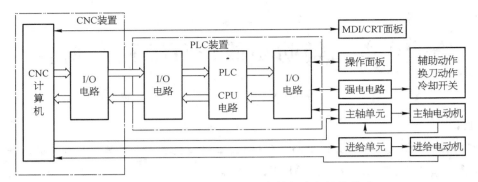

图 10.1　独立型 PLC 与 CNC、数控机床之间的关系

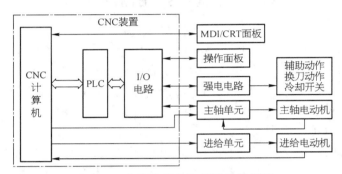

图 10.2　内装型 PLC 的 CNC 系统框图

10.3　可编程控制器的结构和工作原理

10.3.1　可编程控制器的结构

可编程控制器实质上是一种工业计算机,只不过它比一般的计算机具有更强的与工业过程相连接的接口和更直接的适应于控制要求的编程语言,故可编程控制器与计算机的组成十分相似。从硬件结构看,它由中央处理单元(CPU)、存储器(ROM/RAM)、输入/输出单元(I/O 单元)、编程器和电源等主要部件组成,如图 10.3 所示。

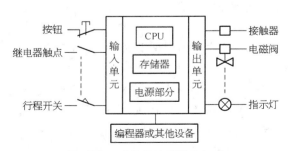

图 10.3　可编程控制器的组成

10.3.1.1　中央处理器(CPU)

与一般计算机一样,CPU 是可编程控制器的核心,它按系统程序赋予的功能指挥可编程控制器有条不紊地进行工作,其主要任务有:

(1) 接收、存储由编程工具输入的用户程序和数据,并通过显示器显示出程序的内容和存储地址。

(2) 检查、校验用户程序。对正在输入的用户程序进行检查,发现语法错误立即报警,并停止输入;在程序运行过程中若发现错误,则立即报警或停止程序的执行。

(3) 接收、调用现场信息。将接收到现场输入的数据保存起来,在需要改数据的时候将其调出并送到需要该数据的地方。

(4) 执行用户程序。当可编程控制器进入运行状态,CPU 根据用户程序存放的先后顺序,逐条读取、解释和执行程序,完成用户程序中规定的各种操作,并将程序执行的结果送至输出端口,以驱动可编程控制器的外部负载。

(5) 故障诊断。诊断电源、可编程控制器内部电路的故障,根据故障或错误的类型,通过显示器显示出相应的信息,以提示用户及时排除故障或纠正错误。

不同型号可编程控制器的 CPU 芯片是不同的,有的采用通用 CPU 芯片,如 8031、8051、8086、80826 等,也有采用厂家自行设计的专用 CPU 芯片(如西门子公司的 S7 - 200 系列可编程控制器均采用其自行研制的专用芯片),CPU 芯片的性能关系到可编程控制器处理控制信号的能力与速度,CPU 位数越高,系统处理的信息量越大,运算速度也越快。随着 CPU 芯片技术的不断发展,可编程控制器所用的 CPU 芯片也越来越高档。

10.3.1.2　存储器

可编程控制器的存储器可以分为系统程序存储器、用户程序存储器及工作数据存储器三种。

1) 系统程序存储器　用来存放由可编程控制器生产厂家编写的系统程序,并固化在 ROM 内,用户不能直接更改。它使可编程控制器具有基本的智能,能够完成可编程控制器设计者规定的各项工作。系统程序质量的好坏,很大程度上决定了 PLC 的性能,其内容主要包括三部分:①系统管理程序,它主要控制可编程控制器的运行,使整个可编程控制器按部就班地工作;②用户指令解释程序,通过用户指令解释程序,将可编程控制器的编程语言变为机器语言指令,再由 CPU 执行这些指令;③标准程序模块与系统调用程序,它包括许多不同功能的子程序及其调用管理程序,如完成输入、输出及特殊运算等的子程序,可编程控制器的具体工作都是由这部分程序来完成的,这部分程序的多少决定了可编程控制器性能的强弱。

2) 用户程序存储器　根据控制要求而编制的应用程序称为用户程序。用户程序存储器用来存放用户针对具体控制任务,用规定的可编程控制器编程语言编写的各种用户程序。用户程序存储器根据所选用的存储器单元类型的不同,可以是 RAM(有用锂电池进行掉电保护)、EPROM 或 EEPROM 存储器,其内容可以由用户任意修改或增删。目前较先进的可编程控制器采用可随时读写的快闪存储器作为用户程序存储器。快闪存储器不需后备电池,掉电时数据也不会丢失。

用户程序存储器和用户存储器容量的大小,关系到用户程序容量的大小和内部器件的多少,是反映 PLC 性能的重要指标之一。

3) 工作数据存储器　用来存储工作数据,即用户程序中使用的 ON/OFF 状态、数值数据等。在工作数据区中开辟有元件映像寄存器和数据表。其中元件映像寄存器用来存储开关量/输出状态以及定时器、计数器、辅助继电器等内部器件的 ON/OFF 状态。数据表用来存放各种数据,存储用户程序执行时的某些可变参数值及 A/D 转换得到的数字量和数学运算的结果等。在可编程控制器断电时能保持数据的存储器区称数据保持区。

10.3.1.3　输入/输出接口

输入/输出接口是 PLC 与外界连接的接口。

输入接口用来接收和采集两种类型的输入信号,一类是由按钮、选择开关、行程开关、继电器、接近开关、光电开关、数字拨码开关等开关量输入信号;另一类是由电位器、测速发电机和各种变送器等输送的模拟量输入信号。

输出接口用来连接被控对象中各种执行元件,如接触器、电磁阀、指示灯、调节阀(模拟量)、调速装置(模拟量)等。

10.3.1.4　电源

小型整体式可编程控制器内部有一个开关式稳压电源,一方面可为 CPU 板、I/O 板及扩展单元提供工作电源(5VDC),另一方面可为外部输入元件提供 24VDC(200 mA)。

10.3.1.5　扩展接口

扩展接口用于将扩展单元与基本单元相连,使 PLC 的配置更加灵活。

10.3.1.6　通信接口

为了实现"人-机"或"机-机"之间的对话,PLC 配有多种通信接口。PLC 通过这些通信接口可以与监视器、打印机、其他的 PLC 或计算机相连。

当 PLC 与打印机相连时,可将过程信息、系统参数等输出打印;当与监视器(CRT)相连时,可将过程图像显示出来;当与其他 PLC 相连时,可以组成多机系统或连成网络,实现更大规模的控制;当与计算机相连时,可以组成多级控制系统,实现控制与管理相结合的综合系统。

10.3.1.7　智能 I/O 接口

为了满足更加复杂的控制功能的需要,PLC 配有多种智能 I/O 接口。例如,满足位置调节需要的位置闭环控制模板,对高速脉冲进行计数和处理的高速计数模板等。这类智能模板都有其自身的处理器系统。

10.3.1.8　编程器

编程器的作用是供用户进行程序的编制、编辑、调试和监视。

编程器有简易型和智能型两类。简易型的编程器只能联机编程,且往往需要将梯形图转化为机器语言助记符(指令表)后,才能输入。它一般由简易键盘和发光二极管或其他显示器件组成。智能型的编程器又称图形编程器,它可以联机,也可以脱机编程,具有 LCD 或 CRT 图形显示功能,可以直接输入梯形图和通过屏幕对话,也可以利用微机作为编程器,这时微机应配有相应的编程软件包,若要直接与可编程控制器通信,还要配有相应的通信电缆。

10.3.1.9　其他部件

PLC 还可配有盒式磁带机、EPROM 写入器、存储器卡等其他外部设备。

10.3.2　可编程控制器的工作原理

10.3.2.1　可编程控制器的工作方式与运行框图

众所周知,继电器控制系统是一种硬件逻辑系统,如图 10.4 所示,它的三条支路是并行工作的,当按下按钮 SB1,接触器 KM1 得电,KM1 的一个触点闭合并自锁,接触器 KM2、

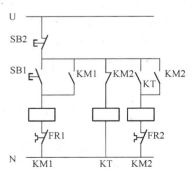

图 10.4　继电器控制系统简图

时间继电器 KT 的线圈同时得电动作。所以继电器控制系统采用的是并行工作方式。

可编程控制器是一种工业控制计算机,故它的工作原理是建立在计算机工作原理基础上的,即通过执行反映控制要求的用户程序来实现。但是 CPU 是以分时操作方式来处理各项任务的,计算机在每一瞬间只能做一件事,所以程序的执行是按程序顺序依次完成相应各电器的动作,便成为时间上的串行。由于运算速度极高,各电器的动作似乎是同时完成的,但实际输入/输出的响应是有滞后的。概括而言,PLC 的工作方式是一个不断循环的顺序扫描工作方式。每次扫描所用的时间称为扫描周期或工作周期。CPU 从第一条指令开始,按顺序逐条地执行用户程序直到用户程序结束,然后返回第一条指令开始新的一轮扫描。PLC 就是这样周而复始地重复上述循环扫描的。

执行用户程序时,需要各种现场信息,这些现场信息已接到 PLC 的输入端口。PLC 采集现场信息即采集输入信号有两种方式:①采样输入方式,一般在扫描周期的开始或结束将所有输入信号(输入元件的通/断状态)采集并存放到输入映像寄存器(PII)中,执行用户程序所需输入状态均在输入映像寄存器中取用,而不直接到输入端或输入模块去取用;②立即输入方式,随着程序的执行需要哪一个输入信号就直接从输入端或输入模块取用该输入状态,如"立即输入指令",此时输入映像寄存器的内容不变,到下一次集中采样输入时才变化。

同样,PLC 对外部的输出控制也有集中输出和立即输出两种方式。集中输出方式在执行用户程序时不是得到一个输出结果就向外输出一个,而是把执行用户程序所得的所有输出结果,先后全部存放在输出映像寄存器(PIQ)中,执行完用户程序后所有输出结果一次性向输出端口或输出模块输出,使输出设备部件动作。立即输出方式是在执行用户程序时将该输出结果立即向输出端口或输出模块输出,如"立即输出指令",此时输出映像寄存器的内容也更新。

PLC 对输入输出信号的传送还有其他方式,如有的 PLC 采用输入、输出刷新指令,在需要的地方设置这类指令,可对此电源 ON 的全部或部分输入点信号读入上电一次,以刷新输入映像寄存器内容;或将此时的输出结果立即向输出端口或输出模块输出。又如有的 PLC 上有输入、输出的禁止功能,实际上是关闭了输入、输出传送服务,这意味着此时的输入信号不读入、输出信号也不输出。

10.3.2.2　可编程控制器的工作过程

可编程控制器的扫描工作过程如图 10.5 所示,当 PLC 处于正常运行时,它将不断重复图中的扫描过程,不断循环扫描地工作下去。分析上述扫描过程,如果对远程 I/O 特殊模块和其他通信服务暂不考虑,这样扫描过程就只剩下输入采样、程序执行、输出刷新三个阶段。

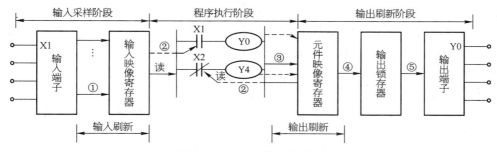

图 10.5　PLC 扫描工作过程

1) 输入采样阶段　PLC 在输入采样阶段,首先扫描所有输入端子,并将各输入状态存入内存中各对应的输入映像寄存器中。此时,输入映像寄存器被刷新。接着,进入程序执行阶段,在程序执行阶段和输出刷新阶段,输入映像寄存器与外界隔离,无论输入信号如何变化,其内容保持不变,直到下一个扫描周期的输入采样阶段,才重新写入输入端的新内容。

2) 程序执行阶段　根据 PLC 梯形图程序扫描原则,PLC 按先左后右、先上后下的步序语句逐句扫描。遇到程序跳转指令,则根据跳转条件是否满足来决定程序的跳转地址。当指令中涉及输入、输出状态时,PLC 就从输入映像寄存器"读入"上一阶段采入的对应输入端子状态,从元件映像寄存器"读入"对应元件("软继电器")的当前状态。然后,进行相应的运算,运算结果再存入元件映像寄存器中。对元件映像寄存器来说,每一个元件("软继电器")的状态会随着程序执行过程而变化。

3) 输出刷新阶段　在所有指令执行完毕后,元件映像寄存器中所有输出继电器的状态(接通/断开)在输出刷新阶段转存到输出锁存器中,通过一定方式输出,驱动外部负载。

10.4　数控机床的可编程控制器控制对象及处理信息

10.4.1　数控机床的可编程控制器控制对象

数控机床所受控制可分为两类:一类是最终实现对各坐标轴运动进行的数字控制,即控制机床各坐标轴的移动距离、各轴运行的插补、补偿等;另一类是顺序控制,即在数控机床运行过程中,以 CNC 内部和机床各行程开关、传感器、按钮、继电器等的开关量信号状态为条件,并按照预先规定的逻辑顺序,诸如主轴的启停、换向,刀具的更换,工件的夹紧、松开等进行的控制。

在讨论 PLC、CNC 和机床各机械部件、机床辅助装置、强电电路之间关系时,常常把数控机床分为 NC 侧和 MT 侧(机床侧)两大部分。NC 侧包括 CNC 系统的硬件和软件以及与 CNC 系统连接的外围设备。MT 侧(机床侧)则包括机械部分及其液压、冷却、润滑、排屑等辅助装置,机床操作面板,继电器线路,输出信号处理等。在数控机床中,PLC 是介于数控装置与机床本体之间的中间环节,起着承上启下的作用,是数控系统中的一个重要组成部分。

MT 侧顺序控制的最终对象随数控机床的类型、结构、辅助装置等的不同有很大的差别。机床机构越复杂,辅助装置越多,受控对象也越多。

FANUC 数控系统的 PLC 在该公司产品系列中统称为 PMC。其主要原因是通常的 PLC 主要用于一般的自动化设备,具有像输入、与、或、输出、定时器、计数器等功能。但缺乏针对机床的便于机床控制编程的功能指令,如快捷找刀,用于机床的译码指令等。而 FANUC 系统的 PLC 除具有一般逻辑功能外,还专门设计了便于用户使用针对机床控制的功能指令,故 FANUC 数控系统把 PLC 称为 PMC——可编程机床控制器。在 SIEMENS 等系统中仍称为 PLC。

10.4.2　数控机床的 PLC 与外部的信息交换

1) PLC⇒CNC 的信号　主要有机床各坐标基准点信号,M、S、T 功能的应答信号等。所有 PLC 送至 CNC 的信号含义和地址均由 CNC 厂家确定,PLC 使用者只可使用,不可改变或增减。

2) CNC⇒PLC 的信息　主要包括各种功能代码 M、S、T 的信息,手动/自动方式信息及各种使能信息等,所有 CNC 送至 PLC 的信号含义和地址均由 CNC 厂家确定,PLC 使用者只可使用,不可改变或增减。

3) PLC⇒机床的信号　主要是控制机床执行件的执行信号,如电磁铁、接触器、继电器的动作信号以及确保机床各运动部件状态的信号及故障指示,由机床厂家编制。

4) 机床⇒PLC 的信息　主要有机床操作面板上各开关、按钮等信息,其中包括机床的启动、停止,机械变速选择,主轴正/反转、停止,冷却液的开/关,各坐标的点动和刀架、夹盘的松/夹等信号,以及上述各部件的限位开关等保护装置、主轴伺服保护监视信号和伺服系统运行准备等信号。

PLC 通过信息交换接收 CNC 的命令信息,实现辅助功能的控制,并把逻辑控制的结果信息送回 CNC 装置,以同步零件程序的执行。

10.4.3　数控机床中的可编程控制器功能

1) 主轴 S 功能　通常用 S 二位或 S 四位代码指定主轴转速。CNC 装置送出 S 代码(如二位代码)进入 PLC,经过电平转换(独立型 PLC)、译码、数据转换、限位控制和 D/A 变换,最后输给主轴电动机伺服系统。

为了提高主轴转速的稳定性、增大转矩、调整转速范围,还可增加 1～2 级机械变速挡。通过 PLC 的 M 代码功能实现。

2) 刀具 T 功能　PLC 控制对加工中心自动换刀的管理带来了很大的方便。自动换刀控制方式有固定存取换刀方式和随机存取换刀方式,它们分别采用刀套编码制和刀具编码制。对于刀套编码的 T 功能处理过程是:CNC 装置送出 T 代码指令给 PLC,PLC 经过译码,在数据表内检索,找到 T 代码指定的新刀号所在的数据表的表地址,并与现行刀号进行判别比较。如不符合,则将刀库回转指令发送给刀库控制系统,直到刀库定位到新刀号位置时,刀库停止回转,并准备换刀。

3) 辅助 M 功能　PLC 完成的 M 功能很广泛,根据不同的 M 代码,可控制主轴的正反转及停止,主轴齿轮箱的变速,冷却液的开关,卡盘的夹紧和松开,以及自动换刀装置机械手取刀、归刀等运动。

4) 机床操作面板控制　将机床操作面板上的控制信号直接送入 PMC,以控制数控系统的运行。

5) 机床外部开关输入信号控制　将机床侧的开关信号送入 PLC,经逻辑运算后,输出给控制对象。这些控制开关包括各类控制开关、行程开关、接近开关、压力开关和温控开关等。

6) 输出信号控制　PMC 输出的信号经强电柜中的继电器、接触器,通过机床侧的液压或气动电磁阀,对刀库、机械手和回转工作台等装置进行控制,另外还对冷却泵电动机、润滑泵电动机及电磁制动器等进行控制。

7) 伺服控制　控制主轴和伺服进给驱动装置的使能信号,以满足伺服驱动的条件,通过驱动装置驱动主轴电动机、进给伺服电动机和刀库电动机等。

8) 报警处理控制　PLC 收集强电柜、机床侧和伺服驱动装置的故障信号,将报警标志区中的相应报警标志位置位,数控系统便显示报警信号及报警提示信息以方便故障诊断。

9) 转换控制　有些加工中心可以实现主轴立/卧转换,PLC 完成的主要工作包括:切换主轴控制接触器;通过 PLC 的内部功能,在线自动修改有关机床数据位;切换伺服系统进给模块,并切换用于坐标轴控制的各种开关、按键等。

10.5　MST功能的实现

10.5.1　PLC的程序编制

由于PLC的硬件结构不同,功能也不尽相同,程序的表达方法也不同。可编程控制器的常用编程方法有接点梯形图法和语句表法。

可编程控制器与一般的计算机类似,在软件方面有系统软件和应用软件之分,只是可编程控制器的系统软件由可编程控制器生产厂家固化在ROM中,一般的用户只能在应用软件上进行操作,即通过编程软件来编制用户程序。编程软件是由可编程控制器生产厂家提供的编程语言,迄今为止还没有一种能适合各种可编程控制器的通用的编程语言,但是各个可编程控制器发展过程有类似之处,可编程控制器的编程语言即编程工具都大体差不多,主要有如下两种表达方式。

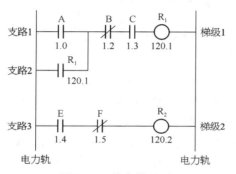

图 10.6　接点梯形图

10.5.1.1　接点梯形图

梯形图(ladder diagram, LD)编程是一种图形编程方法,由于用了电路元件符号来表示控制任务,与传统的继电器电路图很相似,因此梯形图很直观,易于理解。前面提到的电机正反转控制的梯形图程序如图10.6所示。

对于梯形图的规则,总结有以下具有共性的几点:

(1)梯形图中只有动合和动断两种触点。各种机型中动合触点和动断触点的图形符号基本相同,但它们的元件编号不相同,随不同机种、不同位置(输入或输出)而不同。统一标记的触点可以反复使用,次数不限,这点与继电器控制电路中同一触点只能使用一次不同。因为在可编程控制器中每一触点的状态均存入可编程控制器内部的存储单元中,可以反复读写,故可以反复使用。

(2)梯形图中输出继电器(输出变量)表示方法也不同,有圆圈、括弧和椭圆表示,而且它们的编程元件编号也不同,不论哪种产品,输出继电器在程序中只能使用一次。

(3)梯形图最左边是起始母线,每一逻辑行必须从起始母线开始画。梯形图最右边还有结束母线,一般可以将其省略。

(4)梯形图必须按照从左到右、从上到下顺序书写,可编程控制器按照这个顺序执行程序。

(5)梯形图中触点可以任意地串联或并联,而输出继电器线圈可以并联但不可以串联。

(6)程序结束后应有结束符。

10.5.1.2　语句表

语句表又称为指令表,是与汇编语言类似的一种助记符编程语言,和汇编语言一样由操作码和操作数组成。操作码表示要操作的功能类型,操作数表示到哪里去操作。在无计算机的情况下,适合采用PLC手持编程器对用户程序进行编制。同时,指令表编程语言与梯形图编程语言图一一对应,在PLC编程软件下可以相互转换。其特点与梯形图语言基本一致。将图10.6所示的梯形图写成语句表,如下:

RD	1.0
OR	120.1
AND, NOT	1.2
AND	1.3
WRT	120.1
RD	1.4
AND, NOT	1.5
WRT	120.2

10.5.2　FANUCPMC – L 型可编程控制器指令

FANUCPMC – L 的指令有基本指令和功能指令两种类型。由于数控机床执行的顺序逻辑往往较为复杂,仅用基本指令编程常常会十分困难或规模庞大,借助功能指令,可以简化编程。

10.5.2.1　基本指令

基本指令是基本的逻辑运算指令,是在设计顺序程序时使用得最多的指令。FANUCPMC – L 有 12 种基本指令,其格式见表 10.1。

表 10.1　FANUCPMC – L 基本指令

序号	指　　令	处　理　内　容
1	RD	读出给定信号状态,并写入 ST0 位。在梯级开始编码的接点是┤├时使用
2	RD. NOT	将信号的“非”状态读出,送入 ST0 位,在梯级开始编码的接点是┤╱├时使用
3	WRT	将运算结果(ST0 的状态)写入(输出)到指定的地址单元
4	WRT. NOT	将运算结果(ST0 的状态)的“非”状态写入(输出)到指定的地址单元
5	AND	执行逻辑“与”
6	AND NOT	以指定地址信号的“非”状态执行逻辑“与”
7	OR	执行逻辑“或”
8	OR. NOT	以指定地址信号的“非”状态执行逻辑“或”
9	RD. STK	ST0 的内容左移到 ST1,并将指定地址信号写入 ST0,当接点是┤├时使用
10	RD. NOT. STK	处理内容同上,只是指定信号为“非”状态,即当接点是┤╱├时使用
11	AND. STK	将 ST0 和 ST1 的内容相“与”,结果存于 ST0,堆栈寄存器的内容右移一位
12	OR. STK	处理内容同上,只是执行的是“非”操作

10.5.2.2　功能指令

数控机床用 PLC 的指令必须满足数控机床信息处理和动作控制的特殊要求,见表 10.2。例如,由 NC 输出的 M、S、T 二进制代码信号的译码(DEC),机械运动状态或液压系统动作状态的延时(TMR)确认,加工零件的计数(CTR),刀库、分度工作台沿最短路径旋转和现在位置至目标位置步数的计算(ROT),换刀时数据检索(DSCH)等。对于上述指令的译码、定时、计数、最短路径选择,以及比较、检索、转移、代码转换、四则运算、信息显示等控制功能,用移位操作的基本指令编程实现将会十分困难。因此需要一些具有专门控制功能的指令解决那些较复杂控制。这些专门指令就是功能指令,功能指令都是一些子程序,应用功能指令就是调用了相应的子程序。

表 10.2 FANUCPMC - L 功能指令

序号	指令	功 能	序号	指令	功 能
1	END1	第一级顺序程序结束	19	DSCH	数据检索
2	END2	第二级顺序程序结束	20	XMOV	变址数据转移
3	END3	第三级顺序程序结束	21	ADD	加法运算
4	TMR	定时器处理	22	SUB	减法运算
5	TMRB	固定定时器处理	23	MUL	乘法运算
6	DEC	译码	24	DIV	除法运算
7	CTR	计数	25	NUME	定义常数
8	ROT	旋转控制	26	PACTL	位置 Mate - A
9	COD	代码转换	27	CODB	二进制代码转换
10	MOVB	逻辑乘后数据转移	28	DCNVB	扩展数据转换
11	COM	公共线控制	29	COMPB	二进制比较
12	COME	公共线控制结束	30	ADDB	二进制数加
13	JMP	跳转	31	SUBB	二进制数减
14	JMPE	跳转结束	32	MULB	二进制数乘
15	PARI	奇偶检查	33	DIVB	二进制数除
16	DCNN	数据转换	34	NUMEB	定义二进制常数
17	COMP	比较	35	DISP	在 CRT 上显示信息
18	COIN	符合检查			

10.5.3　数控机床 M 代码的 PMC 控制

通常,在一个程序段中只能指定一个 M 代码。但是,在某些情况下,对某些类型的机床最多可指定三个 M 代码。在一个程序段中指定的多个 M 代码(最多三个,如 FANUC - 0i 系统参数 3404♯7 设定为"1")被同时输出到机床,这意味着与通常的一个程序段中仅有一个 M 指令相比较,在加工中可实现较短的循环时间。系统通过 PMC 的译码后(第一个、第二个、第三个 M 代码输出的信号地址是不同的)同时输出到机床侧执行。

在一个程序段中同时指定了移动指令和辅助功能代码 M 码时,系统处理有两种情况:第一种是移动指令与 M 代码指令同时被执行,如 G00X0Y0Z50. M03S800;第二种是移动指令结束后才能执行 M 代码指令,如 G01X100. Y50. F200M05。两种情况的具体控制选择是由系统编制 M 代码译码或执行 M 代码(PMC 控制梯形图)时分配结束信号(DEN)决定的。

即使机床辅助功能锁住信号(AFL)有效,辅助功能 M00、M01、M02 和 M30 也可执行,所有的代码信号、选通信号和译码信号按正常方式输出。辅助功能 M98 和 M99 仍按正常方式执行,但在控制单元中执行的结果不输出。

10.5.3.1　M 代码控制时序

系统读到程序中的 M 码指令时,就输出 M 代码指令的信息,FANUC OC/OD 系统 M 代码信息输出地址为 F151(两位 BCD 代码),FANUC 16/18/21/0i 系统 M 代码信息输出地址为 F10~F13(4 个字节二进制代码)。通过系统读 M 代码的延时时间 TMF(系统参数设定,标准设定时间为 16 ms)后系统输出 M 代码选通信号 MF,FANUC OC/OD 系统 M 代码选通信号为 F150.0,FANUC 16/18/21/0i 系统 M 代码选通信号为 F7.0。当系统 PMC 接收到 M 代码选通信号(MT)后,执行 PMC 译码指令(DEC、DECB),把系统的 M 代码信息译成某继电器为 1(开关信号),通过是否加入分配结束信号(DEN)实现移动指令和 M 代码是否同时执行,FANUC OC/OD 系统分配结束信号(DEN)为 F149.3,FANUC 16/18/21/0i 系统分配结束信号(DEN)为 F1.3。M 功能执行结束后,把辅助功能结束信号(FIN)送到 CNC 系统中,FANUC OC/OD 系统辅助功能结束信号(FIN)为 G120.3,FANUC 16/18/21/0i 系统辅助功能结束信号(FIN)为 G4.3。当系统接收到 PMC 发出的辅助功能结束信号(FIN)后,经过辅助功能结束延时间 TFIN(系统参数设定,标准设定时间为 16 ms),切断系统 M 代码选通信号 MF。当系统 M 代码选通信号 MF 断开后,切断系统辅助功能结束信号 FIN,然后系统切断 M 代码指令输出信号,系统准备读取下一条 M 代码指令。具体 M 代码控制时序如图 10.7 所示。

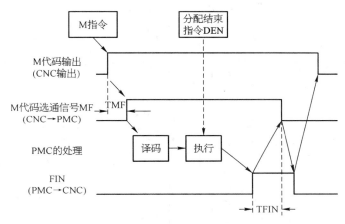

图 10.7　M 代码控制时序

10.5.3.2　M 代码 PMC 控制

图 10.8 所示为某数控铣床(系统采用 FANUC 0i 系统)的 M 代码辅助功能执行的 PMC 控制。二进制译码指令 DECB 把程序中的 M 代码指令信息(F10)转换成开关量控制,程序执行到 M00 时,R0.0 为 1;程序执行到 M01 时,R0.1 为 1;程序执行到 M02 时,R0.2 为 1;程序执行到 M03 时,R0.3 为 1;程序执行到 M04 时,R0.4 为 1;程序执行到 M05 时,R0.5 为 1;程序执行到 M08 时,R1.0 为 1;程序执行到 M09 时,R1.1 为 1。G70.5 为串行数字主轴正转控制信号,G70.4 为串行数字主轴反转控制信号,F0.7 为系统自动运行状态信号(系统在 MEM、MDI、DNC 状态),F1.1 为系统复位信号。当系统在自动运行时,程序执行到 M03 或 M04,主轴按给定的速度正转或反转,程序执行到 M05 或系统复位(包括程序的 M02、M30 代码),主轴停止旋转。在执行 M05 时,加入了系统分配结束信号 F1.3,如果移动指令和 M05 在同一程序段中,保证执行完移动指令后执行 M05 指令,进给结束后主轴电动机才停止。当程序执行到 M08 时,通过输出信号 Y2.0 控制冷却泵电动机打开机床冷却液,程序执行到 M09 时,关断机床冷却液,同理执行 M09 时也需要加入系统分配结束信号 F1.3。当程序执行到 M02 或 M30 时,系统外部复位信号 G4.3 为 1,停止程序运行并返回到程序的开头。当程序执行到 M00 或 M01(同时选择停输出信号 Y2.2 为 1),系统执行程序单段运行(G46.1 为 1)。图 10.8 中 F45.3 为主轴速度到达信号,F45.1 为主轴速度为零的信号,R100.0 为 M 代码完成信号,R100.1 为 T 代码完成信号。

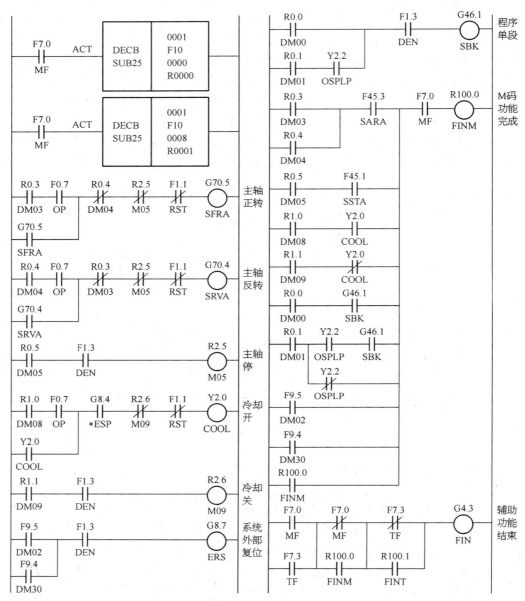

图 10.8　辅助功能 M 代码 PMC 控制(FANUC 0i 系统)

10.5.4　S 功能信号

S 功能主要完成主轴转速的控制,并且常用 S2 位代码形式和 S4 位代码形式来进行编程。S2 位代码编程是指 S 代码后跟随 2 位十进制数字来指定主轴转速,共有 100 级(S00～S99)分度,并且按等比级数递增,其公比为 1.12,即相邻分度的后一级速度比前一级速度增加约 12%。这样根据主轴转速的上下限和上述等比关系就可以获得一个 S2 位代码与主轴转速(BCD 码)的对应表格,它用于 S2 位代码的译码。图 10.9 所示为 S2 位代码在 PLC 中的处理框图,图中"编译转速代码"和"数据转换"实际上就是针对 S2 位代码查出主轴转速的大小,然后将其转换成二进制数,并经上下限幅处理后,将得到的数字量进行 D/A 转换,输出一个 0～

10 V 或 0～5 V 或－10～10 V 的直流控制电压给主轴伺服系统或主轴变频器,从而保证主轴按要求的速度旋转。

　　S4 位代码编程是指 S 代码后跟随 4 位十进制数字,用来直接指定主轴转速,例如,S1500 就直接表示主轴转速为 1 500 r/min,可见 S4 位代码表示的转速范围为 0～9 999 r/min。显然,它的处理过程相对于 S2 代码形式要简单一些,也就是它不需要图中"编译转速代码"和"数据转换"两个环节。另外,图 10.9 中"限幅处理"的目的实质上是为了保证主轴转速处于一个安全范围内,例如将其限制在 20～3 000 r/min 范围内,这样一旦给定超过上下边界时,则取相应边界值作为输出即可。

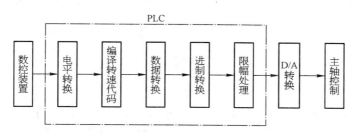

图 10.9　S2 位代码在 PLC 中的处理框图

　　在有的数控系统中为了提高主轴转速的稳定性,保证低速时的切削力,还增设了一级齿轮箱变速,并且可以通过辅助功能代码来进行换挡选择。例如,使用 M38 可将主轴转速变换成 20～600 r/min 范围,用 M39 代码可将主轴转速变换成 600～3 000 r/min 范围。

　　在这里还要指出的是,D/A 转换接口电路既可安排在 PLC 单元内,也可安排在 CNC 单元内;既可以由 CNC 或 PLC 单独完成控制任务,也可以由两者配合完成。

　　主轴要想获得速度指令还要注意一些信号处理。如 FANUC 0iD 系统,首先就要注意以下信号的处理:

　　主轴急停 * G71.1、机床主轴准备好 G70.7、主轴停止 * G29.6、主轴倍率 G30,当以上信号不正确时,主轴是不能获得速度指令的。

　　S 触发信号 F7.3,S 代码:F22～F25,S 指令 F36.0～F37.3,SAR:主轴速度到达 G29.4。

　　No. 3708＃0 为 1 时主轴速度到达信号,当到达信号为 0 时,禁止伺服轴的进给。

　　G29.6 * SSTP＝0 和 SORG29.5 主轴定向停止,G29.5＝1 使主轴电动机运行在一定的速度下。No. 3705＃1GST＝0No. 3706 定位方向。

　　定向或换挡时主轴电动机的速度 No. 3732。

　　相关串行主轴的控制信号,主轴正转:G70.5;主轴反转:G70.4;主轴定向:G70.6;主轴零速信号:F45.1;主轴速度到达:F45.3;主轴速度检出:F45.2;主轴定向完成信号:F45.7。

10.5.5　T 功能的实现

　　T 功能即为刀具功能,T 代码后跟随 2～5 位数字表示要求的刀具号和刀具补偿号。数控机床根据 T 代码通过 PLC 可以管理刀库,自动更换刀具,也就是说根据刀具和刀具座的编号,可以简便、可靠地进行选刀和换刀控制。根据取刀/还刀位置是否固定,可将换刀功能分为随机存取换刀控制和固定存取换刀控制。在随机存取换刀控制中,取刀和还刀与刀具座编号无关,还刀位置是随机变动的。在随机存取换刀控制中,当取出所需的刀具后,刀库不需转动,而是在原地立即存入换下来的刀具。这时,取刀、换刀、存刀一次完成,缩短了换刀时间,提高了生产效率,但刀具控制和管理要复杂一些。在固定存取换刀控制中,被取刀具和被还刀具的位置都是固定的,也就是说换下的刀具必须放回预先安排好的固定位置。显然,后者增加了换刀时间,但其控制要简单些。

图 10.10 所示为采用固定存取换刀控制方式的 T 功能处理框图。另外,数控加工程序中有关 T 代码的指令经译码处理后,由 CNC 系统控制软件将有关信息传送给 PLC,在 PLC 中进一步经过译码并在刀具数据表内检索,找到 T 代码指定刀号对应的刀具编号(即地址),然后与目前使用的刀号相比较。如果相同则说明 T 代码所指定的刀具就是目前正在使用的刀具,当然不必再进行换刀操作,而返回原入口处。若不相同则要求进行更换刀具操作,即首先将主轴上的现行刀具归还到它自己的固定刀座上,然后回转刀库,直至新的刀具位置为止,最后取出所需刀具装在刀架上。至此才完成了整个换刀过程。

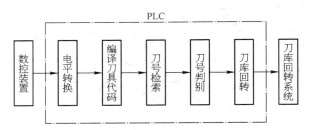

图 10.10　采用固定存取换刀控制方式的 T 功能处理框图

知识拓展

让 FANUC 系统中 PMC 停止运行操作步骤如下:①选择 EDIT 方式;②按下功能键[SYSTEM];③按下软键[PMC],按右边的菜单扩展键若干次,直至左下角出现软键[STOP];④按下左下角软键[STOP];⑤机床显示屏右上角出现"STOP"字样,表明机床 PMC 停止运行。

【思考与练习】

1. PLC 在数控机床中的作用是什么,由哪些部分组成?
2. 数控机床的 PLC 的形式分为哪两大类,各有什么特点?
3. PLC 用户程序的表达方式有哪些?
4. 数控系统中 PLC 信息交换的主要目的是什么?
5. M 功能可分为几种动作类型? 如何实现 M 功能?
6. CNC 与 PLC 之间、PLC 和机床之间是如何进行信息交换的?

参 考 文 献

［1］陈富安.数控机床原理与编程[M].西安:西安电子科技大学出版社,2004.

［2］徐衡.FANUC 系统数控铣床和加工中心培训教程[M].北京:化学工业出版社,2008.

［3］关颖.FANUC 系统数控车床培训教程[M].北京:化学工业出版社,2008.

［4］沈建峰,虞俊.数控铣工加工中心操作工(高级)[M].北京:机械工业出版社,2007.

［5］沈建峰,虞俊.数控车工操作工(高级)[M].北京:机械工业出版社,2006.

［6］王爱玲.数控编程技术[M].北京:机械工业出版社,2008.

［7］郎一民.数控车削编程与应用[M].长春:东北师范大学出版社,2008.

［8］胡占齐,杨莉.机床数控技术[M].2 版.北京:机械工业出版社,2011.

［9］杜国臣,王士军.机床数控技术[M].北京:北京大学出版社,2006.

［10］王侃夫.机床数控技术基础[M].北京:机械工业出版社,2006.

［11］方新.数控机床与编程[M].北京:高等教育出版社,2008.

［12］李锋,李智民.数控机床系统应用及维护 200 问[M].北京:化学工业出版社,2008.

［13］文怀兴,夏田.数控机床系统设计[M].2 版.北京:化学工业出版社,2011.

［14］郑淑芝.加工中心上巧用立铣刀加工带阶梯槽[J].新技术新工艺,2003(8).

［15］陈为国.FANUC 0i 数控车削加工编程与操作[M].沈阳:辽宁大学出版社,2010.

［16］温希忠.数控车床的编程与操作[M].济南:山东科学技术出版社,2006.

［17］叶伯生,戴永清.数控加工编程与操作[M].武汉:华中科技大学出版社,2005.

［18］顾京.数控加工编程及操作[M].北京:高等教育出版社,2009.

［19］颜伟,欧彦江.数控编程与加工[M].成都:西南交通大学出版社,2008.